银 空间植入——丽江古城民居改造设计 清华大学美术学院 袁伟权 胥郁 陈子坚 陈煜彤

银 木构搭建——非编织网探索 南京艺术学院 "王勋 王成浩 陈实 杜春海 李旭" 李路路 宋艳岚 刘旭琦 阮逸莎

铜 派潭大埔村灾后重建项目——"农意浓情 实业初心" 华南理工大学 麦家杰 夏兵

铜 Flow city—热力学城市模型 同济大学 夏孔深 "严建伟 边小庆 陈书砚 卢紫荫"

金 野长城的有机生长于脉络延续 西安建筑科技大学 陈虎 张茜 刘晨晨

银 花椒树下的思念 西安建筑科技大学 余全红 钱骏祥 张茜 史雯娟 栗笑寒

银 旧城小事—重庆旧街区(二府衙)恢复与再生 四川美术学院 "李尤尤 石锐"

银 质-璞（蔡甸区军山街规划改造设计） 湖北美术学院 叶林娜 周齐 谭璐 李焕安 王伟超 王广

银 以石入画——天津市蓟县渔阳镇西井峪村景观设计

银 归耕，旧耕——重庆肖家沟老旧居民区中废弃地再利用 四川美术学院 "谭斐月 张可人"

铜 再生水之脉络—南京易滩区域水存储景观设计 南京艺术学院 "柳灵倩 张文洁" 郝卫国

铜 融合 哈尔滨工业大学建筑学院 贾思梓 金晶

铜 水文化 深圳大学

铜 昆山老城区街道景观空间序列优化与更新设计 东南大学 丁宇飞 黄红春

铜 Freebox—郑州德化步行街景观提升方案设计 郑州轻工业学院 "原希阳 刘佳木子"

铜 可持续屋顶环境设计 哈尔滨工业大学建筑学院

大理古城东北片区城市设计——居住于边缘 重庆大学 "高长军 宋璐 游航" 龙灏

铜 迹忆空间：定兴古城环城景观带规划及一期概念设计 北京林业大学

铜 桂林瓦窑老电厂景观改造设计 广西师范大学

金 "我行我素"自助体验餐厅 江南大学设计学院 魏嘉彤

金 大理双廊"如此银作"工坊室内设计

士精神——喀什博物馆展示设计 南京艺术学院 "李烨敏 武拴柱" "卫东风 施煜庭"

银 小时代—青年专属微居室 四川美术学院 "马旭 张芸燕" 龙国跃

铜 韩墨 江南大学设计学院 刘洁菁 杨茂川

铜 集装箱再利用——青年"互动式"空间设计 四川美术学院 张懿 张倩

铜 山间书屋——景洪留守儿童小学设计 江南大学设计学院 龚晗然 "杨一丁 何志森"

金 寻找 重塑·慕城南 清华大学建筑学院 张璐 李玫蓉 肖晨馨 谢梦雅 杨心慧 杨绿野 司徒颖峰 吴明柏 叶亚乐 叶一峰 崔健 董林 吴唯佳、黄鹤、孙诗萌

铜 祠堂街老建筑再利用改造 成都理工大学 "戴典 张杰宸 刘洋 丁雪杨 石晔晨" 焦颖慧 李欢

铜 三元并立，和而不同——天津市近现代历史博物馆及其周边景观规划设计 吉林建筑大学 "曾浩恒 张瑞" 齐伟民 马辉 高月秋

铜 云南大理古城东北片区城市设计——居住于边缘 重庆大学 "高长军 宋璐 游航" 龙灏

铜 陇南民俗博物馆方案设计 昆明理工大学 "王梓颖 沈静宓 周冉" 胡维平

# 2015 | 中国人居环境设计学年奖

# 获奖作品集

主编
中国人居环境设计学年奖组委会

·北京·

## 内容提要

中国人居环境设计教育年会暨学年奖是清华大学与教育部高等学校设计学类专业教学指导委员会联合举办的人居环境设计（囊括环境设计、建筑设计、城市规划设计、室内设计）领域的教学年会，本书收录了100多所参展高校人居环境设计领域的获奖优秀学生设计作品。

本书可供高等院校环境设计、建筑设计、城市规划设计、室内设计等相关专业的师生参考使用。


**图书在版编目（CIP）数据**

2015中国人居环境设计学年奖获奖作品集 / 中国人居环境设计学年奖组委会主编. -- 北京 : 中国水利水电出版社, 2016.11
ISBN 978-7-5170-4885-5

Ⅰ. ①2… Ⅱ. ①中… Ⅲ. ①居住环境－环境设计－作品集－中国－现代 Ⅳ. ①TU-856

中国版本图书馆CIP数据核字(2016)第265527号

| 书　　名 | 2015 中国人居环境设计学年奖获奖作品集<br>2015 ZHONGGUO RENJU HUANJNG SHEJI XUENIANJIANG HUOJIANG ZUOPINJI |
| --- | --- |
| 作　　者 | 中国人居环境设计学年奖组委会　主编 |
| 出版发行 | 中国水利水电出版社<br>（北京市海淀区玉渊潭南路1号D座 100038）<br>网址: www.waterpub.com.cn<br>E-mail: sales@waterpub.com.cn<br>电话:（010）68367658（销售中心） |
| 经　　售 | 北京科水图书馆销售中心（零售）<br>电话:（010）88383994、63202643、68545874<br>全国各地新华书店和相关出版物销售网点 |
| 排　　版 | 北京时代澄宇科技有限公司 |
| 印　　刷 | 北京印匠彩色印刷有限公司 |
| 规　　格 | 250 mm×260 mm　12开本　20.5印张　269千字 |
| 版　　次 | 2016年11月第 1 版　2016年11月第 1 次印刷 |
| 定　　价 | 160.00 元 |

# 前言

把举办了十几年的“中国环艺学年奖”改组为“中国人居环境设计教育年会暨学年奖”，不仅是名称中个别字词的变更，更重要的是观念的转变和更为长远的思虑。改组前的奖项评选活动，得到了全国众多院校的支持，已形成了品牌和规模效应，成为环艺学科一项重要的赛事，产生了积极的影响。但是，学科发展的下一步如何才能走得更好，是许多专家，包括活动的组织者、学年奖评委会主席郑曙旸老师所关注的问题。

环境艺术设计这一学科由室内设计演变而来，近年来，由于艺术学升级为门类，这一学科也随之升级为设计学之下的二级学科。同时，在环艺名下的实践活动，包括教学内容，也日渐扩大范围。这一方面显示了学科发展的生命力和社会需求，另一方面也造成了教学过程中的模糊和精力涣散，带来了一定程度的困扰。表现在赛事活动中，则是学年奖所设的类别越来越多，既有建筑设计，也有规划和城市设计。那么，评审的质量如何保证？学科的边界如何界定？在教学中如何制定有效的教学方案，规划教学进程？

正是带着这样的问题，清华大学美术学院与建筑学院联手改组原学年奖活动，由清华大学和教育部高等学校设计学类专业教学指导委员会作为主办单位，住房和城乡建设部高等学校土建学科教学指导委员会所属建筑学专业指导委员会、城市规划专业指导委员会、风景园林专业指导委员会等机构为协办单位，构建更为强大的评委阵容，为评审质量提供了有力保障。为使活动可持续地进行，在主办单位、协办单位的组织下，组建中国人居环境设计学年奖暨教育年会的组织委员会，并通过了组委会活动章程。以院校教师为主的组委会构成，也保证了相关教学研讨和交流的开展，为学科发展提供了强有力的支撑。

经过一年的努力，第一届中国人居环境设计学年奖的评选活动顺利完成，教育年会也取得圆满成功。为使各位专家对于环境意识的思考以及获奖作品的优秀成果，能够有更好的传播，我们特编撰了《中国人居环境设计教育年会暨学年奖文集》和《中国人居环境设计学年奖获奖作品集》二书，也为这项活动留下一份见证。由于作品集的材料来自选手提交的图像文件，有些文字的呈现限于图幅就有些模糊了，这是要向读者致歉的地方。我们将在下一届的活动中，预为知会，请选手提供更有利于出版的材料。

人类的营造活动随着历史的发展，呈现出两个看似矛盾的趋势，一方面是分工越来越细，专业分化走向精微；另一方面又对设计师的宏观视野提出了更高的要求。中国有句古话：尽精微，致广大。既是对设计境界的描述，也可理解为对上述趋势的反映。人居环境理论的提出正是建立在学科分化的现实基础上，力图以走向整合的环境意识来克服由于分化带来的专业隔阂，以构建更为健康的人居环境审美体系。学年奖的改组无疑为实现这一学术理想又向前迈出了坚实的一步。交流需要平台，也要有良好的机制和规范，经过改组的学年奖将为中国的人居环境设计教育提供更大的助力，让我们在这个新的平台上更好地推进学科发展。

中国人居环境设计教育年会暨学年奖组委会副主任、秘书长<br>方晓风

# 目录

# 金奖

001~058

# 寻找·重塑·意城南

**院　校**　清华大学建筑学院

**作　者**　张璐　李玫蓉　肖景馨　谢梦雅　杨心慧　杨绿野　司徒颖蕙　吴明柏　叶亚乐　叶一峰　崔健　童林

**指导教师**　吴唯佳　黄鹤　孙诗萌

## 研究框架

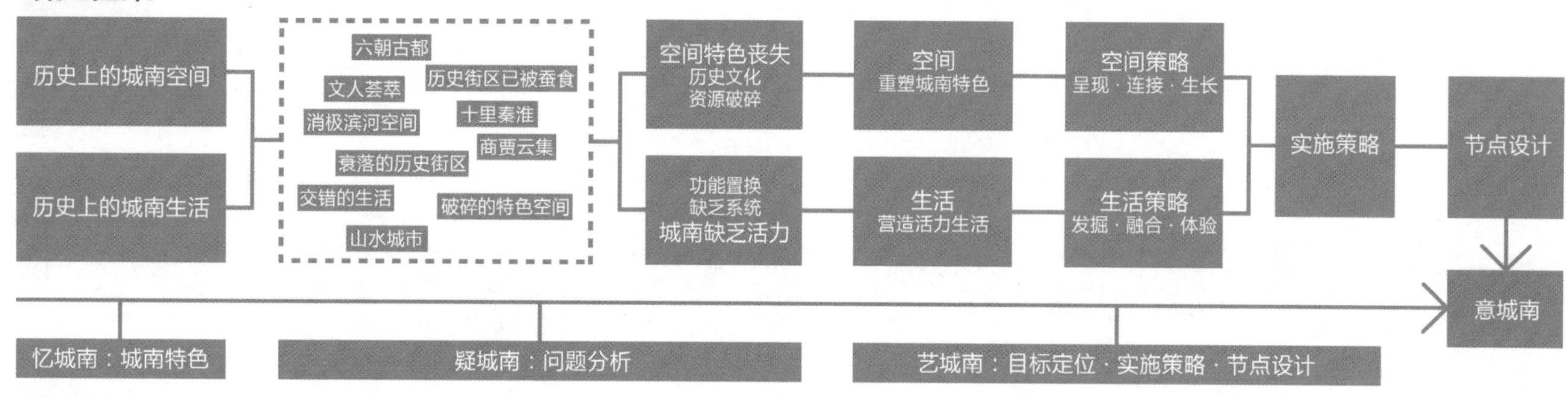


## 城南空间

### 空间历史

历史上的街块尺度

历史上的肌理 基于《测绘金陵清查荒基全图》

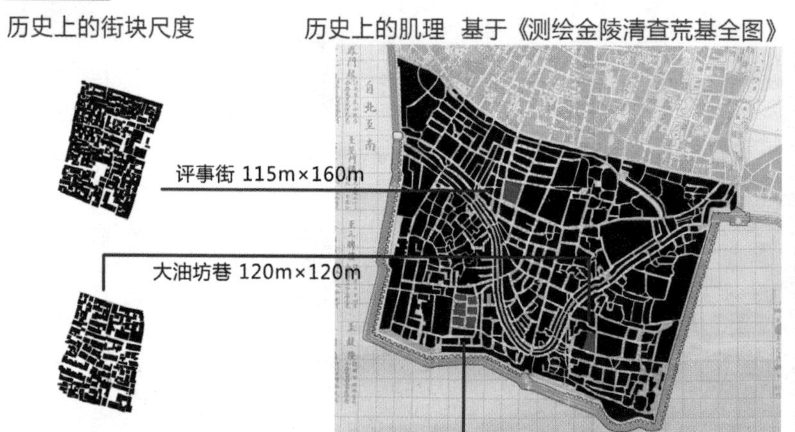


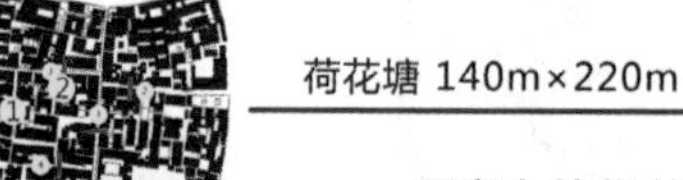

历史上的街巷宽度 以荷花塘历史文化街区为例

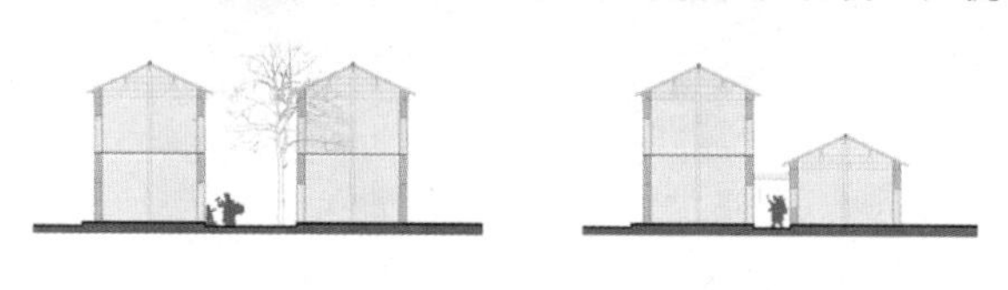

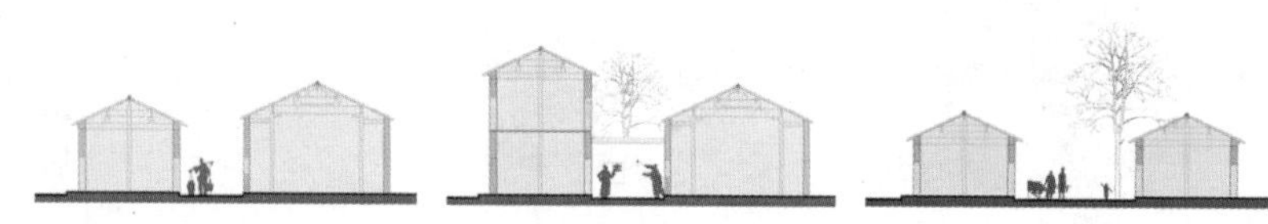

历史上的城南风貌

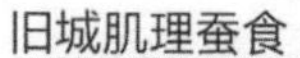

### 空间现状 城南丧失空间特色，文化失去空间载体

旧城肌理蚕食

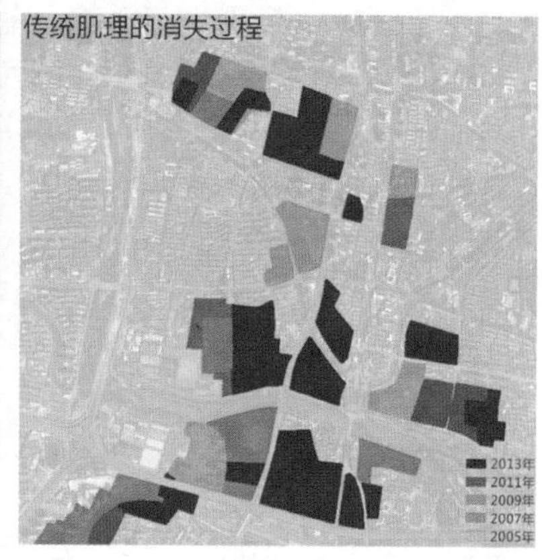


城河骨架荒废

历史地段破败

南捕厅传统住宅区：拆除重建，居民被置换

荷花塘传统住宅区：搁置更新，条件很差


文保建筑损耗

很多文保单位已被拆，或处于待拆状态

## 目标

再现“城-河”骨架。
构建“东有白鹭洲，西有凤凰台”的格局。
勾勒历史文化步道。

## 呈现：“城-河”骨架及“东鹭洲-西凤台”格局

内外秦淮河和明城墙，作为重要的历史资源，形成特色空间网络的骨架。针对研究范围内的历史资源、用地功能、机会用地等，划定“城-河”骨架范围。

沿“城-河”骨架形成东水关、夫子庙、中华门、颜料坊、西水关等关键节点，通过史料挖掘，复兴重要历史地区凤凰台，与东白鹭洲呼应，呈现城南“东有白鹭洲，西有凤凰台”的格局。

## 连接：关键节点及历史资源点

将城南关键点与历史资源点按历史功能等属性进行整合，形成6条连接到“城-河”骨架的历史文化散步道，同时强化“东鹭洲-西凤台”的格局。

## 生长：更大空间范围的艺术骨架

城南特色空间网络沿“城-河”骨架，历史轴线向外生长，启动更多资源点，步道体系随之延伸。

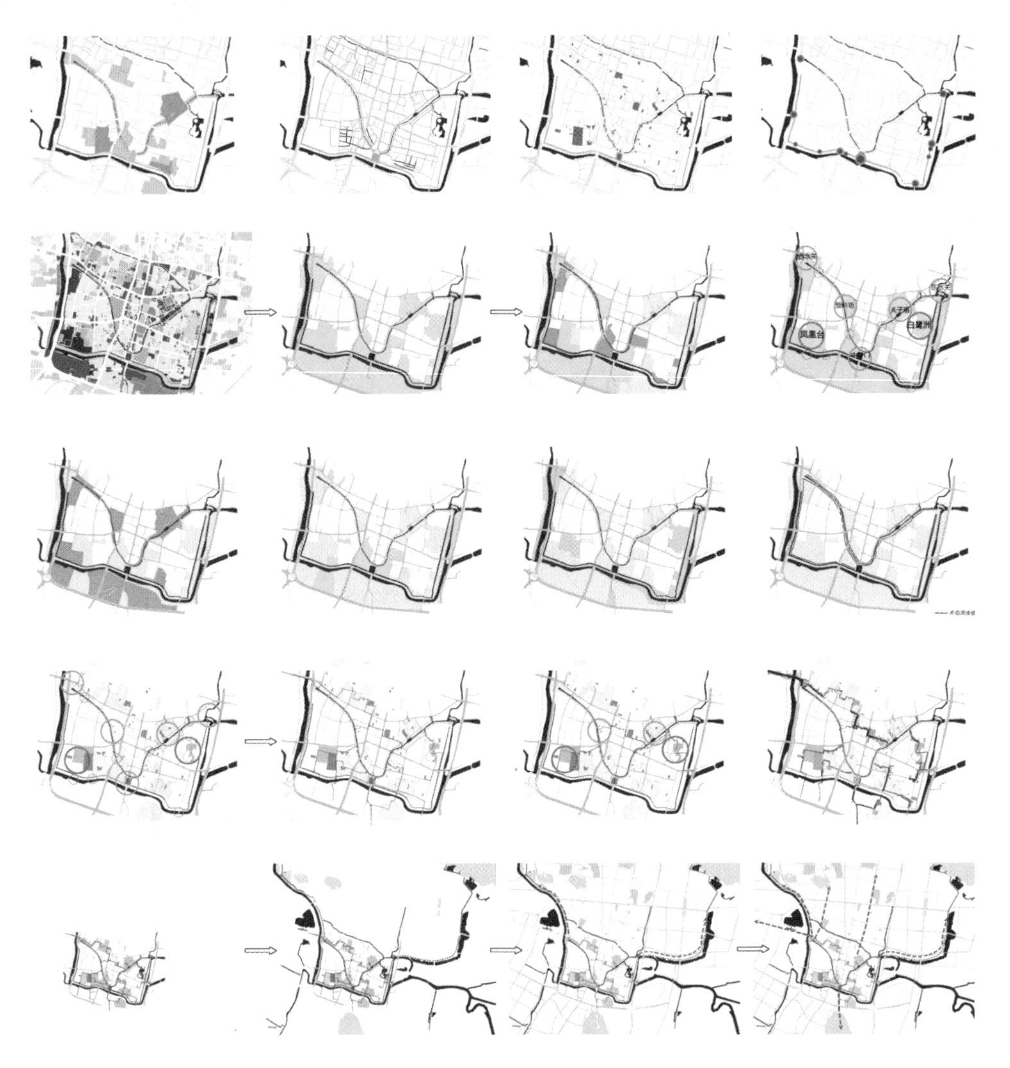

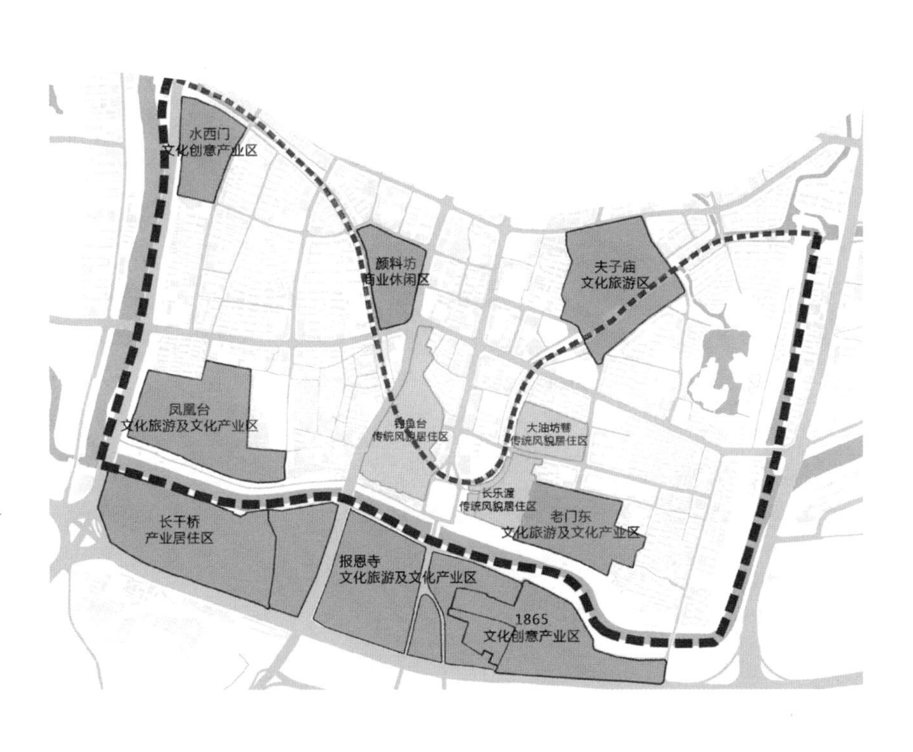


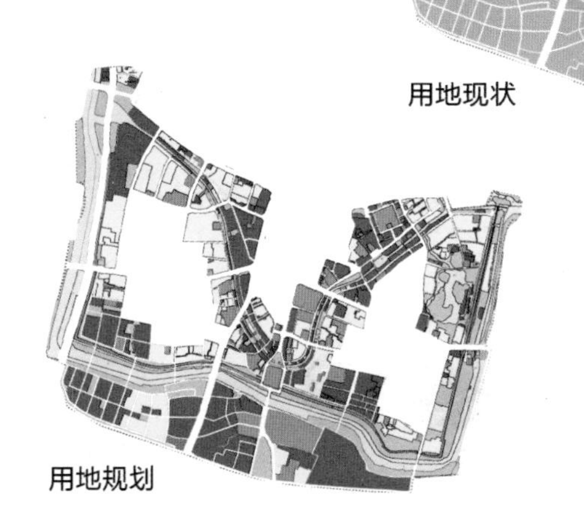


商业用地　工业用地　文化用地　居住用地　绿地　水域　空地

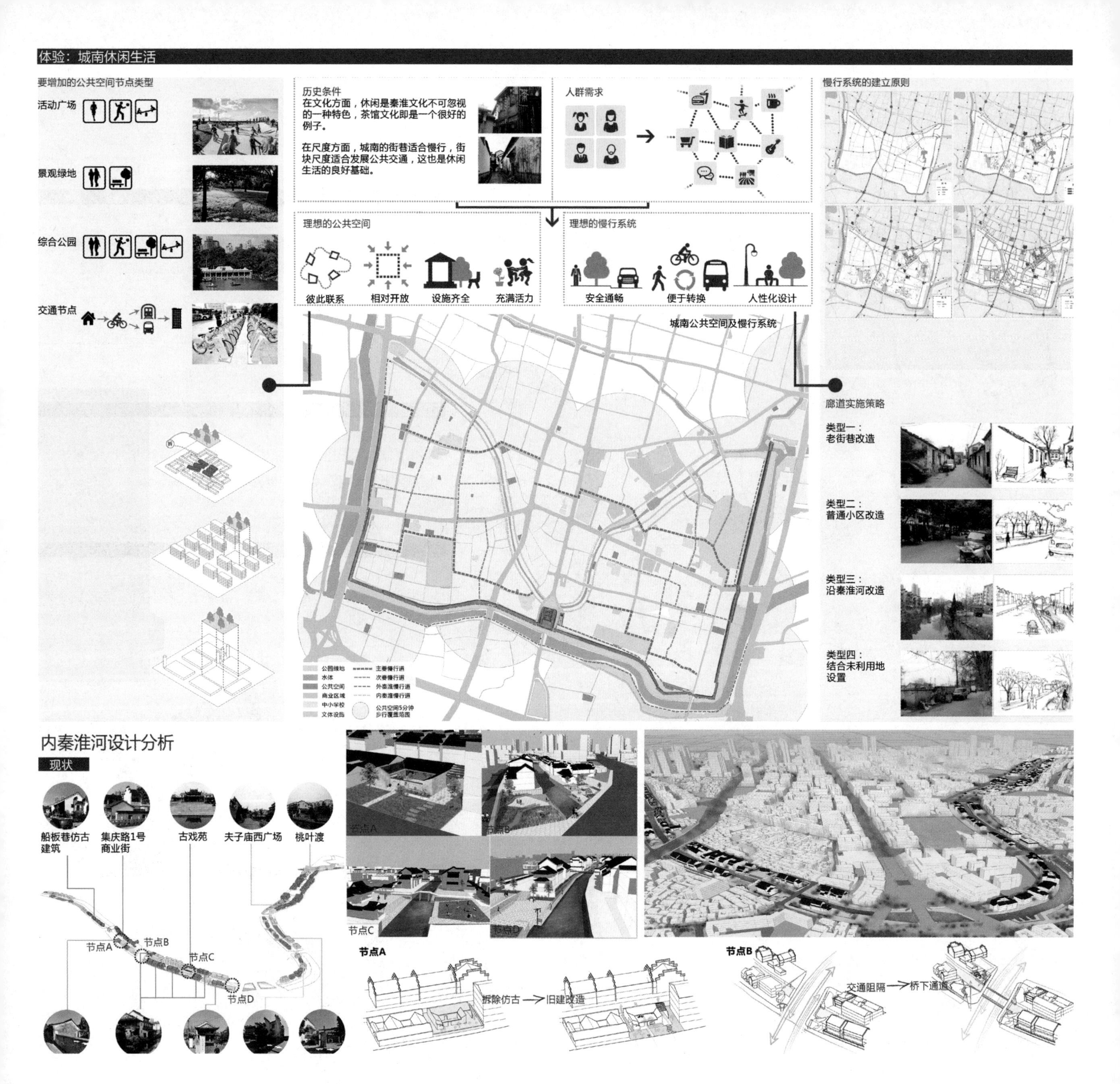
体验：城南休闲生活
要增加的公共空间节点类型
活动广场
景观绿地
综合公园
交通节点
历史条件
在文化方面，休闲是秦淮文化不可忽视的一种特色，茶馆文化即是一个很好的例子。
在尺度方面，城南的街巷适合慢行，街块尺度适合发展公共交通，这也是休闲生活的良好基础。
人群需求
理想的公共空间
彼此联系
相对开放
设施齐全
充满活力
理想的慢行系统
安全通畅
便于转换
人性化设计
慢行系统的建立原则
城南公共空间及慢行系统
公园绿地
水体
公共空间
商业区域
中小学校
文体设施
主要慢行道
次要慢行道
外秦淮慢行道
内秦淮慢行道
公共空间5分钟步行覆盖范围
廊道实施策略
类型一：老街巷改造
类型二：普通小区改造
类型三：沿秦淮河改造
类型四：结合未利用地设置
内秦淮河设计分析
现状
船板巷仿古建筑
集庆路1号商业街
古戏苑
夫子庙西广场
桃叶渡
节点A
节点B
节点C
节点D
拆除仿古
旧建改造
交通阻隔
桥下通道

慢行廊道设计C

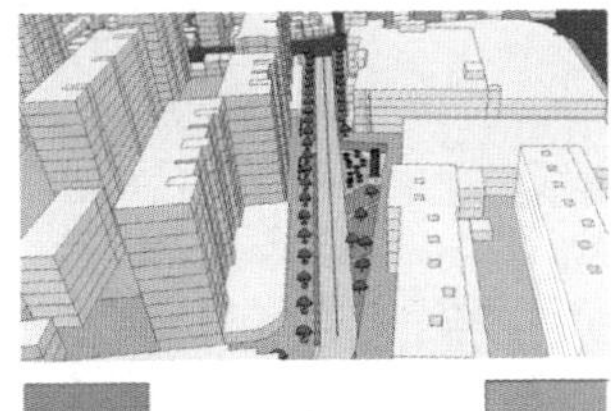

外秦淮剖面图A

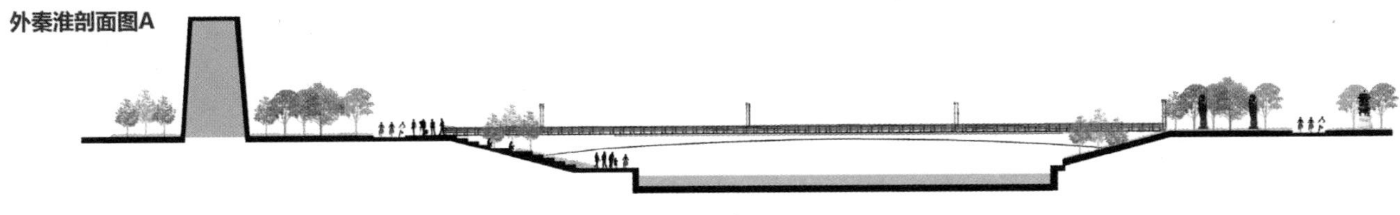

外秦淮剖面图B

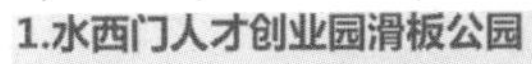

慢行廊道设计D

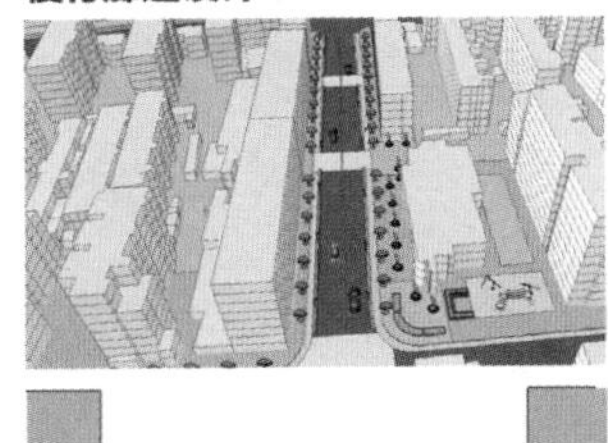

1.水西门人才创业园滑板公园

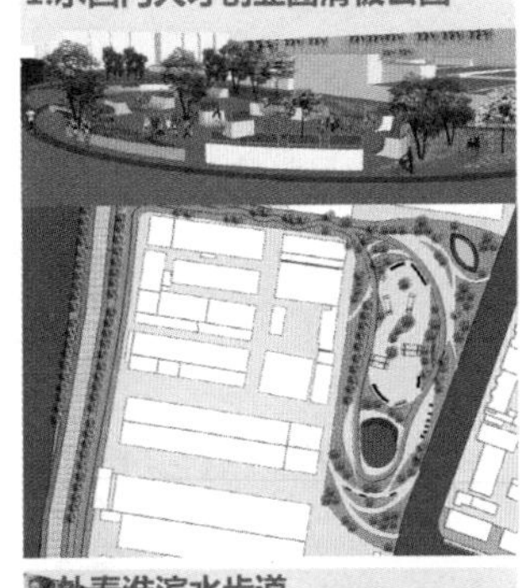

2.外秦淮滨水步道

3.城墙下慢行廊道

4.长干里雕塑公园

5.登城墙远眺城南内外

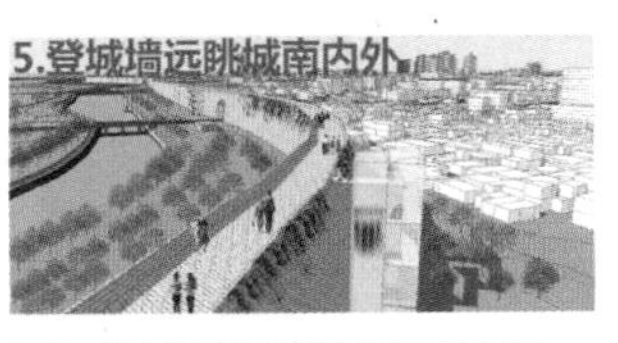

6.门东体育公园

7.门东城墙内住区花园

8.门东武定河公园步行桥

# 颜料坊地区设计

## 功能分析

办公
综合
零售
公共
绿化

## 交通分析

濒行道
滨河道
步行街
人行道

## 生成分析

历史梳理

地块划分

生成体量

空间塑造

界面构建

肌理织补

景观绿化

# 西水关地区设计

节点位置

孙楚楼

游船码头

文化商业区

旅游休闲区

创意产业区

总平面图

## 历史分析

01.西水关地区历史源头、脉络及节点

鸟瞰-2

## 节点空间

大油坊、钓鱼台及长乐渡地区总平面图

# 长干桥地区设计

空间设计说明

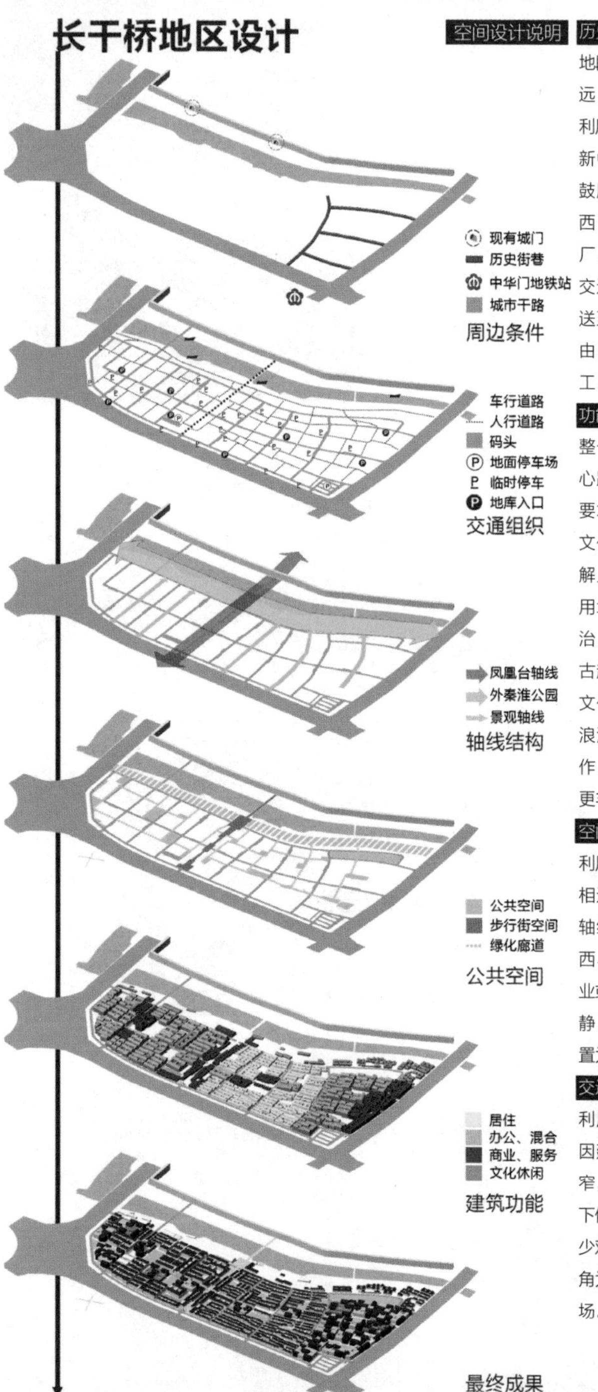


**历史文脉整理**

地段位于中华门外，且距城门较远，直至1948年一直未被充分利用，多为别墅、荒地。

新中国成立后，在紧凑发展、鼓励工业的指导原则之下，城西南角建立棉纺、印染等工厂，依靠外秦淮河便捷的水运交通将大宗粮食、棉花等货物送至河南岸的仓库储藏，再借由轮渡通过城门送入城内加工。城墙内外相互联系。

**功能定位**

整个地块较为内向，且与市中心距离较近。适合布置对环境要求较高的办公或规模较大的文化创意产业。考虑主城区疏解人口的要求，削减部分居住用地。此外，结合外秦淮河整治，沿河设置开放绿地;利用古越城遗址及民国仓库，引入文化、旅游元素，营造舒适、浪漫的步行活动空间。实现工作、居住、休闲相结合，营造更丰富多样的城南生活。

**空间设计**

利用原有城门，架设桥梁与城内相连，形成直通凤凰台的步行轴线，并布置商业。地块东、西、南三侧布置为办公、创意产业或商业产业用地；中部较为幽静，布置为住宅;北部临河，布置为公园及旅游设施。

**交通分析**

利用历史街道，开辟车行道。因建筑密度较高，路面宽度较窄，道旁设临时停车位，但以地下停车为主。南面设内环路，减少对高架辅路交通的干扰。东南角为服务地铁站的大型城市停车场。

# 长干里地区设计

空间设计说明

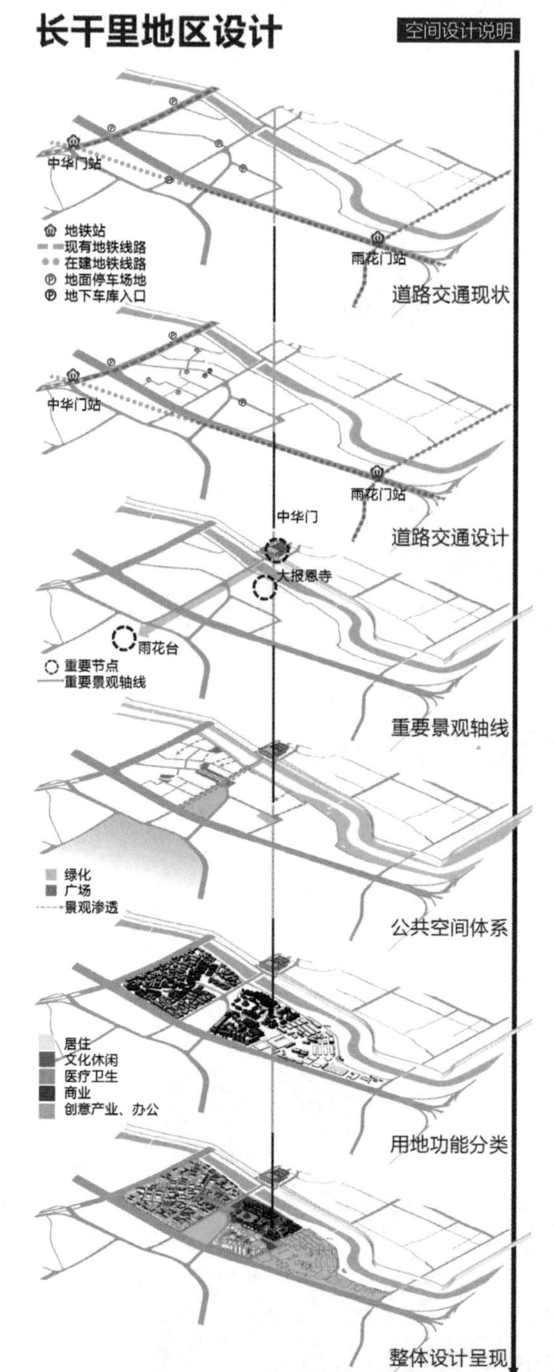


**历史文脉整理**

城——《至正金陵新志》中记载：“长干里在秦淮南，越范蠡筑城长干。”公元前472年，越王勾践令范蠡筑“越城”，为南京地区有年代可考的最早城池。

市——《建康实录》中记载：“金陵南郭群山环之……即古之大长干也。稍西曰小长干，吴立大市。”秦汉至唐，长干里吏民杂居，里人多以船为家，以贩运为业。明代，长干里为南京最大货物集散地，形成粮食和农副产品的“大市”及竹木薪炭的“来宾街市”。

寺——老南京俗话说：“出了南门尽是寺(事)。”晋太康年间建长干寺，南朝陈为报恩寺，宋改天禧寺并建圣感塔，元改慈恩旌忠教寺，明永乐六年毁于火灾。四年后，朱棣命工部在原址重建大报恩寺，为明初南京三大佛寺之一。

**功能定位**

本地段是古越城所在，又是繁华的商业区，且是南京佛教中心。城、市、寺，现均已不复存在。近年考古大概确定了位置。

设计结合“中华门-雨花台”轴线，复建大报恩寺，形成佛教文化体验区，按原有肌理新建文化商业创意产业区。在沿秦淮河及雨花台轴线周边，开放绿化公园，强调林阴路轴线，并将景观渗透进地段内。

**空间设计**

空间结构充分尊重原有街巷布局，通过公共空间的组织和休闲景观的连接，串联起外秦淮和雨花台景区，以求有效地“呈现-连接-生长”。

为保持中华门外地区的整体风貌，整个地段建筑高度不超过城墙。

# 旧隅方兴——云南大理古城东北片区城市设计建筑设计一

院校 重庆大学
作者 高长军
指导教师 张希晨

—城市

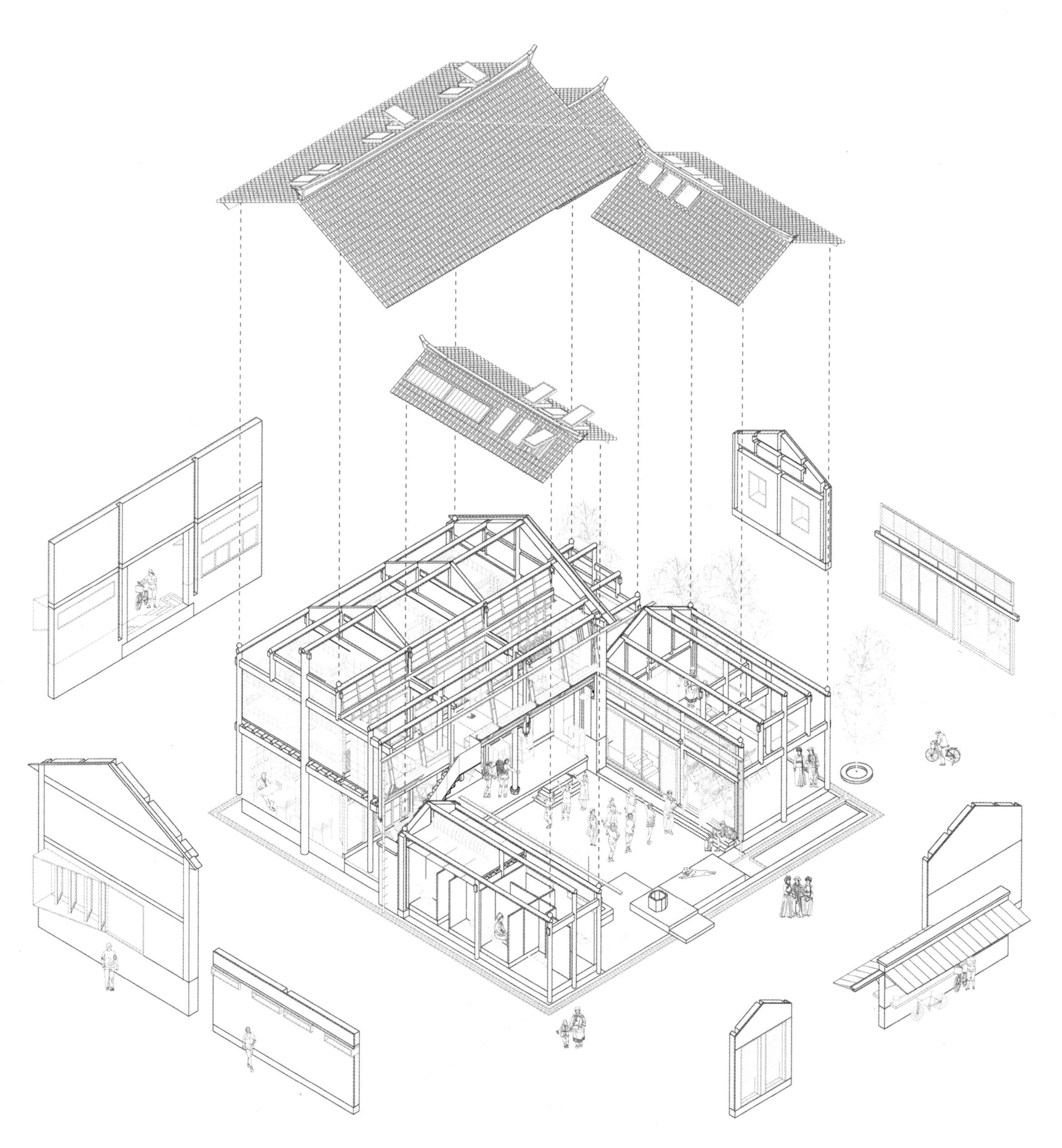

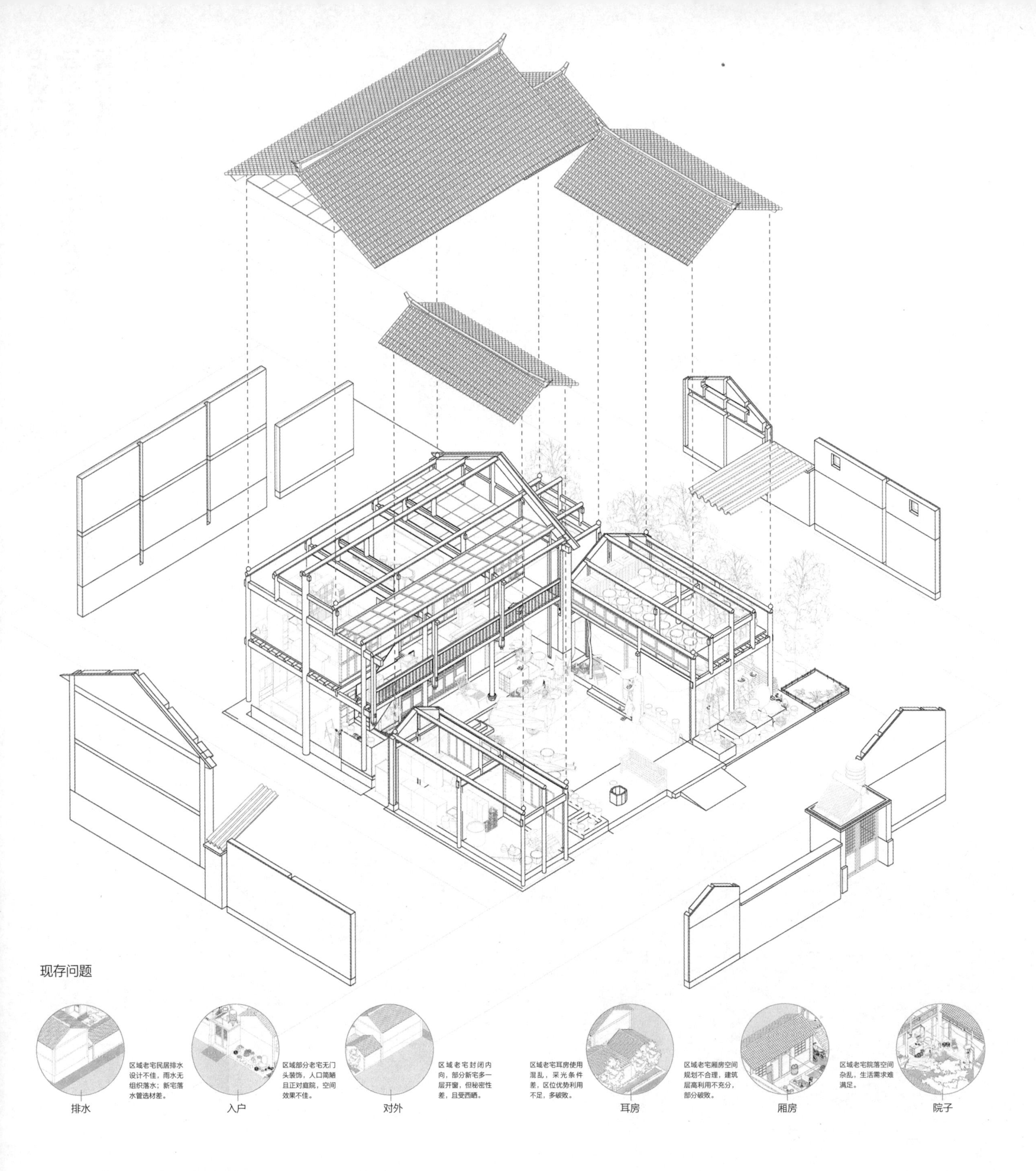
现存问题
区域老宅民居排水设计不佳，雨水无组织落水；新宅落水管选材差。
排水
区域部分老宅无门头装饰，人口简陋且正对庭院，空间效果不佳。
入户
区域老宅封闭内向，部分新宅多一层开窗，但秘密性差，且受西晒。
对外
区域老宅耳房使用混乱，采光条件差，区位优势利用不足，多破败。
耳房
区域老宅厢房空间规划不合理，建筑层高利用不充分，部分破败。
厢房
区域老宅院落空间杂乱，生活需求难满足。
院子

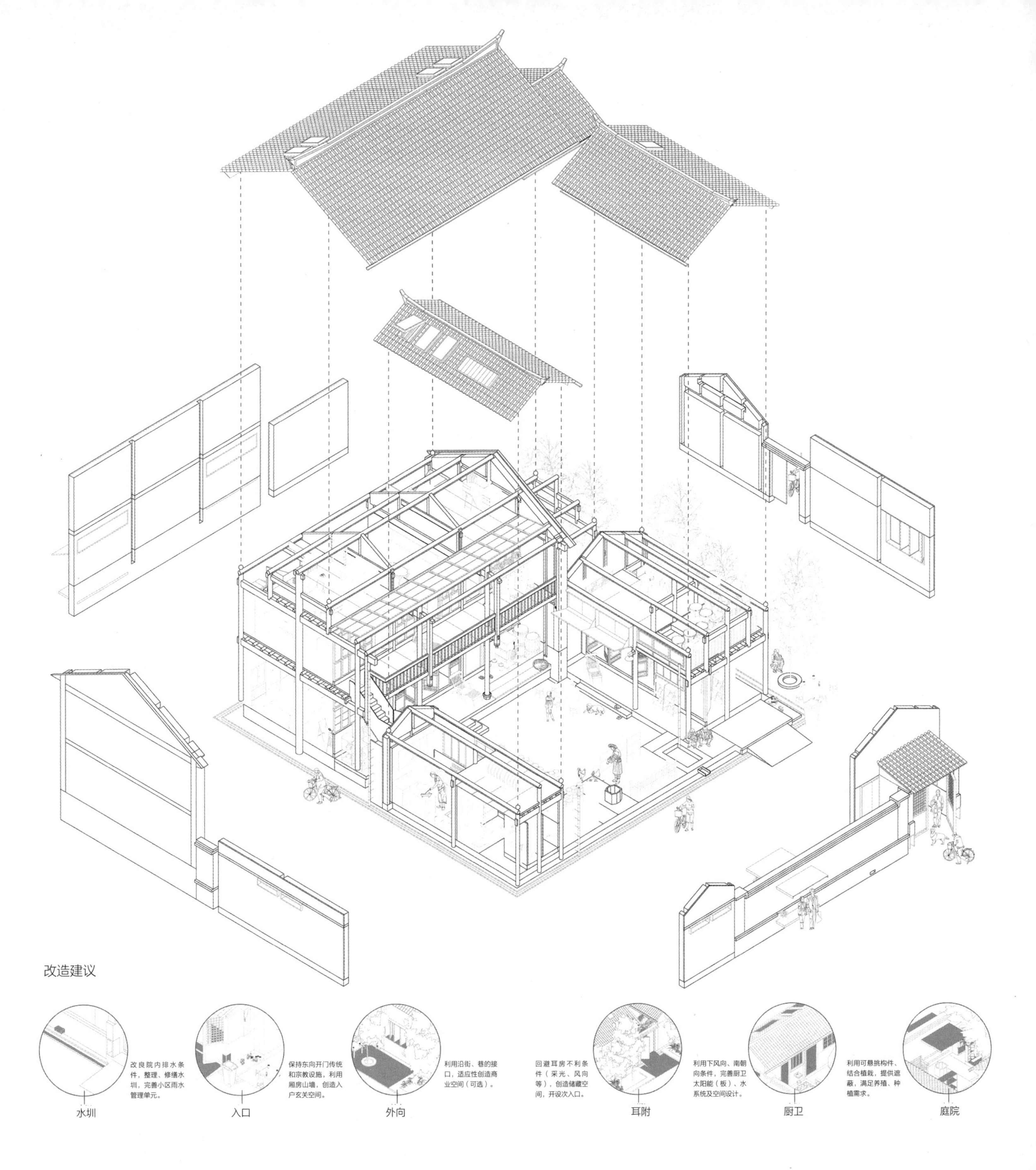
改造建议
改良院内排水条件，整理、修缮水圳，完善小区雨水管理单元。
水圳
保持东向开门传统和宗教设施，利用厢房山墙，创造入户玄关空间。
入口
利用沿街、巷的接口，适应性创造商业空间（可选）。
外向
回避耳房不利条件（采光、风向等），创造储藏空间，开设次入口。
耳附
利用下风向、南朝向条件，完善厨卫太阳能（板）、水系统及空间设计。
厨卫
利用可悬挑构件、结合植栽，提供遮蔽，满足养殖、种植需求。
庭院

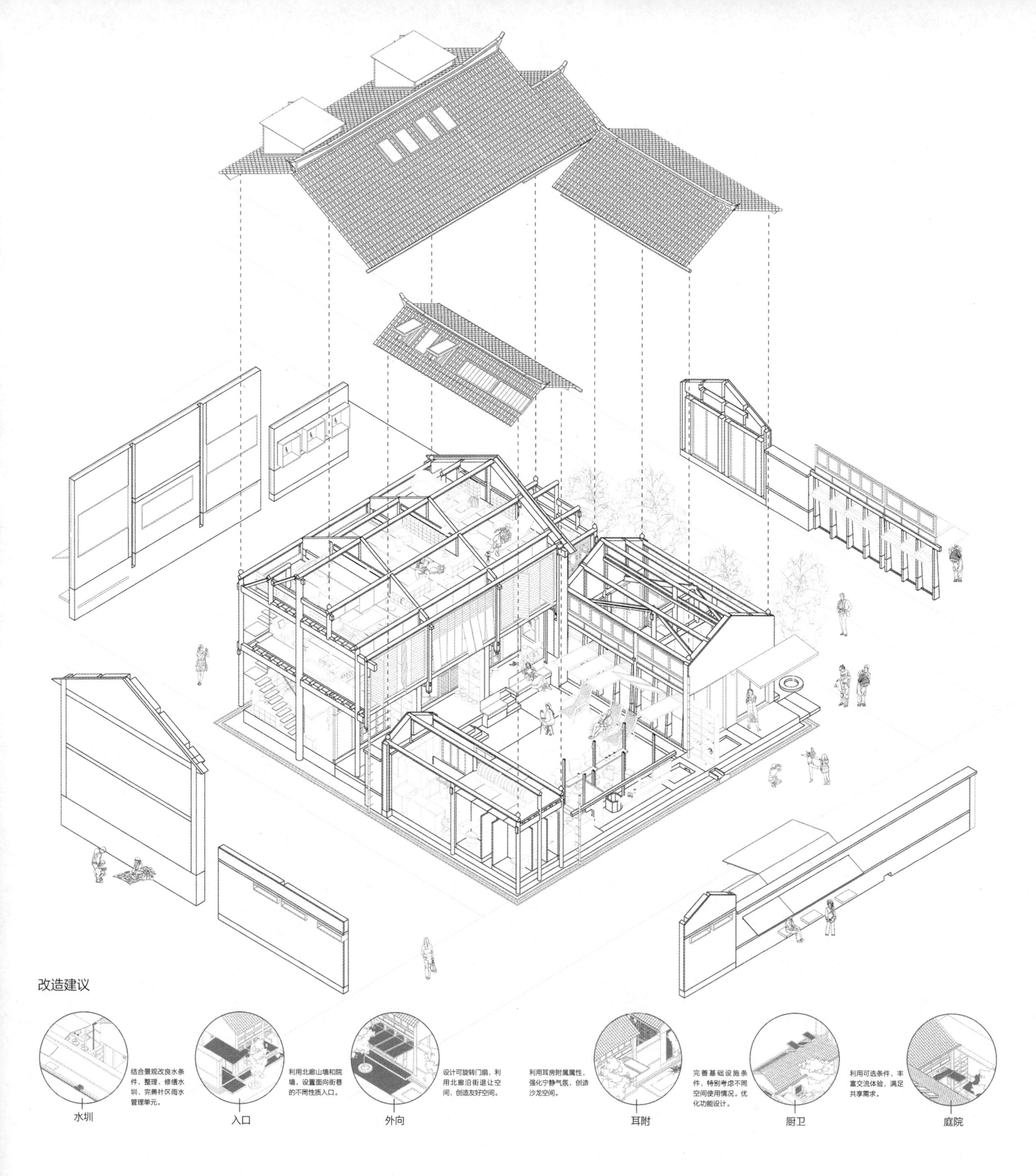
改造建议
结合景观改良水条件，整理、修缮水圳，完善社区雨水管理单元。
水圳
利用北廊山墙和院墙，设置面向街巷的不同性质入口。
入口
设计可旋转门扇，利用北廊沿街退让空间，创造友好空间。
外向
利用耳房附属属性，强化宁静气氛，创造沙龙空间。
耳附
完善基础设施条件，特别考虑不同空间使用情况。优化功能设计。
厨卫
利用可选条件，丰富交流体验，满足共享需求。
庭院

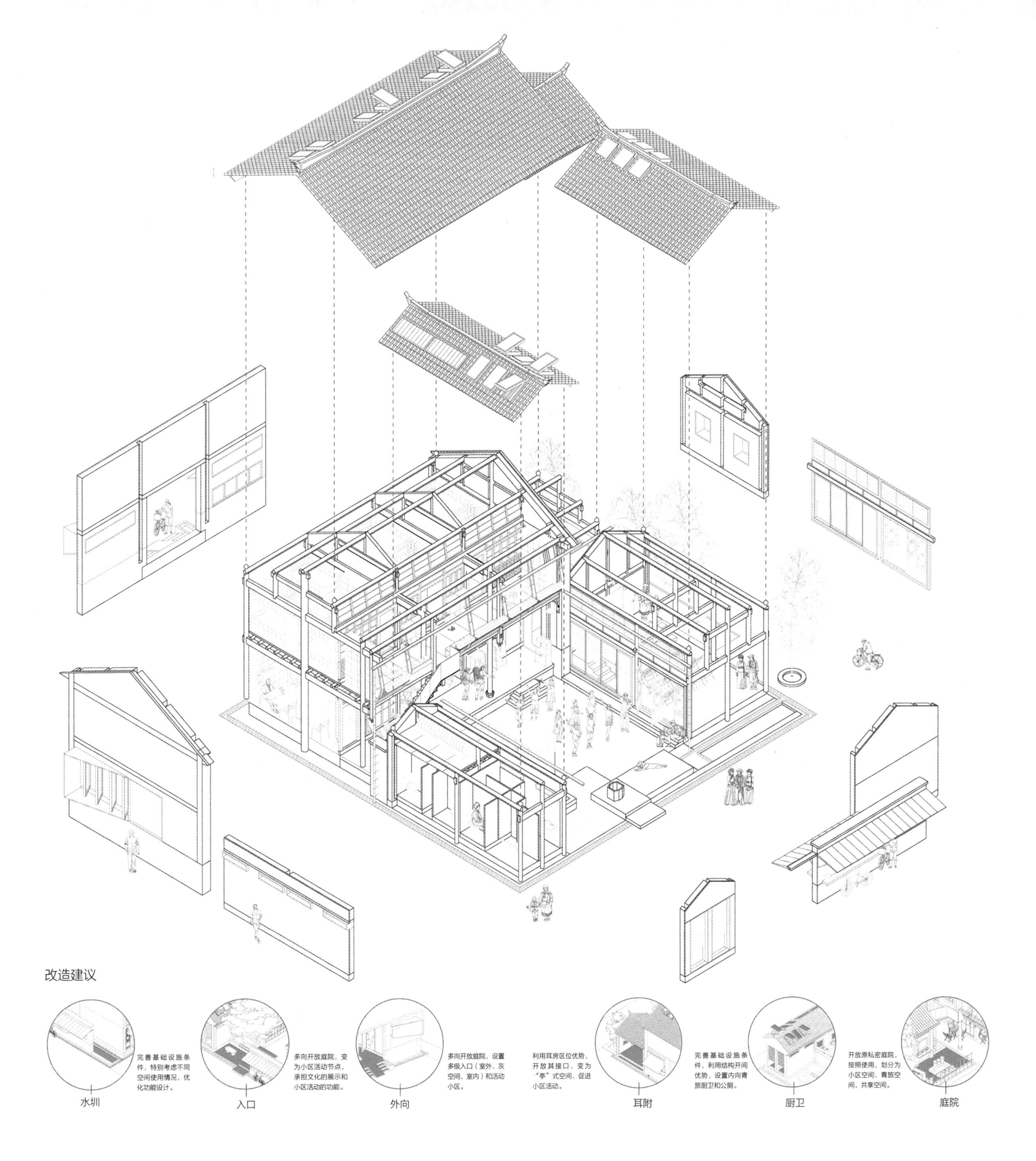

## 改造建议

**水圳**

完善基础设施条件，特别考虑不同空间使用情况，优化功能设计。

**入口**

多向开放庭院，变为小区活动节点，承担文化的展示和小区活动的功能。

**外向**

多向开放庭院，设置多级入口（室外、灰空间、室内）和活动小区。

**耳附**

利用耳房区位优势，开放其接口，变为“亭”式空间，促进小区活动。

**厨卫**

完善基础设施条件，利用结构开间优势，设置内向青旅厨卫和公厕。

**庭院**

开放原私密庭院，按照使用，划分为小区空间、青旅空间、共享空间。

## 改选导则

**功能**

1.优化住户基本生活功能性单元，如厨卫、储物间、阁楼等。

2.优化住户宗教、民俗习惯所需功能空间，如堂屋等。

3.优化住户主要的庭院生活功能空间，如养殖、种植等。

4.满足住户可能的拓展需求，如商铺（进入式、窗口式）等。

**空间**

1.优化住宅交通空间，提高整体效率，减少各类干扰。

2.优化住宅采光通风、遮阳避雨系统，提高院内外友好度。

3.优化住宅空间细节，结合结构、楼梯等形成的“边角空间”设计适应性功能单元，提高空间利用率。

**建造**

1.主要沿袭地区传统建造技艺和建造流程。

2.按照具体生活状态的功能空间需求，采用本土材料、外来材料和相关技术进行改良。

3.局部宜保持传统装饰、彩绘。

**景观**

1.选取本土小乔木，形成院内荫蔽空间，可结果实。

2.选取本土灌木，形成院内种植群，宜盆栽。

3.选取本土铺装材料和纹样，提供室内外铺装参考。

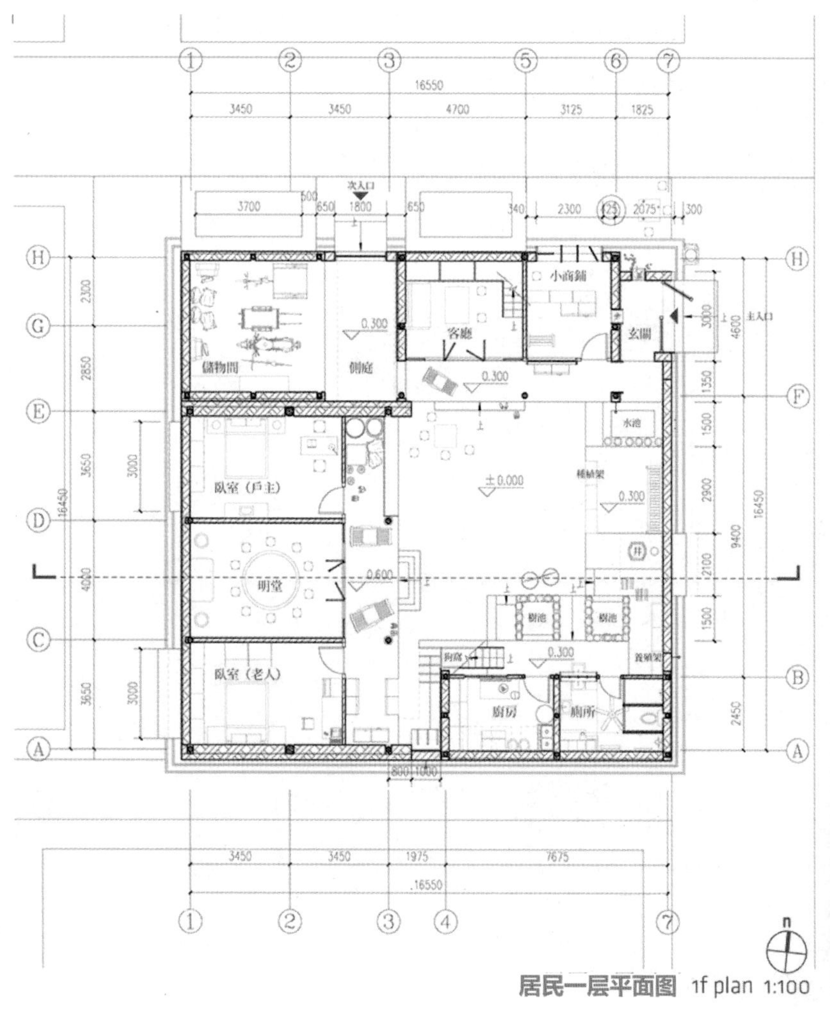


居民一层平面图 1f plan 1:100

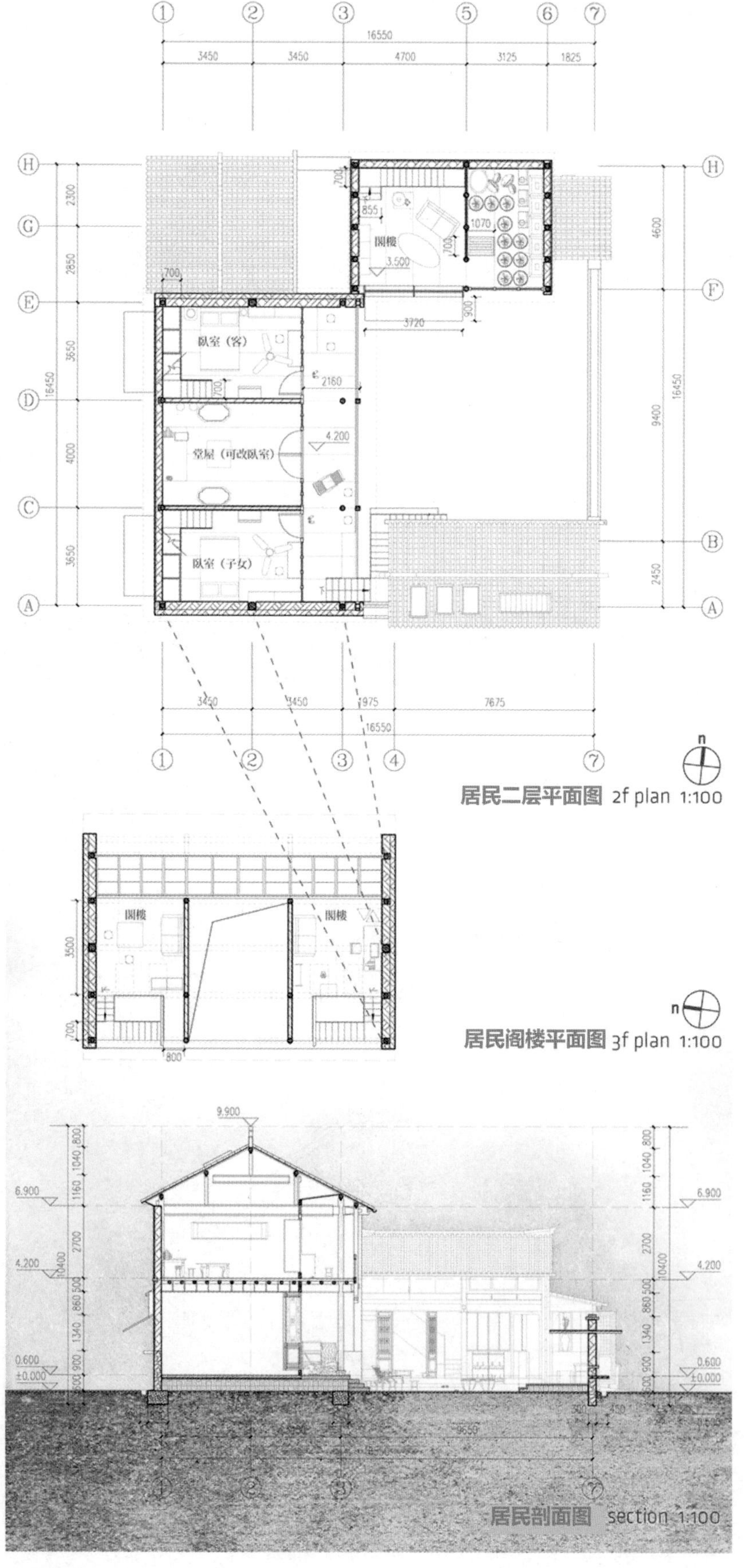


居民二层平面图 2f plan 1:100

居民阁楼平面图 3f plan 1:100

居民剖面图 section 1:100

## 改选导则

**功能**

1.优化重组基本SOHO单元，采用“一开间通一户”方式。

2.结合住户工作和生活的不同要求，多样化组合空间。

3.满足住户可能的拓展需求，如展应、茶室、艺术集市、庭院生活吧等，设置灵活可变空间。

**空间**

1.优化住宅交通空间，特采取独户式内部交通，并充分利用廊道空间、入户空间等。

2.个性化住宅空间细节，适应创作性住户的居住性需求，且促进混居型小区的营造。

**建造**

1.主要沿袭地区传统建造技艺和建造流程。

2.按照具体功能空间需求，采用本土材料、外来材料和相关技术进行改良。

3.局部可保持传统装饰、彩绘。

**景观**

1.选取本土小木乔，形成院内荫蔽空间，可结果实。

2.选取本土灌木，形成院内种植群，宜盆栽。

3.结合实际的合租、创作功能需求，设置特色景观，如“吧”。

4.选取本土铺装材料和纹样，提供室内外铺装参考。

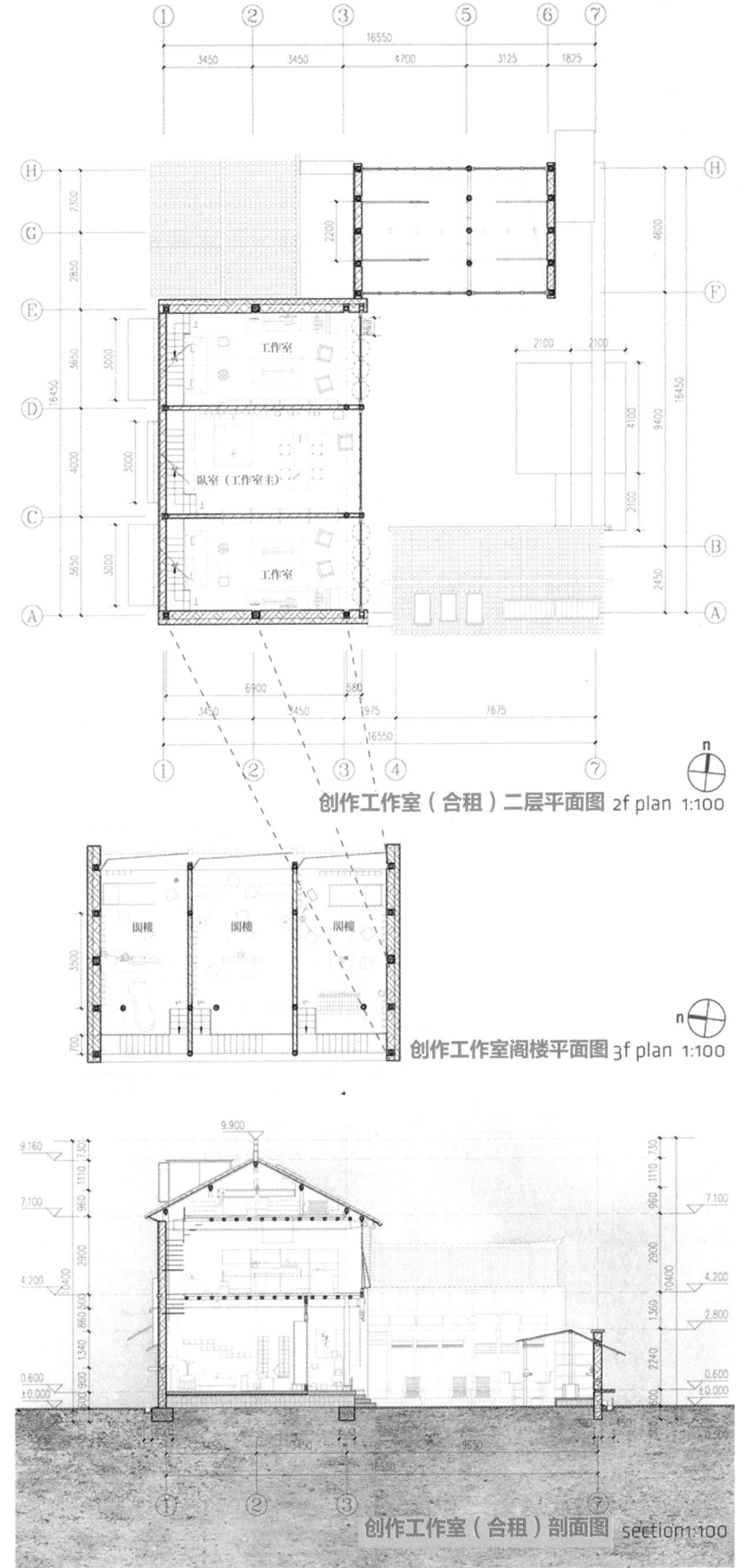


创作工作室（合租）二层平面图 2f plan 1:100

创作工作室阁楼平面图 3f plan 1:100

创作工作室（合租）剖面图 section1:100

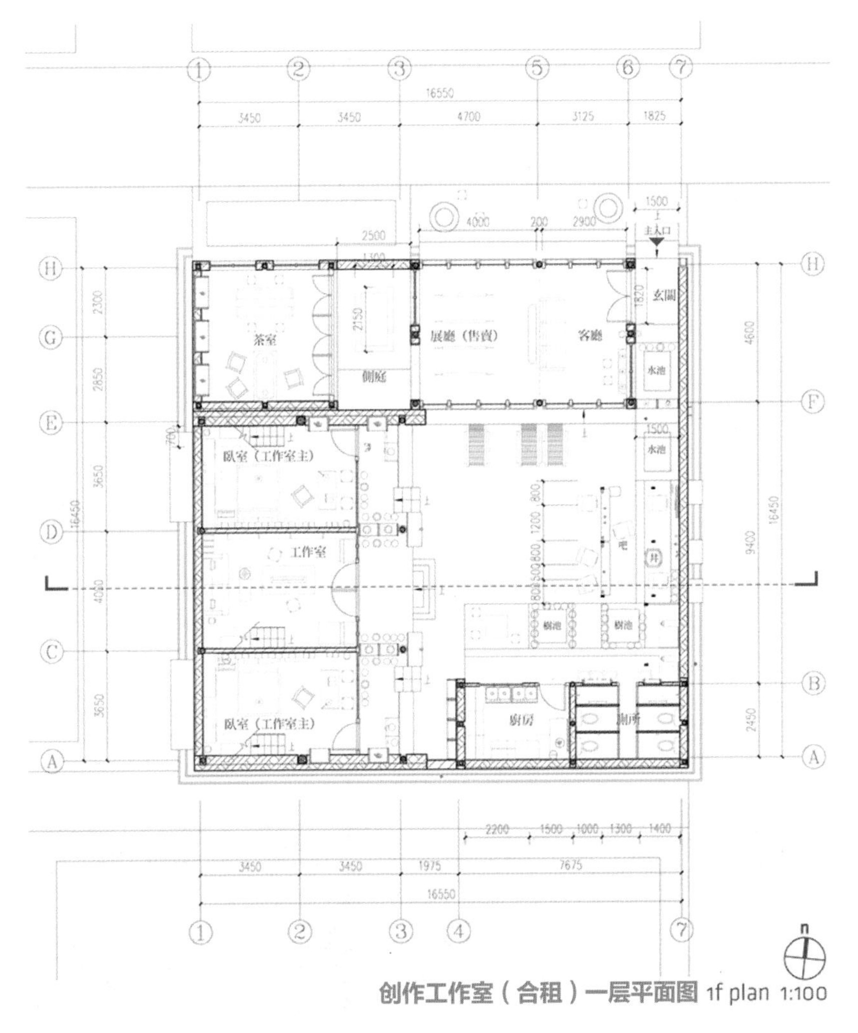


创作工作室（合租）一层平面图 1f plan 1:100

## 改选导则

**功能**

1.优化重组功能单元，重点强化混合性，如青旅和小区中心的混合、小区商业和旅游业的混合等等。

2.完善小区基础服务设施，如公厕、文宣展廊卫生站等。

**空间**

1.重组院落交通空间，多向开放以激活封闭“里坊”状态，并充分利用原院落状态的水平分层和垂直分层等条件。

2.个性化组团空间细节，适应混合功能更需求，且促进混居型社区的营造。

**建造**

1.主要沿袭地区传统建造技艺和建造流程。

2.按照具体功能空间需求，采用本土材料，外来材料和相关技术进行改良。

3.局部可保持传统装饰、彩绘。

**景观**

1.选取本土大（小）乔木，形成组团荫蔽空间。

2.选取本土灌木，形成院内外种植群，可盆栽。

3.结合实际的小区功能需求设置特色景观，如休息点。

4.选取本土铺装材料和纹样，提供室内外铺装参考。

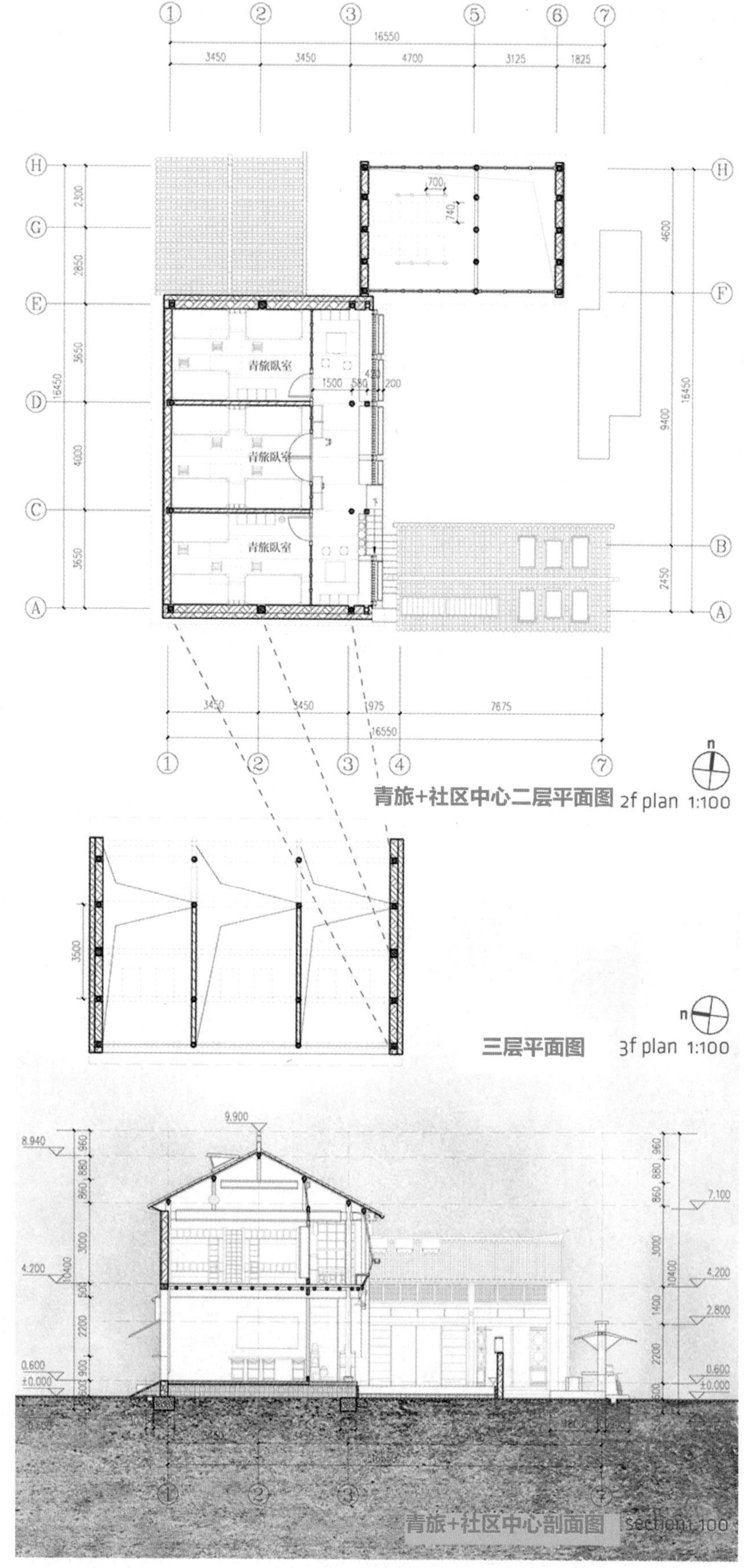


青旅+社区中心二层平面图 2f plan 1:100

三层平面图 3f plan 1:100

青旅+社区中心剖面图 section 1:100

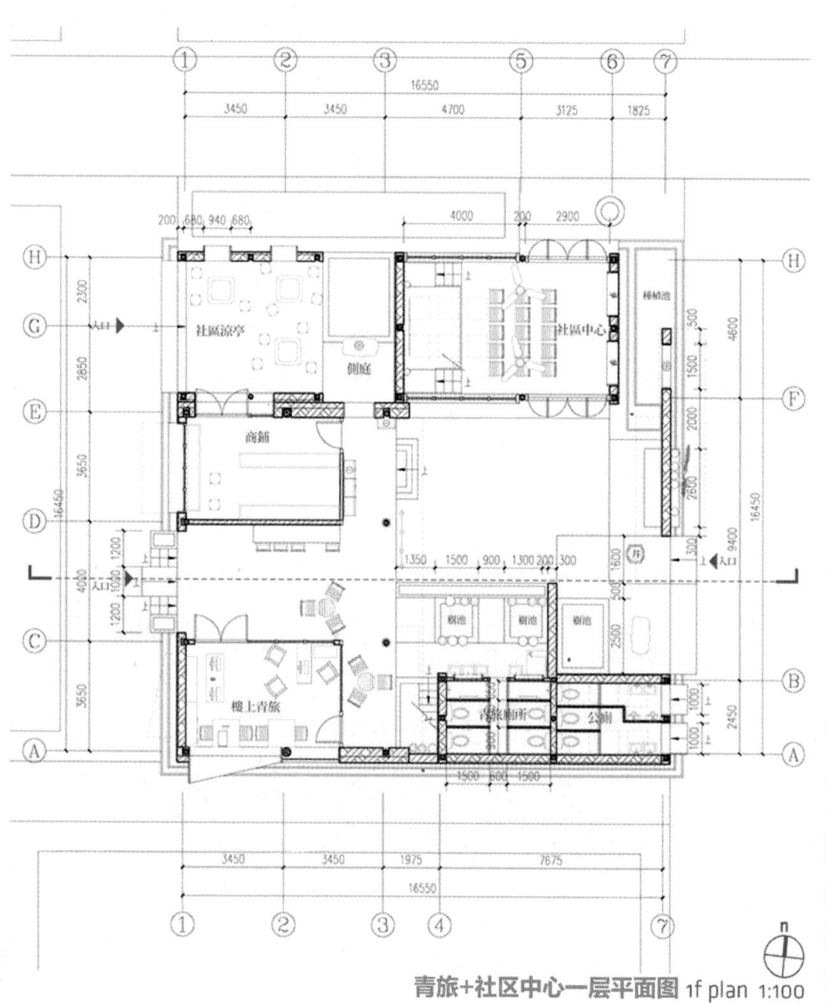


青旅+社区中心一层平面图 1f plan 1:100

# 时代视角下的上海近代石库门里弄公馆的改造设计

院　校　同济大学
作　者　严康妮
指导教师　朱渊



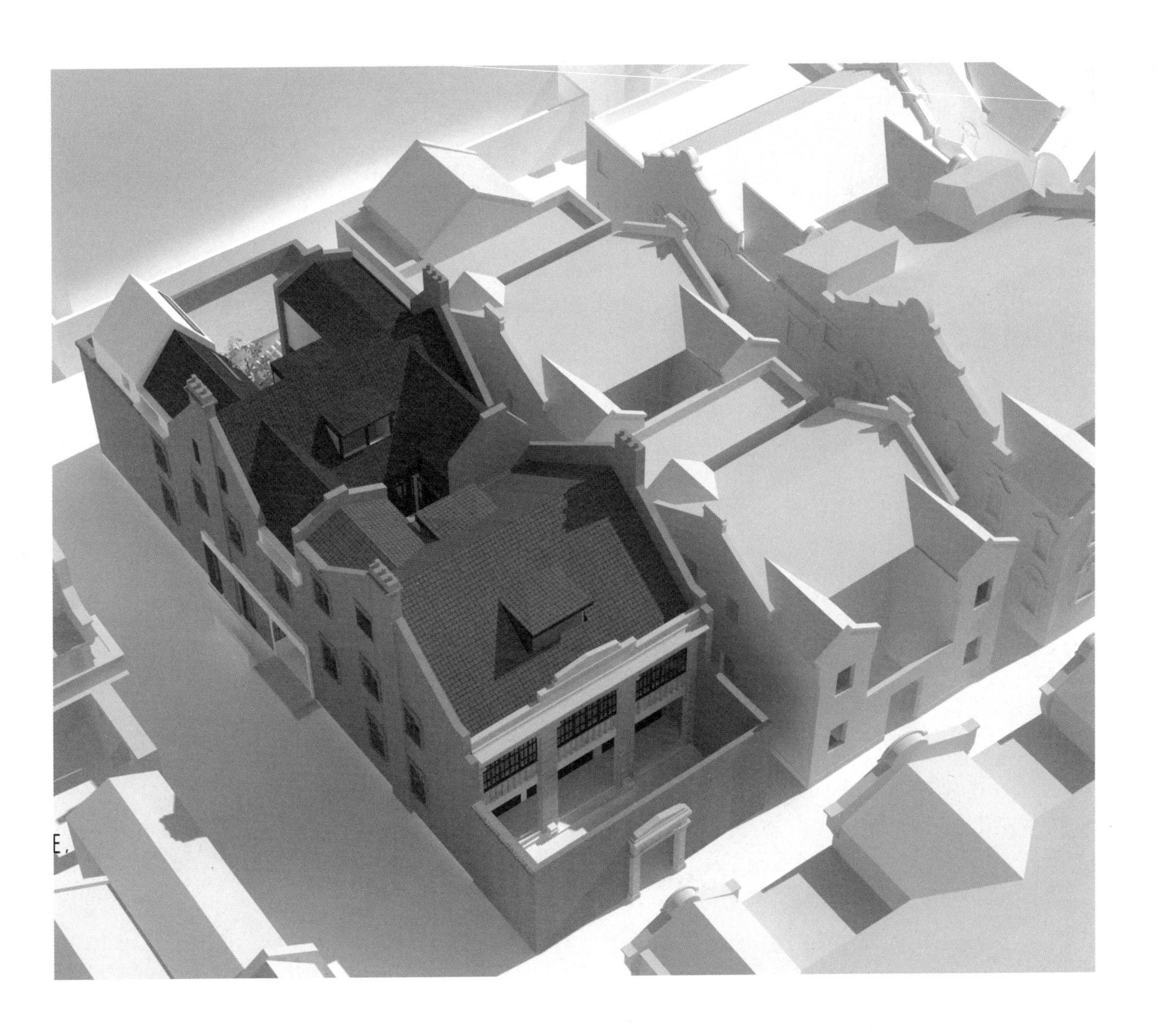

# 01 历史街坊的城市空间构成分析

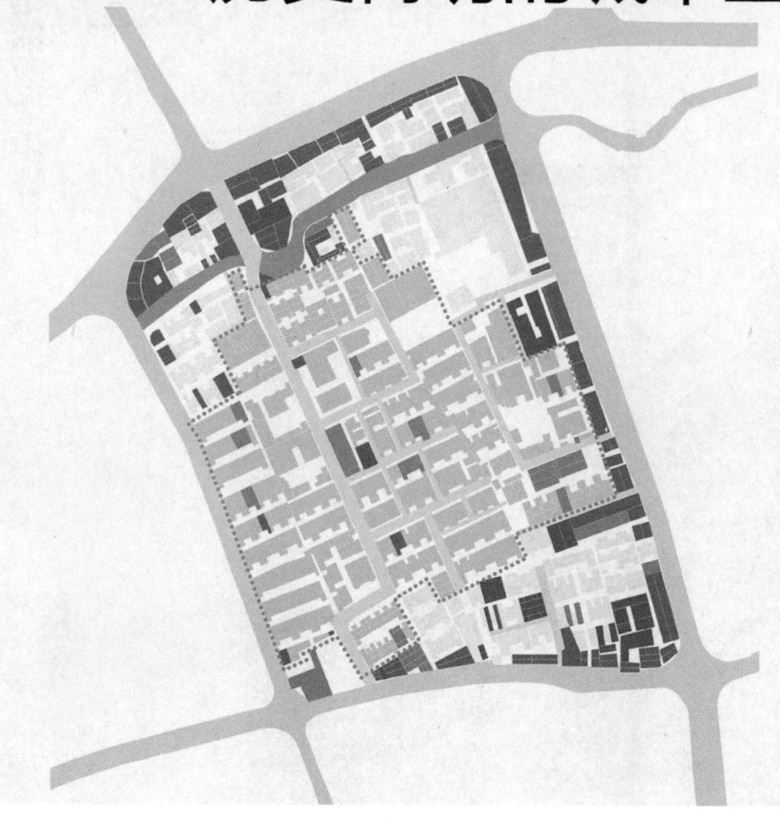

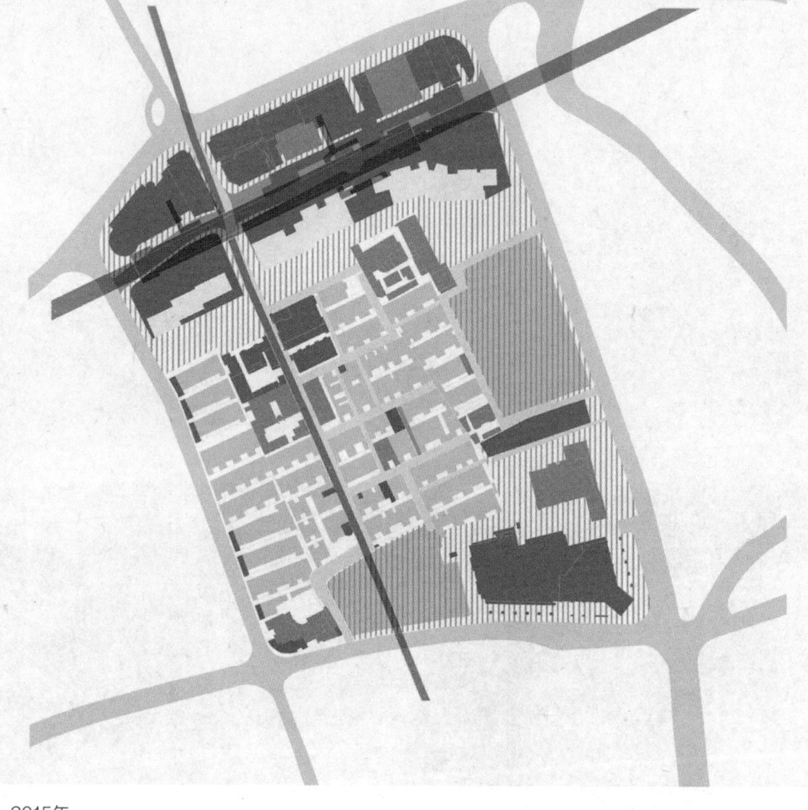

1947年

张园地块区是以规划共时建造的张园建筑群体为中心，以及周边沿街自发形成的建筑共同组成的。规划而成的道路切割的整齐地块上建造了多类型聚集的各有样式特征的建筑。周边吴江路是由地理形态形成的蜿蜒街道，保持着地理特征。其功能分为沿街的小型商业和张园内的居住和其间散布的小型工业和公共设施。

2015年

以市政动迁为名的大规模房地产和商业开发对张园街坊产生重大影响，侵占了大面积的街坊空间的同时，改变了街区的自给自足的原发展模式，给张园建筑群投射下大面积阴影。在张园地块的周围，沿街小型商业消失，吴江路保留的河道的地理特征也伴随其面向城市的商业化过程消失了，一些面向城市的公共设施和小型公寓业入驻现保留的张园。小区被侵占，小区自身的发展受到严重限制。

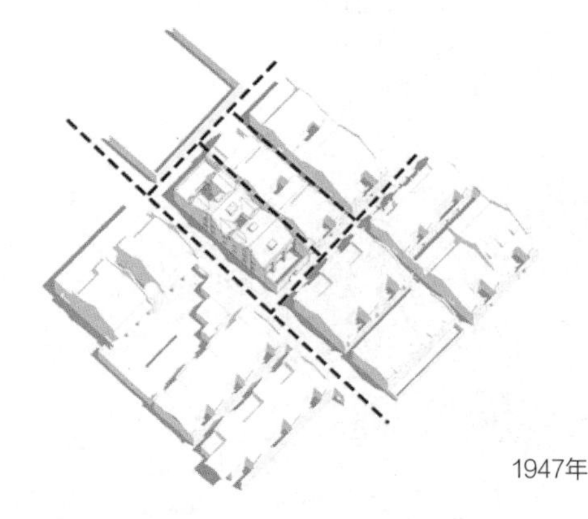

1947年

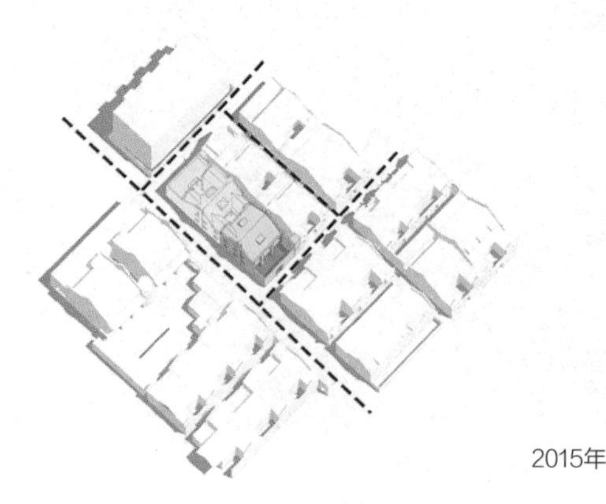

2015年

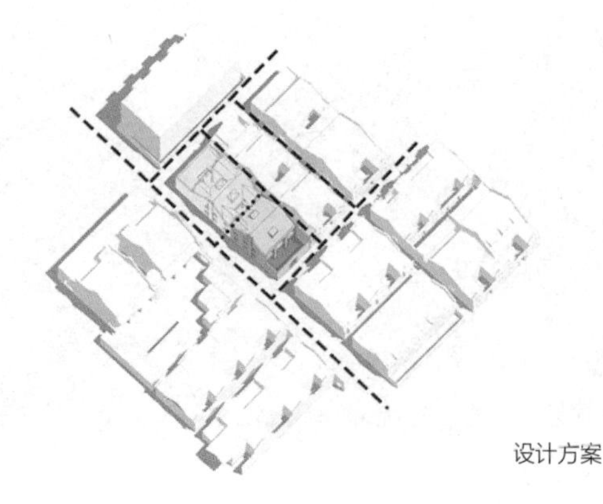

设计方案

面向街区的改变

张园大客厅位于张园规划道路的主干道边，曾经与之间的建筑存在地块间的道路，在现在由于高密度居住空间对私密性的需求和南边办公区域对过道的侵占，这条道路不再存在。为了增加老年人活动中心用地，增强小区的可达性和公共性，设计将梳理并恢复这条道路。建筑则被分隔成两部分，以张园街坊的空间聚集模式设计的地块间的连通，使原来冗长的传统建筑流线顺应现代生活需求而发生改变，节约了建筑空间。中部的天井空间也利用起来，提高老年人活动中心的社区性。

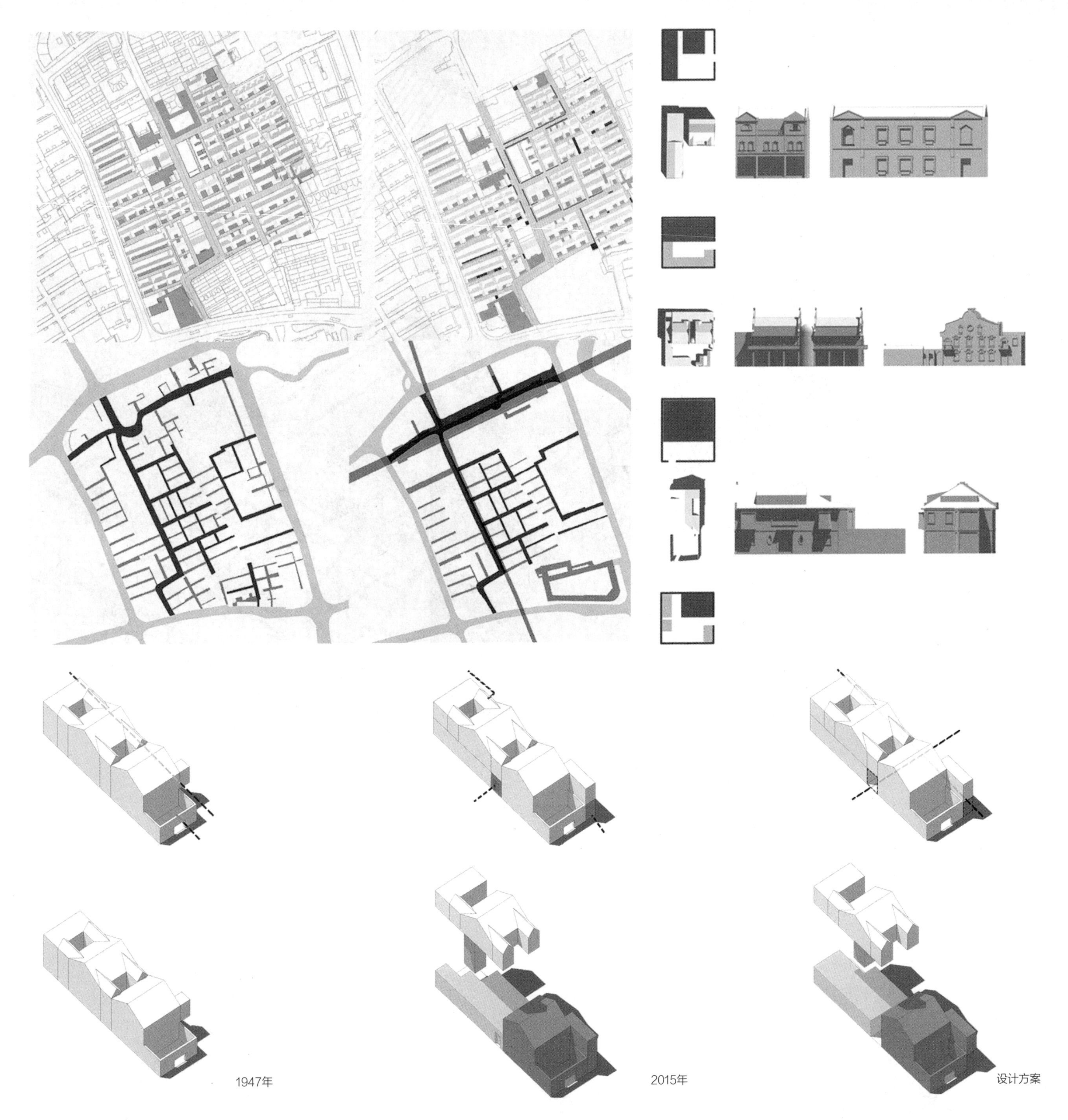
1947年
2015年
设计方案

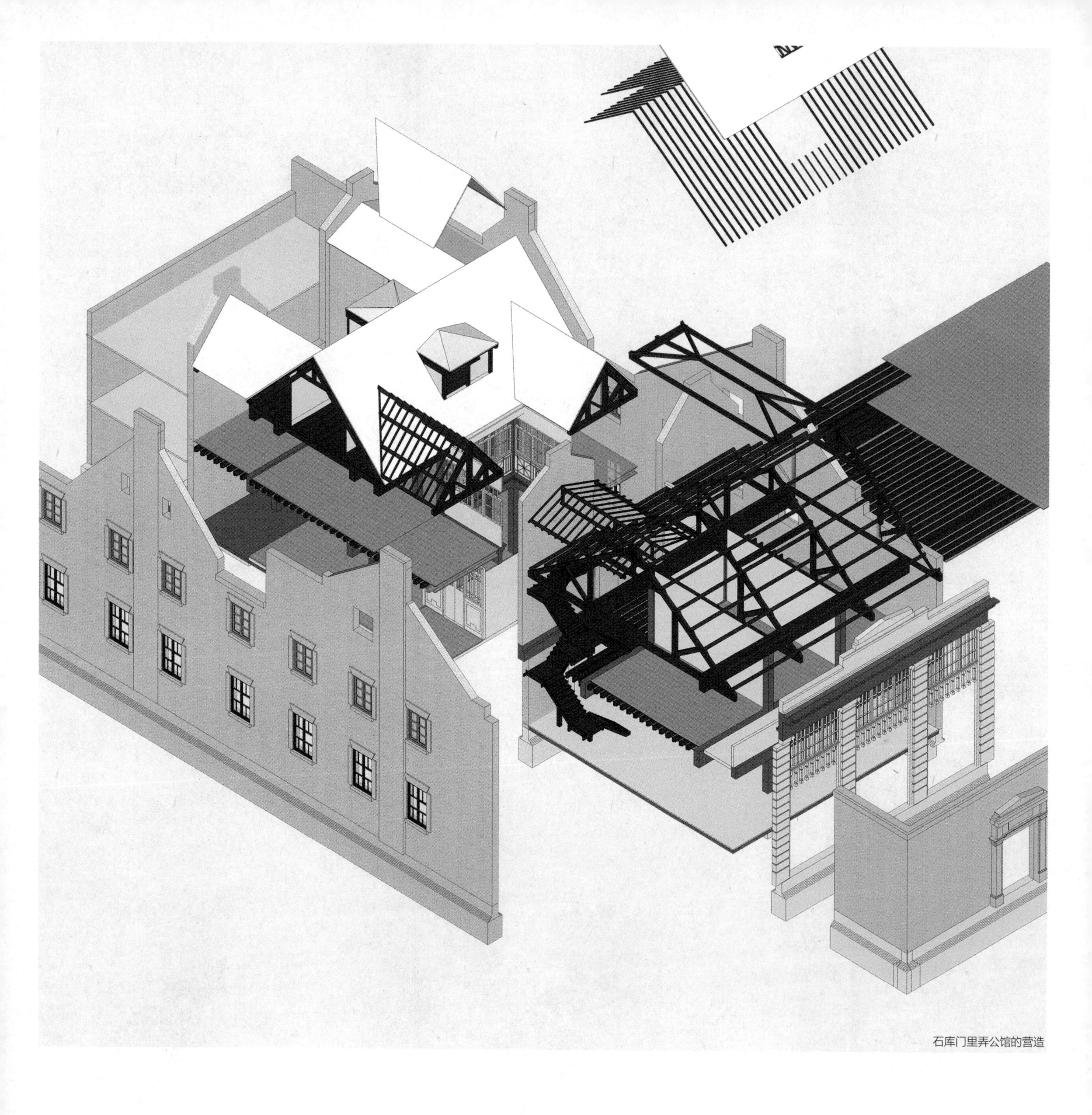

石库门里弄公馆的营造

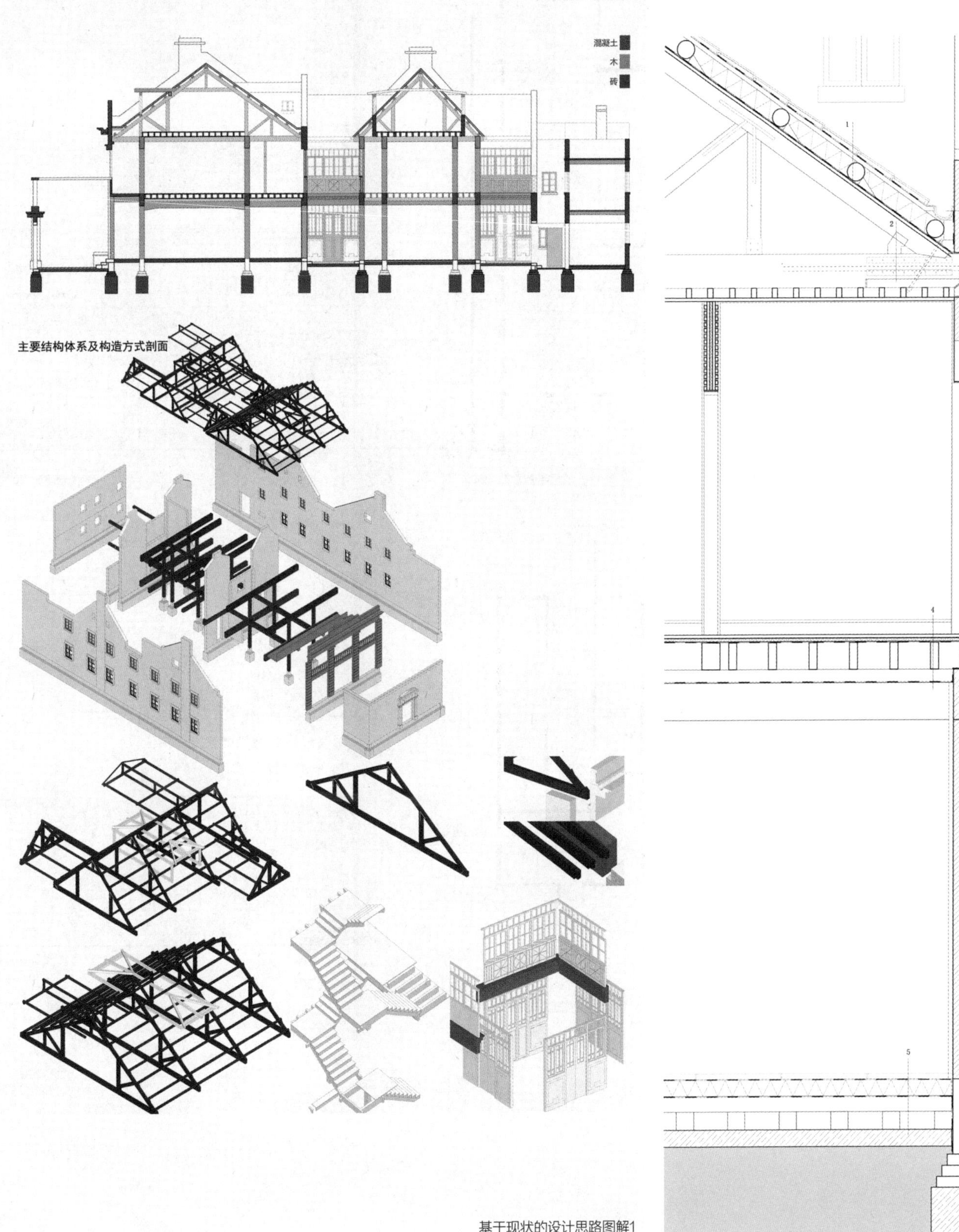


基于现状的设计思路图解1

屋面修缮

拆除破损的椽子，更换为性能良好的椽板，增设保温层和防潮层后，再钉挂瓦条。因屋面情况良好，不需除草清垄，对泥灰酥裂、脱节、空鼓进行修补。

屋架修缮

砂轮打磨掉木材表面的浮灰，重新设计金属节点加固屋架，为其设计弹性节点屋架端点。因当时的设计构造不完善，容易被雨水腐蚀而损坏，影响结构安全，进行构造如图的重点修缮。用钢板、螺栓、圆钢、三角硬木块等加固。

窗修缮

对浅破坏的门窗进行修缮，采用愈合剂的方法，按损坏情况更换或接补栏杆或窗扇中的挺、框构件；做榫卯连接换构件；胶结修补。对破坏严重的门窗采用替换的方式修缮。
少部分无法适应现状功能需求的门窗重新设计。当木材频繁与坚硬的材料接触时，木材将因摩擦损耗，对部分室内地板进行更换。
搁栅杀虫和防腐处理，用高温加压的方式将木材防腐剂烷基铜铵化合物和铜唑硼施加于木材表面；对于端部的磨损腐蚀，可以采用螺栓、铁件绑接经防腐处理的方法。

砖墙修缮

对墙身的腐蚀机理进行分析，采用技术手段对其勘测腐蚀机理分析：砌体结构本身容易失效的结构，砌筑分类施工，但是某些单元缺陷将一直保留到最后阶段；空隙和分层造成水分渗透；无筋砌体结构在现行规范前建造，对平衡力变化的反应能力欠佳，产生位移；节点开裂、表层材料剥落或者断裂(砂浆强度高于砌体)；建筑内部凹凸不平；砌体塌落；腐蚀；不均匀沉降；地下水位波动；过梁破坏。

修缮方法

针对水造成的砖墙风化，可以采用破坏较小的避潮层的化学注射方法：将墙体打孔，注射防水试剂，达到防止上升水的效果；对墙面注射机硅复合材料。地面防水和墙面防水形成同一体系，对外墙面选择性采用浸渍、封护、涂装的增强保护。

基础修缮

由于附近修建地铁，为防止建筑受其影响而遭破坏，建筑基础应进行保护性托换。
需要提高地基部分的承载力、减小地基压力和地基变形。地基可以采用灌浆托换、热加固托换、灰土桩托换；基础加固主要采用扩大托换。可以把混凝土围套浇筑在已开裂、破损或因承载力不足需要提高刚度的地方，可以增大基础底面积，降低原基底的反力、在围套的约束下，原基础的刚度、抗剪能力和抗弯、抗冲击能力将得到提高。

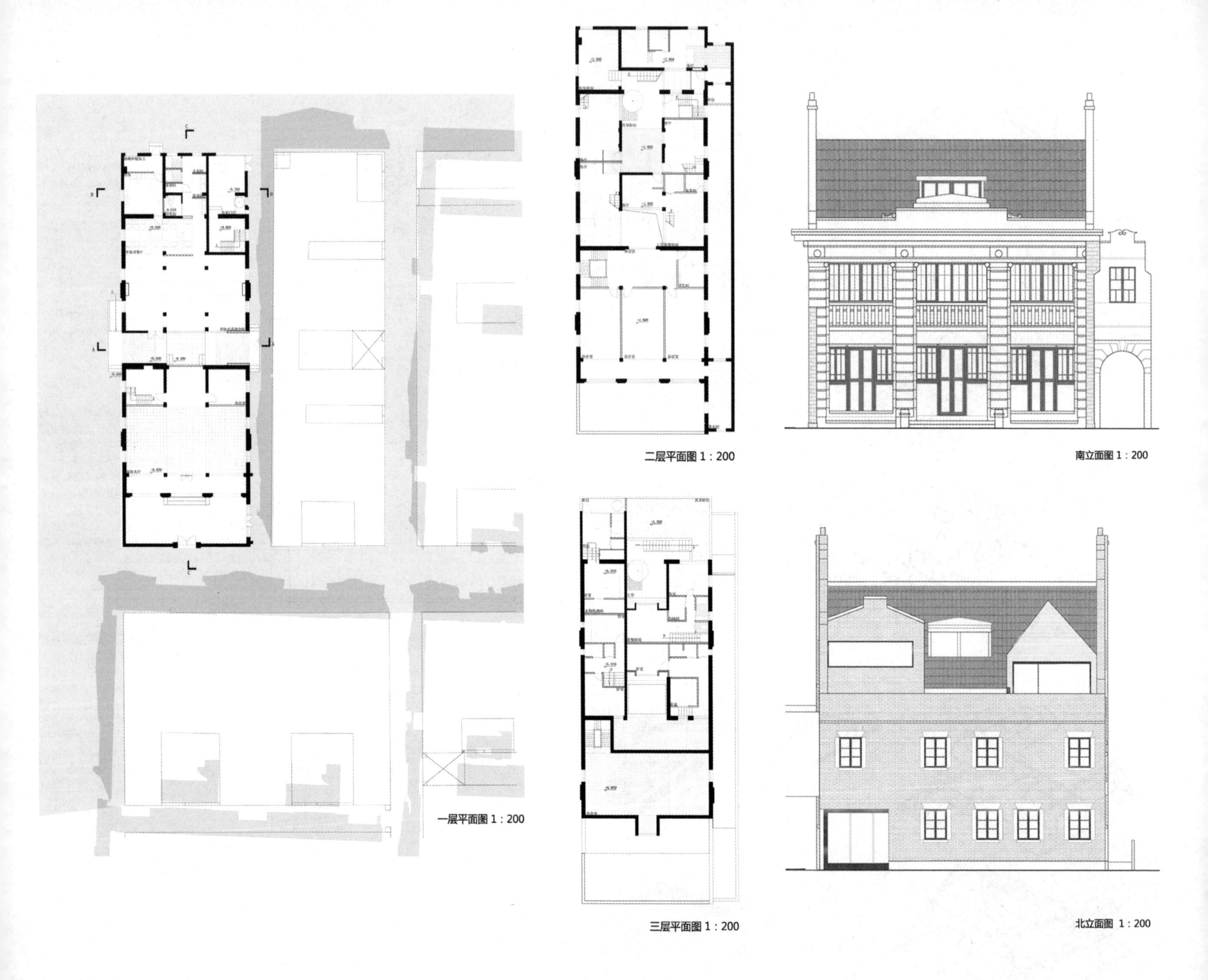
一层平面图 1：200
二层平面图 1：200
三层平面图 1：200
南立面图 1：200
北立面图 1：200

**01为老年人活动中心营造积极的小区氛围**

对建筑周边环境进行重构后，通过原天井空间的设计，启动老年人活动中心与小区联系的接口。

改造后的老年人小区活动中心将不再是置于一道小门内的昏暗房间，而可以与小区发生积极交流。这不仅提升了空间质量，也从小区自身发展考虑，创建了一个服务于张园的、传统石库门街区空间系统中不存在的街区级公共活动空间。对于因城市需求而不断被侵占的张园街坊而言，这尤其重要。

**02立体化地利用历史建筑在设计建造时就留存的剩余空间**

在对公共空间梳理的基础上，通过立体地利用历史建筑在设计建造时就留存的剩余空间，创造新的使用价值。

提高居室的生活质量，可以通过适当加建平台和利用屋架下的空间等途径来实现。以北面的一间为例，为提高生活质量，在平台上设计一个5m²的小房间，为公寓增加了卫浴和书房；在三角屋架下加入金属构造物，把屋架提高30cm，屋架下的空间可作为居室的卧室和收纳空间，抬升的部分与立面间的缝隙设计一个嵌入式采光小窗。

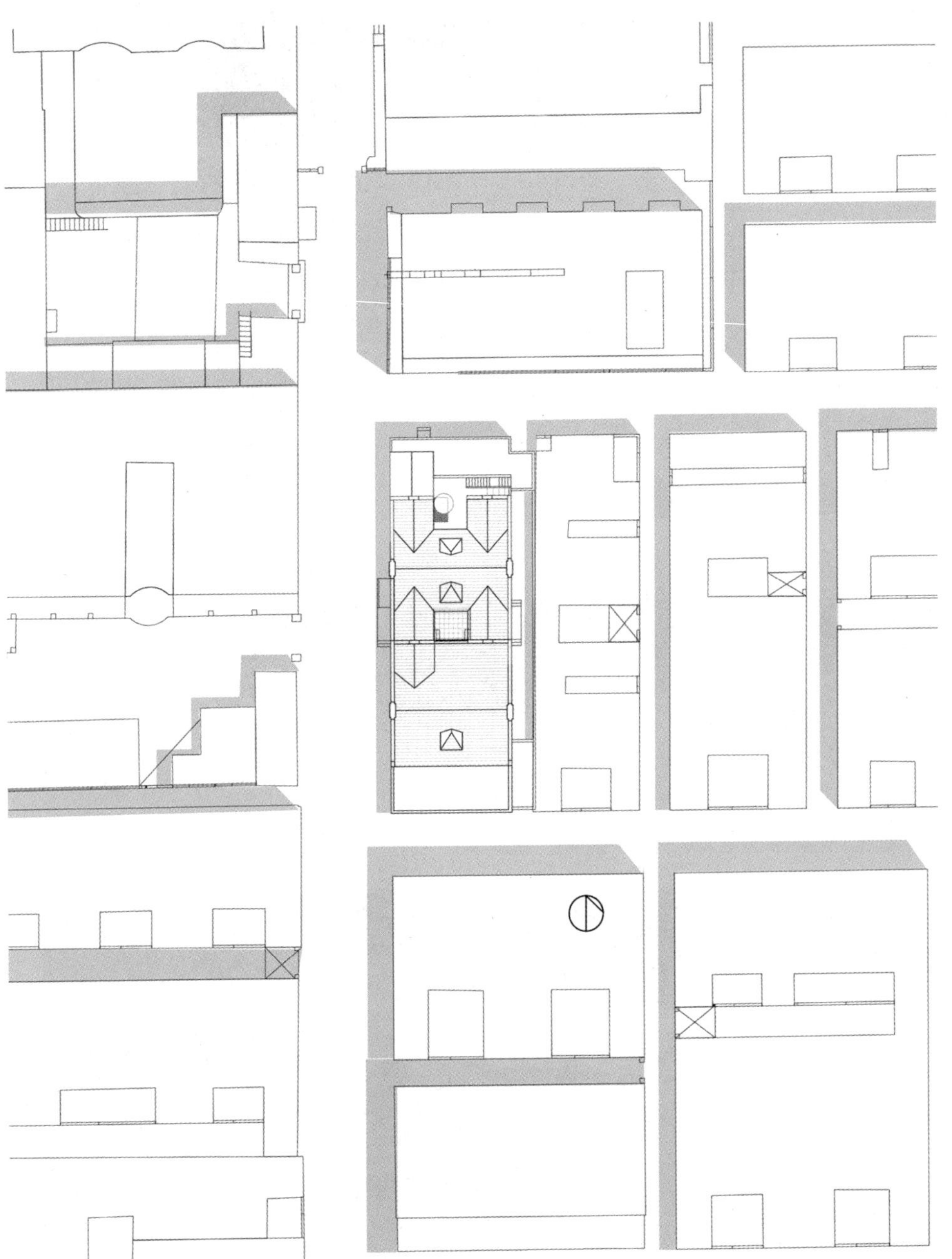

总平面图 1 : 500

西立面图 1:200

东立面图 1 : 200

老年人活动中心改造后效果图

二层共享庭院效果图

# 野长城的有机生长与脉络延续

院　校　西安建筑科技大学
作　者　陈虎　张茜
指导教师　刘晨晨

一 景　观

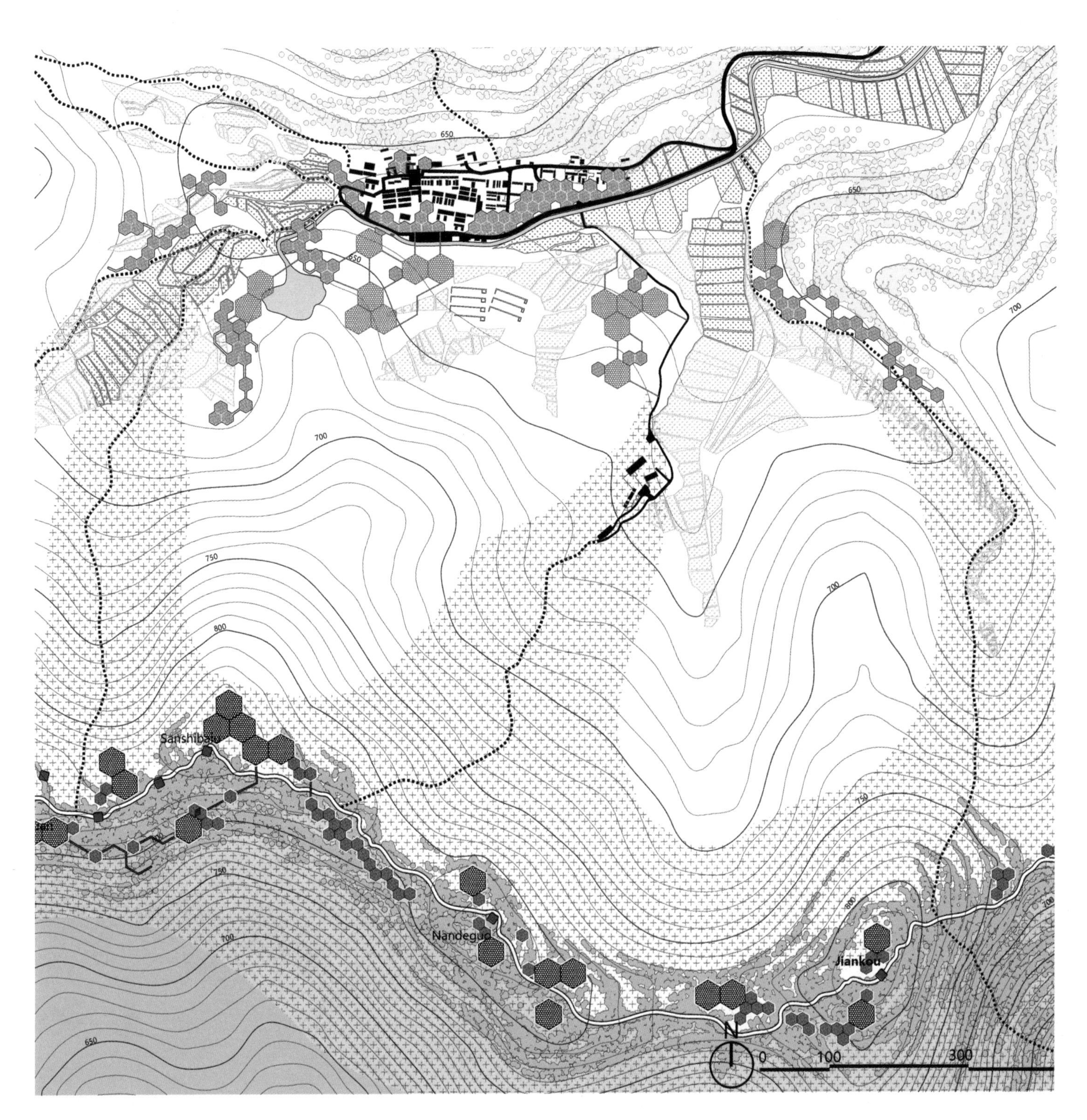

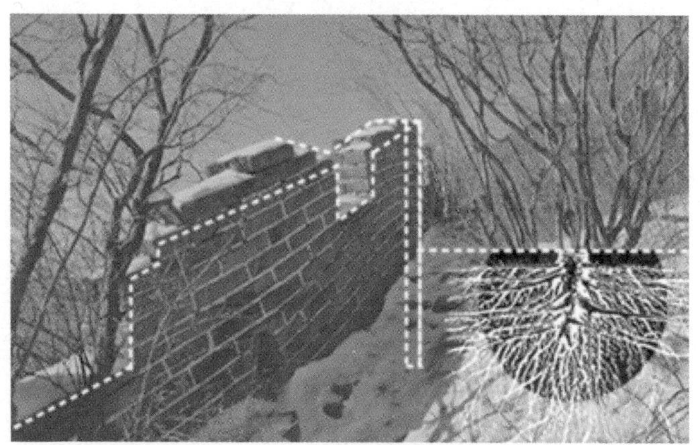

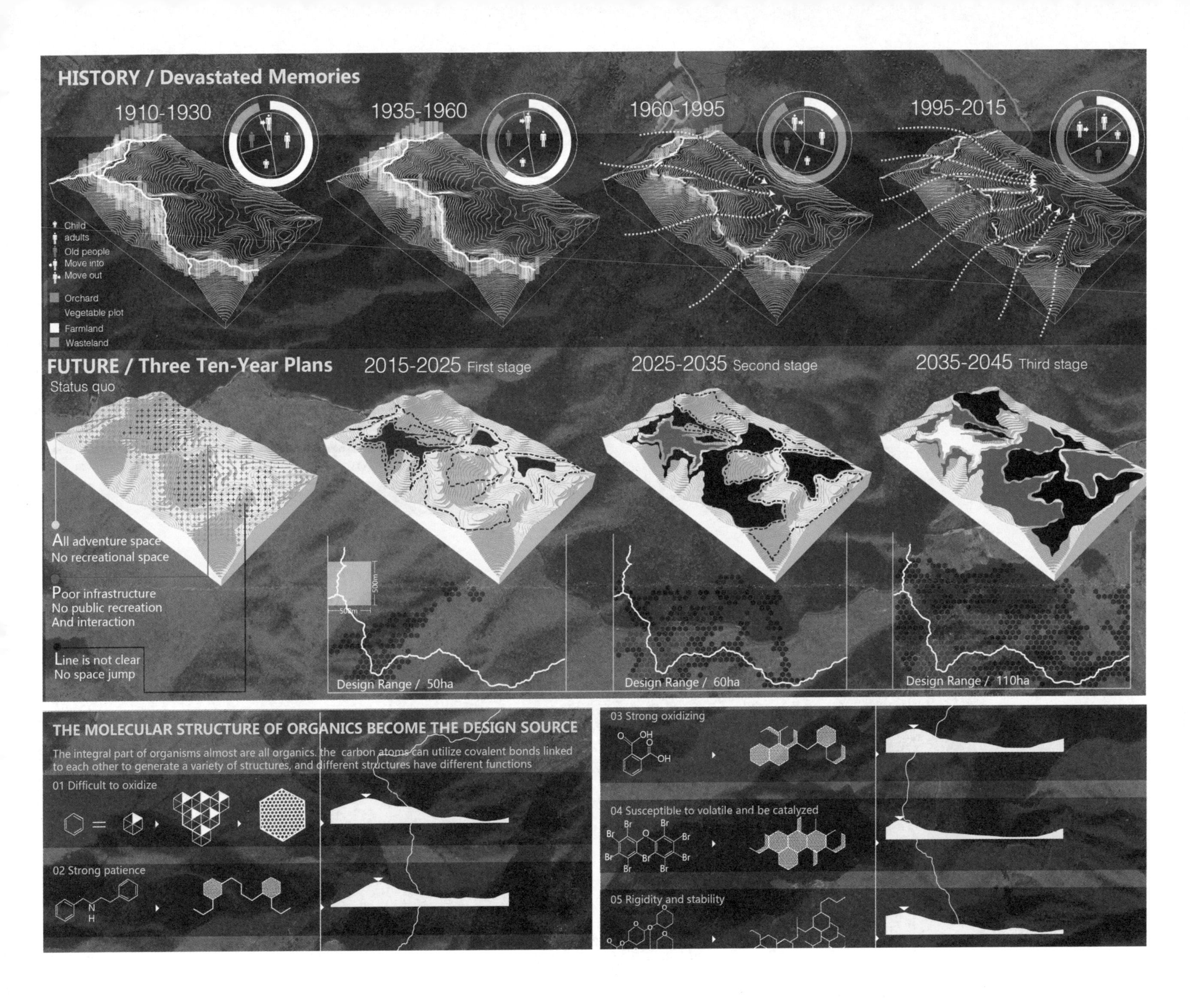
HISTORY / Devastated Memories
1910-1930
1935-1960
1960-1995
1995-2015
Child
adults
Old people
Move into
Move out
Orchard
Vegetable plot
Farmland
Wasteland
FUTURE / Three Ten-Year Plans
Status quo
2015-2025 First stage
2025-2035 Second stage
2035-2045 Third stage
All adventure space
No recreational space
Poor infrastructure
No public recreation
And interaction
Line is not clear
No space jump
500m
500m
Design Range / 50ha
Design Range / 60ha
Design Range / 110ha
THE MOLECULAR STRUCTURE OF ORGANICS BECOME THE DESIGN SOURCE
The integral part of organisms almost are all organics. the carbon atoms can utilize covalent bonds linked to each other to generate a variety of structures, and different structures have different functions
01 Difficult to oxidize
02 Strong patience
03 Strong oxidizing
04 Susceptible to volatile and be catalyzed
05 Rigidity and stability

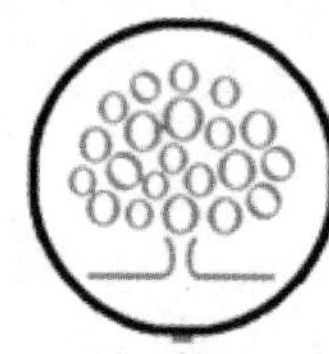

Education　Cultural advocate　Evacuation　Communication　Orchard　Vegetabl

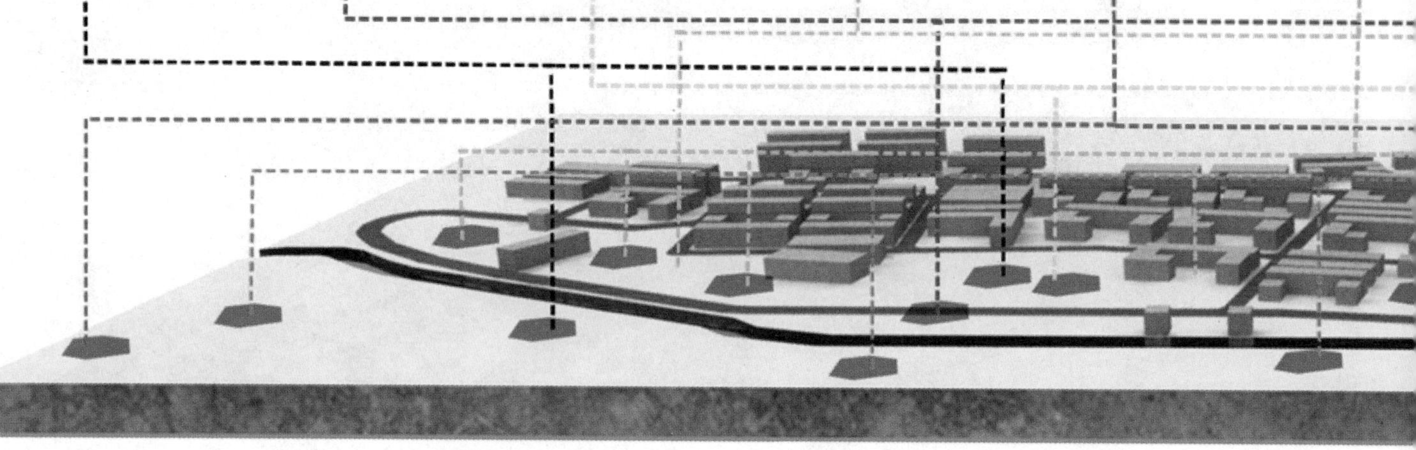

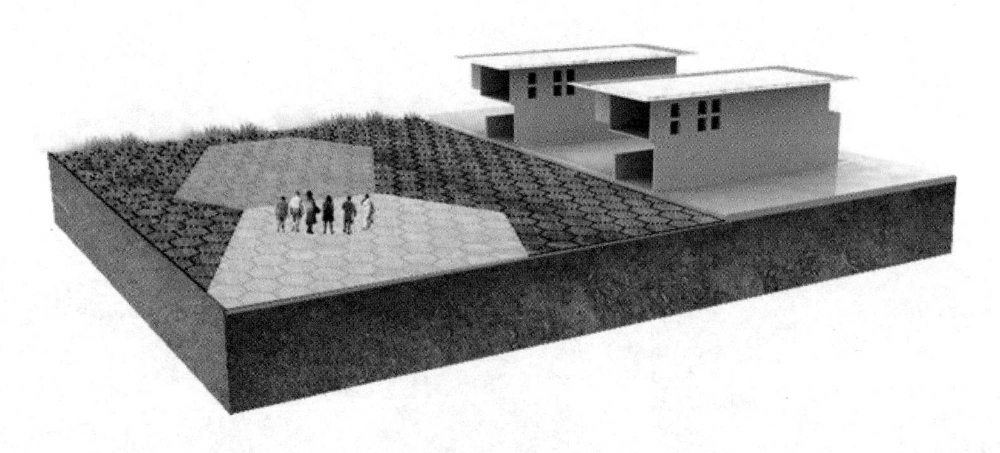

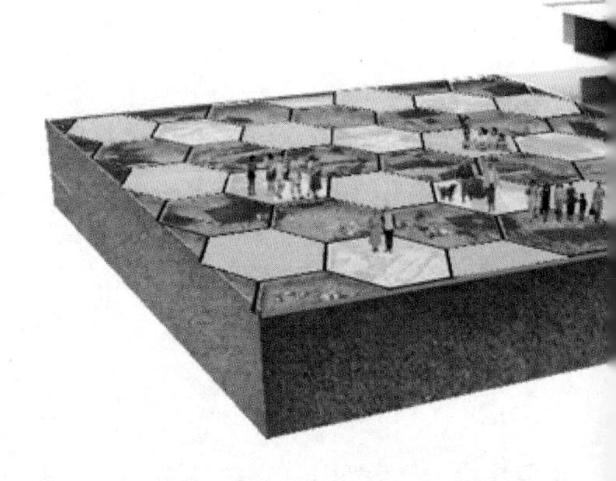

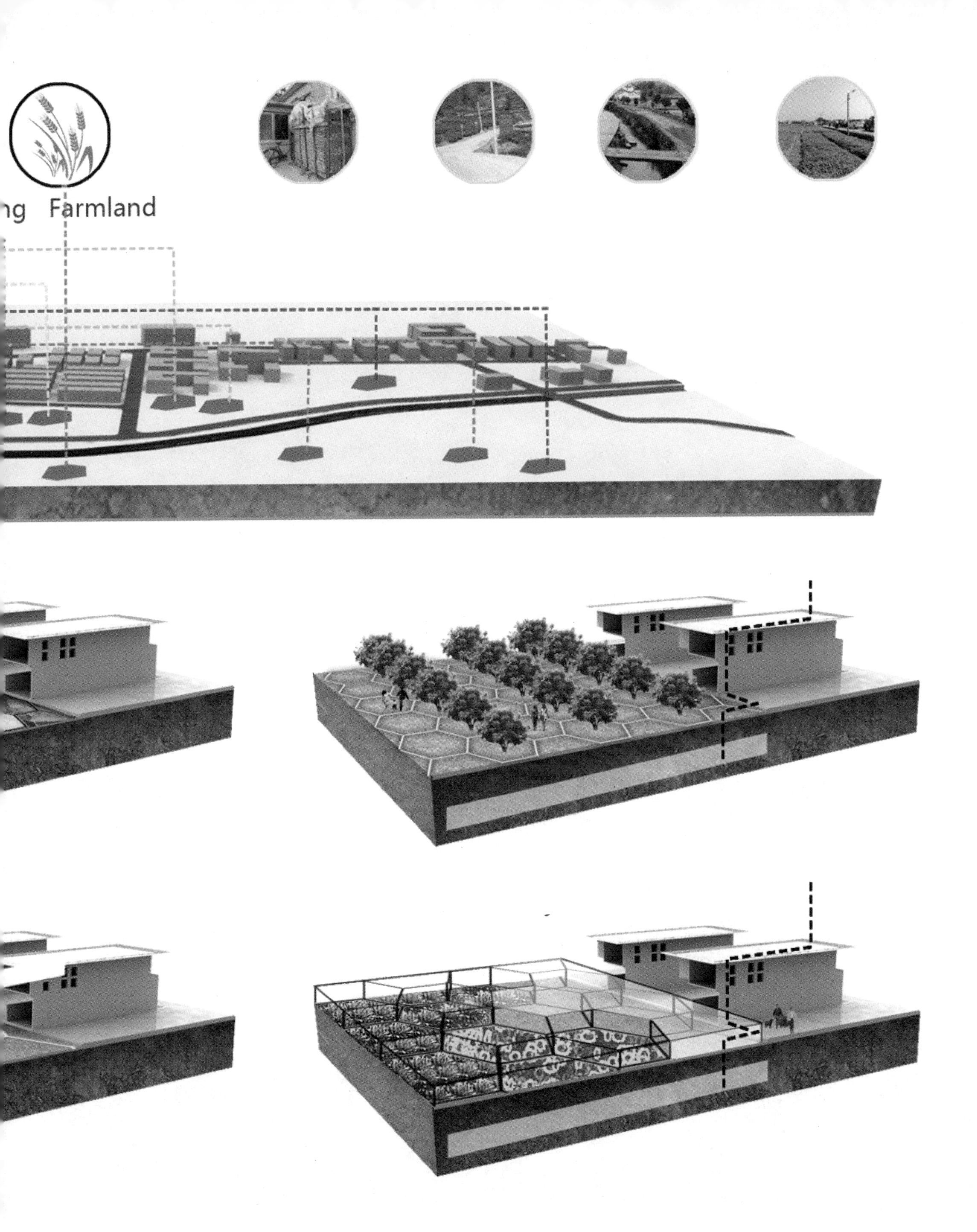
ng Farmland

Picking industry

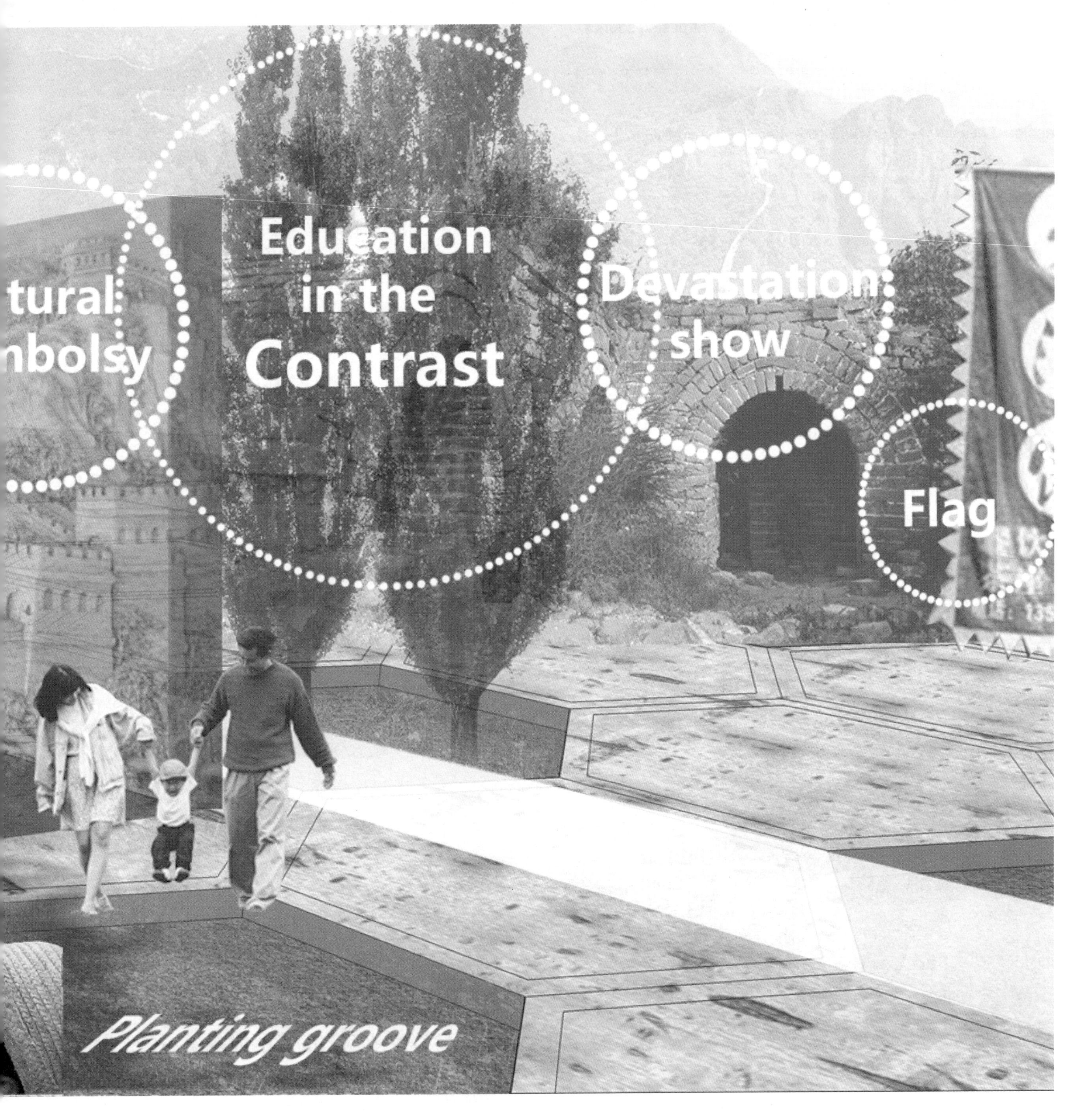
tural
nbolsy
Education
in the
Contrast
Devastation
show
Flag
Planting groove

## THE MOLECULAR STRUCTURE OF ORGANICS BECOME THE DESIGN SOURCE

The integral part of organisms are all organics. The carbon can utilize covalent bonds linked to each other to generate a variety of structures, and different structures have different functions.

## REGIONAL REPAIR–The Great Wall and Guard Band located on hilltop

Nature is the largest enemy of the Great Wall. We can neither control those unpredictable natural disasters, nor simply reduce the destructive power of one factor.

But we can limit and control certain factor's growth, gradually produce a natural protective barrier, so that it can greatly counteract the destructive power of other factors, such as rainstorm, wind erosion, exposure etc. Plant growth is the breakthrough point.

## BUFFER SPACE IS FORMED IN THE REPAIR PROCESS.

Do not repeat the same mistakes, we need plenty of space. It is not meant to be able to accommodate the largest number of visitors to the Great Wall, especially in high season, but to control the appropriate density of visitors, it does not affect the visual range and event space. Even through the buffer platform, the accommodating space can beextended to more than 2 times.

Capacity statistics based on the status area in peak season according to our expectation.

## VILLAG E PLAN NING

The building density of Xishan village is low, north of the main road exist an open space. We need make full use of it, improve infrastructure, increase and rich feature of open green spaces, break the inherent farmhouse mode, to create a cultural heritage and human habitat.

## CULTURE REVIVAL OF THE JIANKOU GREAT WALL

At the same time of repairing and improving life quality, it is also crucial to enhance village's culture and a symboland educational significance of the Great Wall.

When it reach a certain maturital cultural image and identity with the overall development goals, the villagers not could forget their root, live and work. It would attract more visitors too, the scene would also a harmony-circular development.

#『我行我素』自助体验餐厅

院　校　江南大学设计学院
作　者　赖宣彤
指导教师　姬琳

—室　内

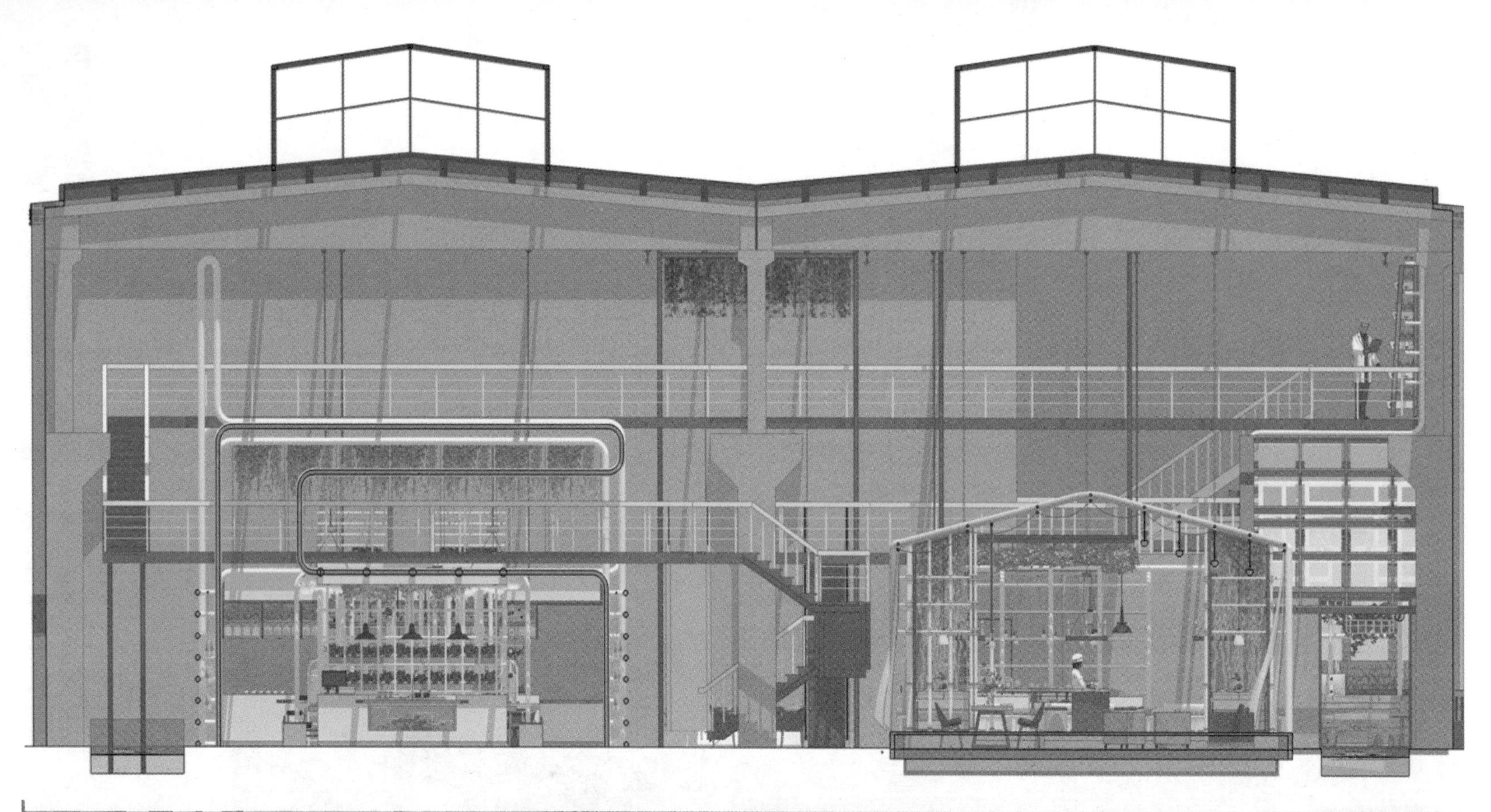

VEGETABLE

put it on your side plate.

下班時不忘關掉機床清潔車間

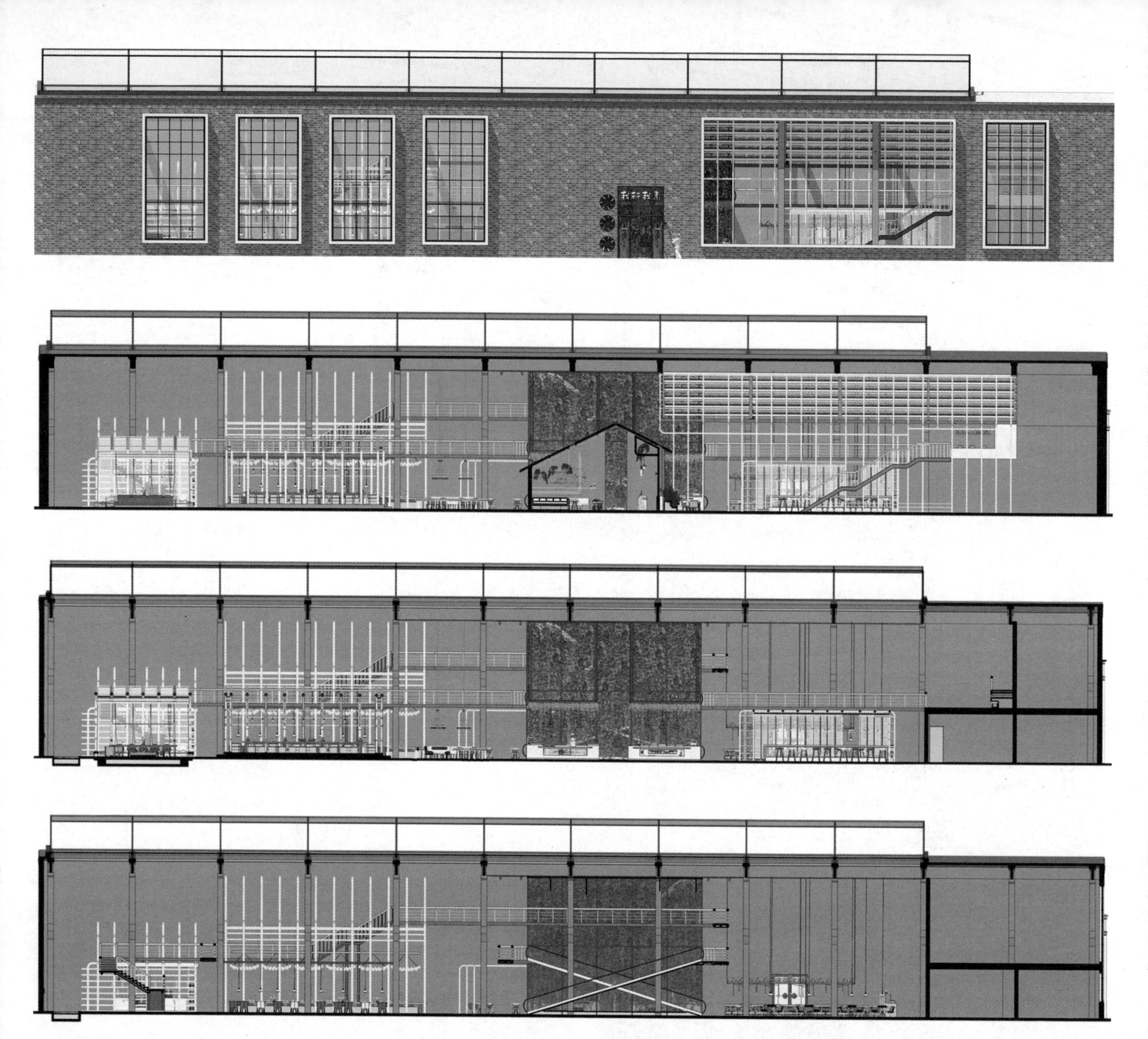

**剖面图分析：**

从剖面图可见，岛台区域空间开阔，就餐区域空间围合感强，可以以此来增强空间对比。

等候区的色调清新，通过阳光、植物、水管等元素，营造一种犹如置身温室的氛围。

上层步道的设计，在于让顾客与厂房、植物之间存在着互动。在这里，顾客可以采摘蔬菜，体验收获的乐趣，观赏到不同种植方式带来的视觉差异，并且把整个蔬菜工厂的生产过程尽收眼底。

外立面设计，朝南的窗户开得尽可能大，氧吧区域甚至是可以直接接触外界的阳光和空气，为植物的生长提供足够的养分；而主入口的设计，则采用开门见山的手法，把工业管道、阀门、排风口等元素聚集于此，突出设计主题。

# 大理双鸳『如此银作』工坊室内设计

院　校　昆明理工大学
作　者　江海萍
指导教师　朱海昆

室内

建筑西面效果图
建筑北面效果图
建筑东面效果图
建筑南面效果图
青瓦铺顶
轻钢结构
墙面玻璃开窗
钢混结构楼梯，木地板贴面
二层地面
夯土墙粉面
乳胶漆白墙
钢架结构，木漆饰面
原始梁柱

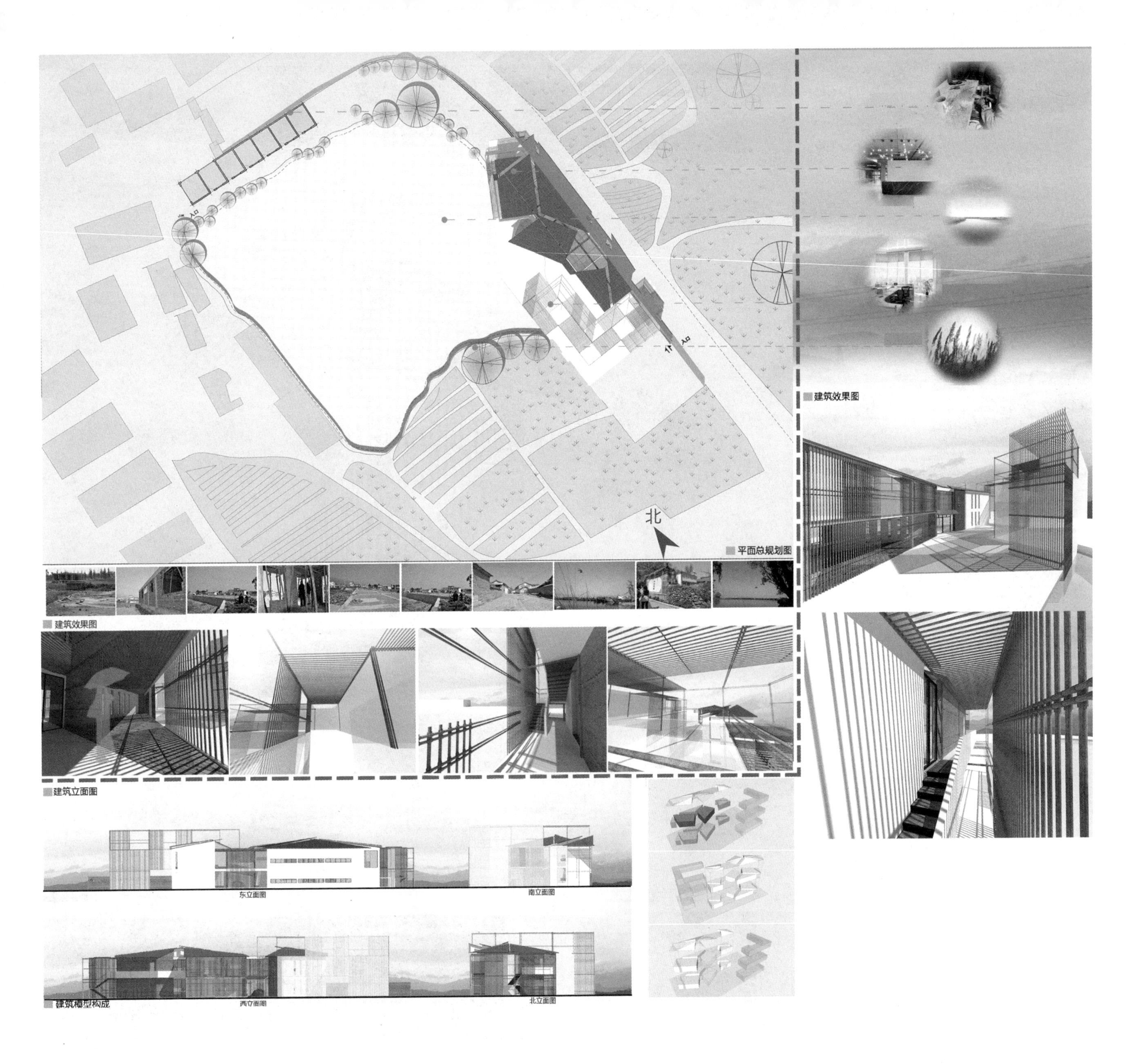
入口
入口
北
平面总规划图
建筑效果图
建筑效果图
建筑立面图
东立面图
南立面图
西立面图
北立面图
建筑模型构成

视点1

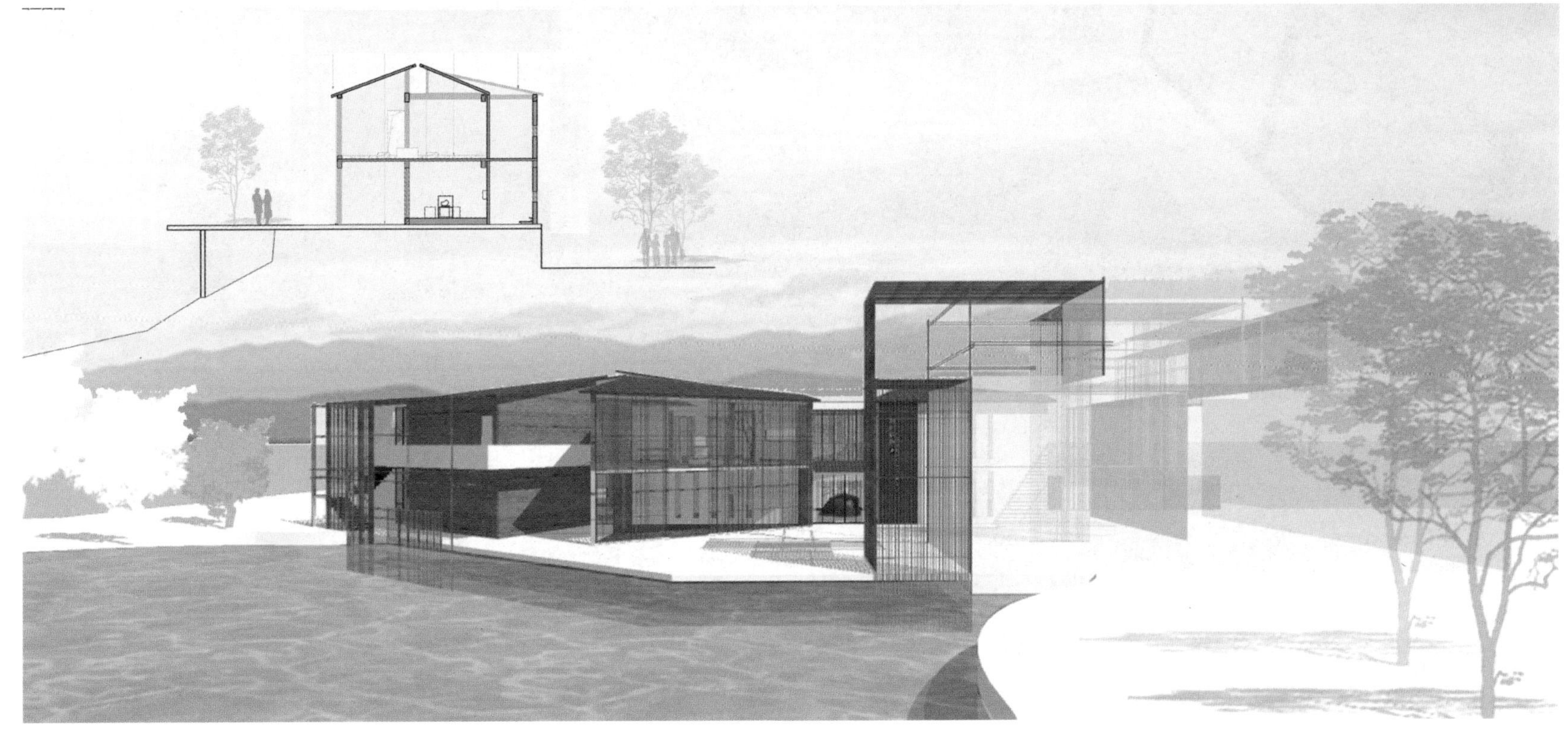

熔银
锻打
下料
做铅托
精加工
焊接
洗银
入库登记

# 折纸空间——单元模块可变性研究与氛围营造

**院校** 天津大学仁爱学院

**作者** 许波 卜有斐 李正东 赵权 银玙栋 于晓东

**指导教师** 边小庆 常成 张宗森

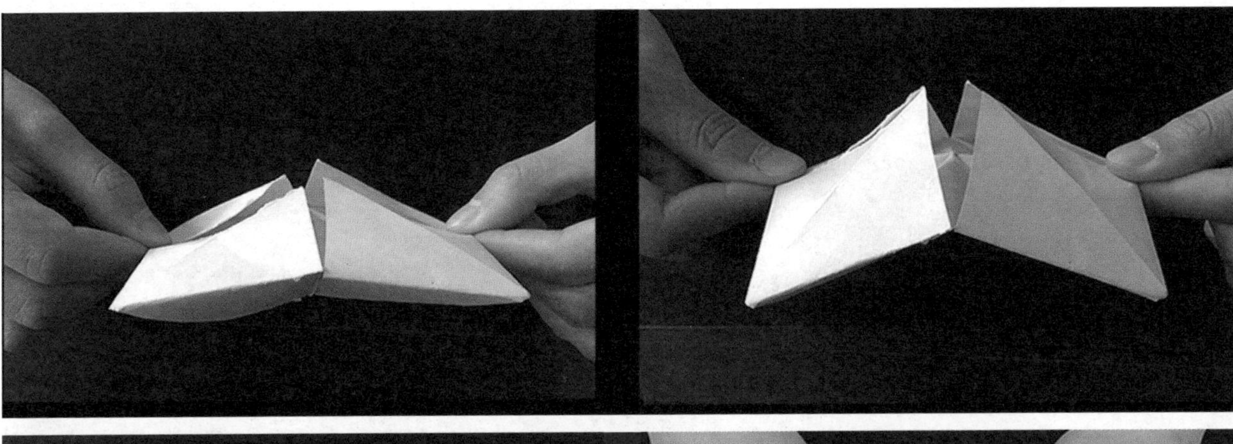

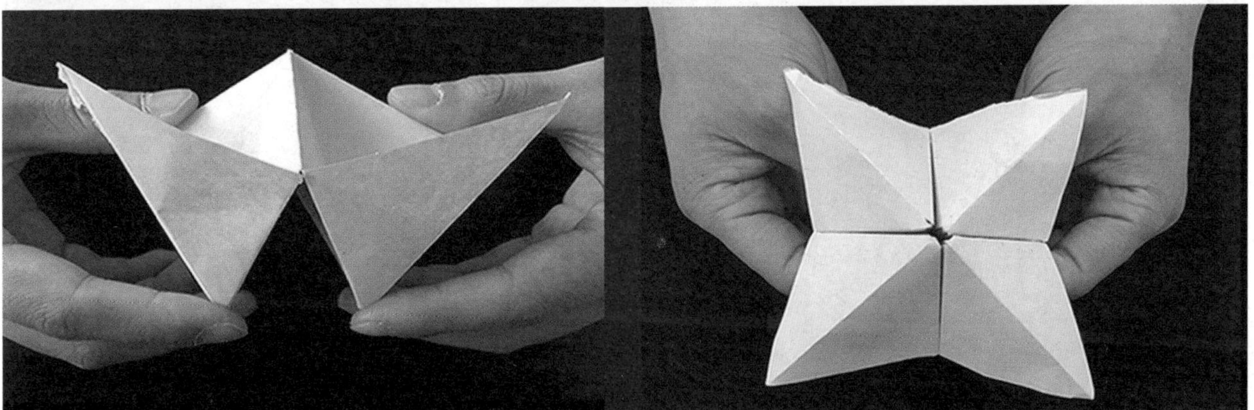

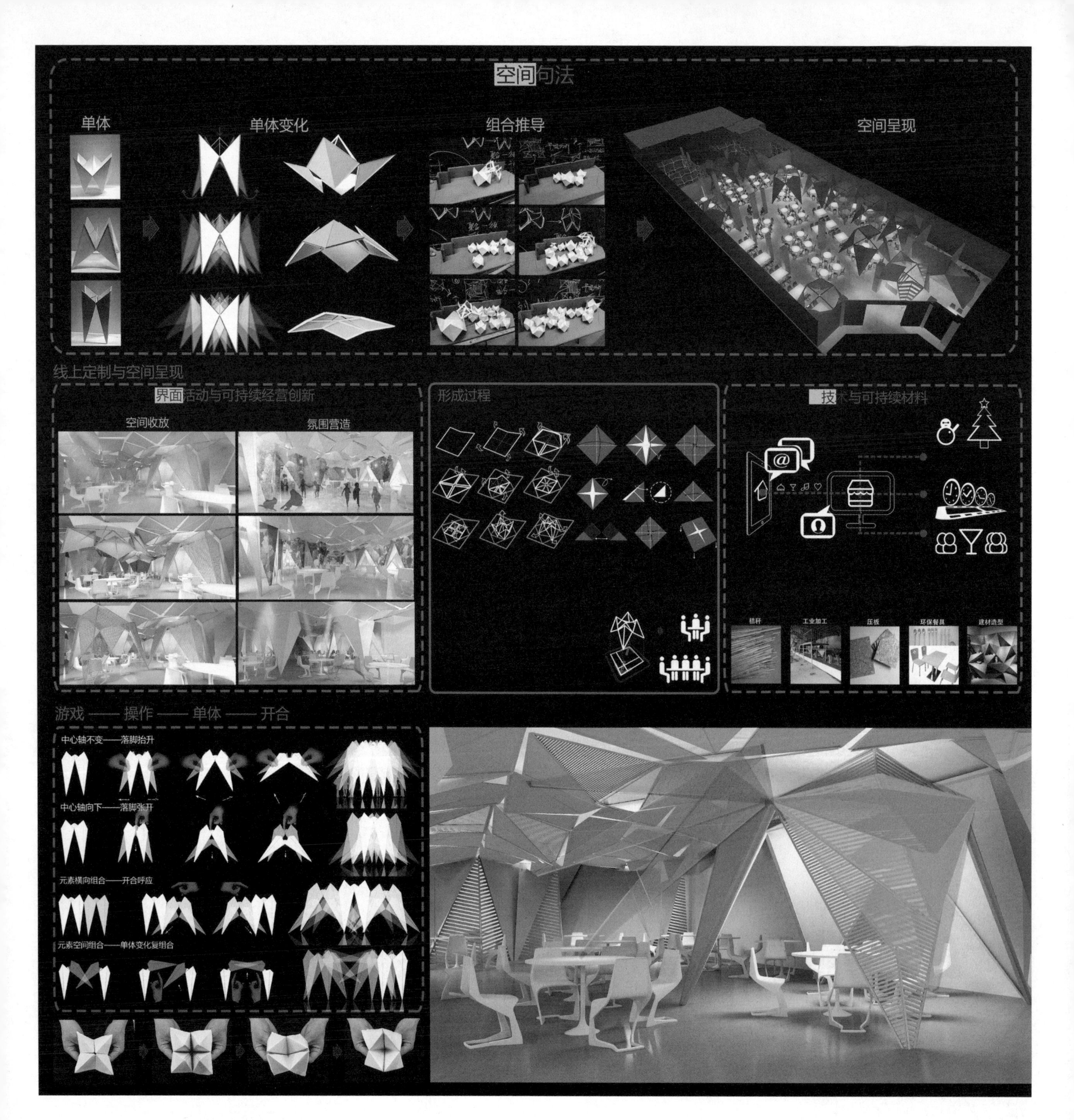
空间句法
单体
单体变化
组合推导
空间呈现
线上定制与空间呈现
界面活动与可持续经营创新
空间收放
氛围营造
形成过程
技术与可持续材料
游戏 —— 操作 —— 单体 —— 开合
中心轴不变——落脚抬升
中心轴向下——落脚张开
元素横向组合——开合呼应
元素空间组合——单体变化复组合

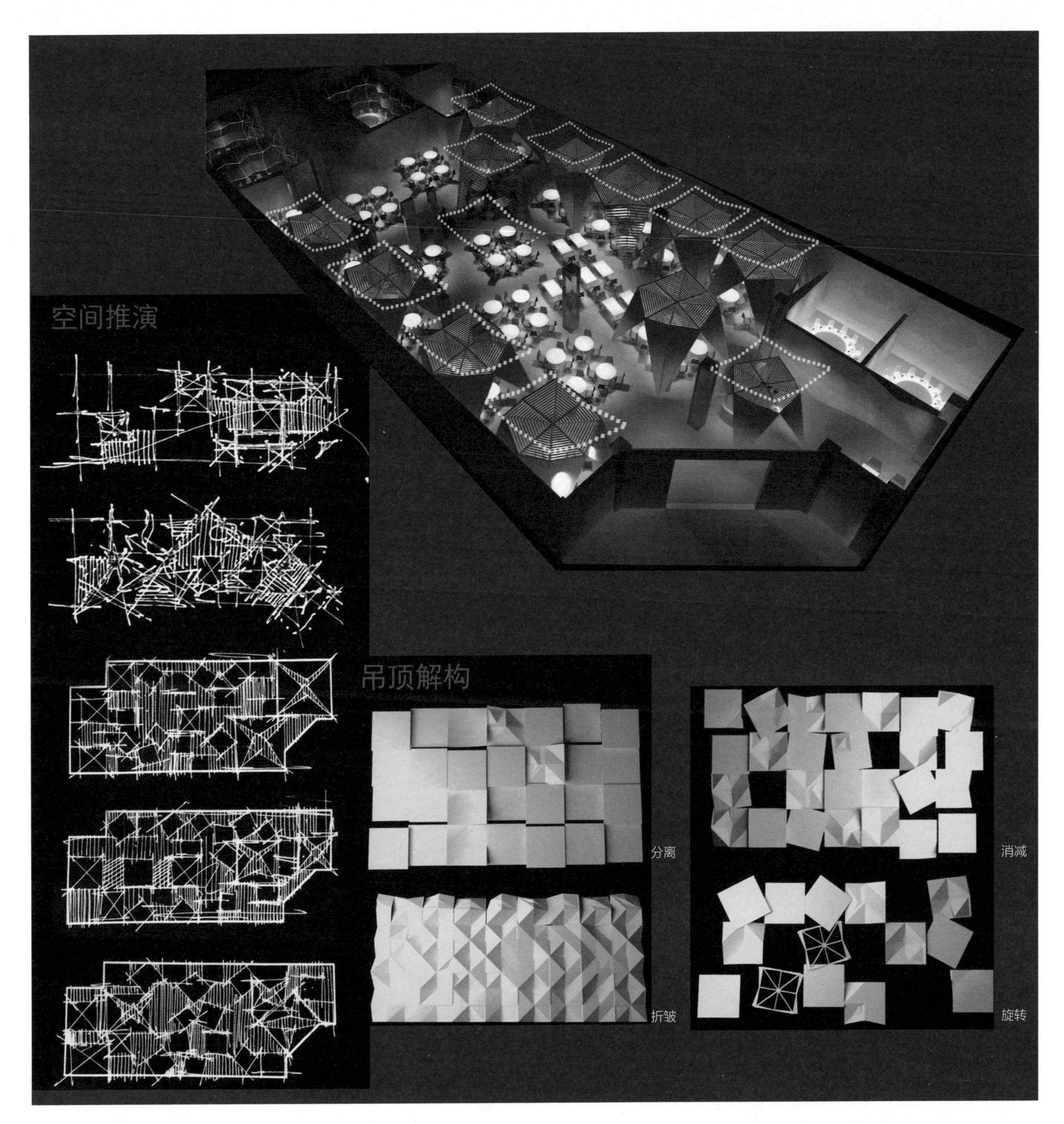
空间推演
吊顶解构
分离
消减
折皱
旋转

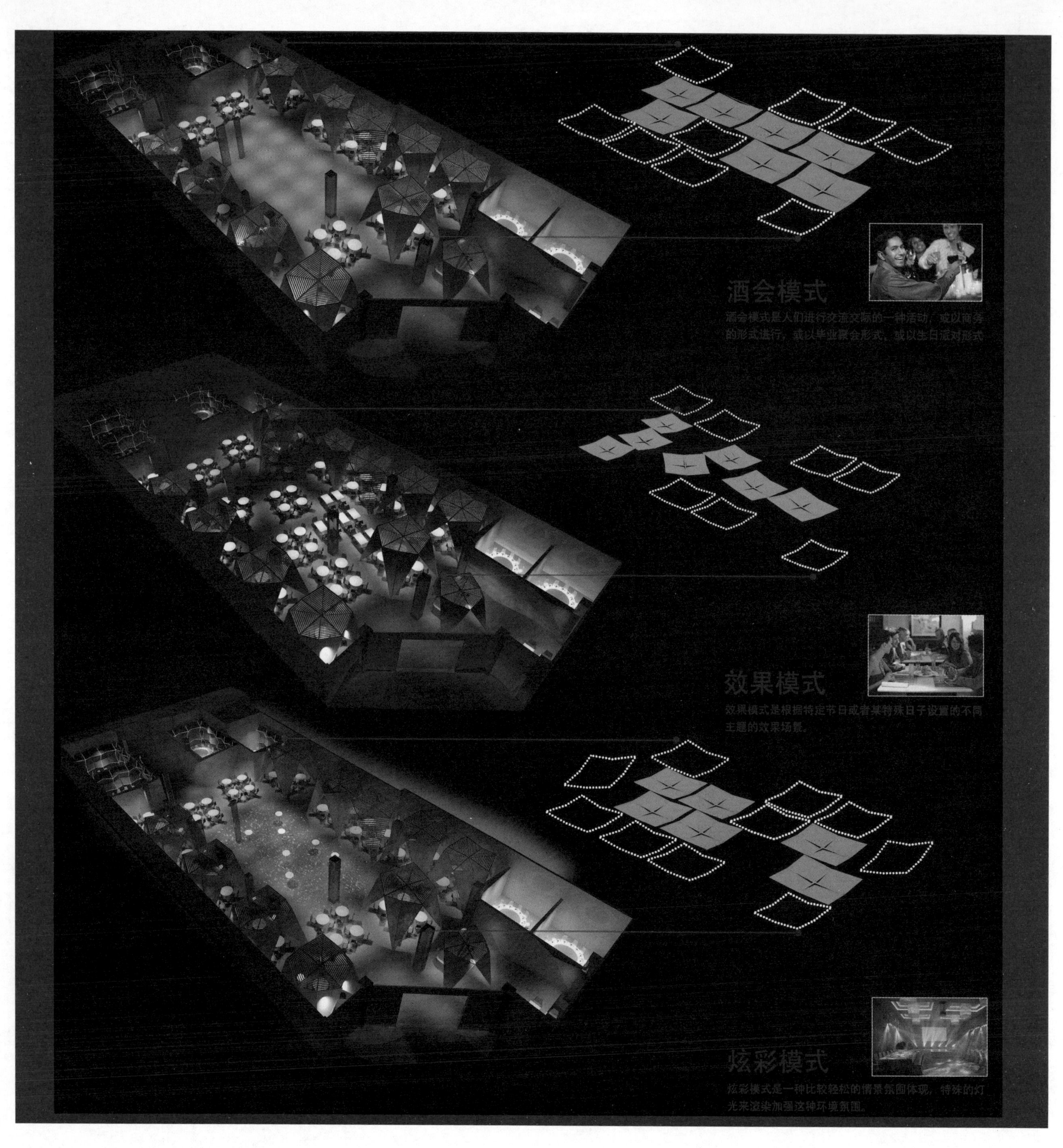
酒会模式
酒会模式是人们进行交流交际的一种活动，或以商务的形式进行，或以毕业聚会形式，或以生日派对形式
效果模式
效果模式是根据特定节日或者某特殊日子设置的不同主题的效果场景。
炫彩模式
炫彩模式是一种比较轻松的情景氛围体现，特殊的灯光来渲染加强这种环境氛围。

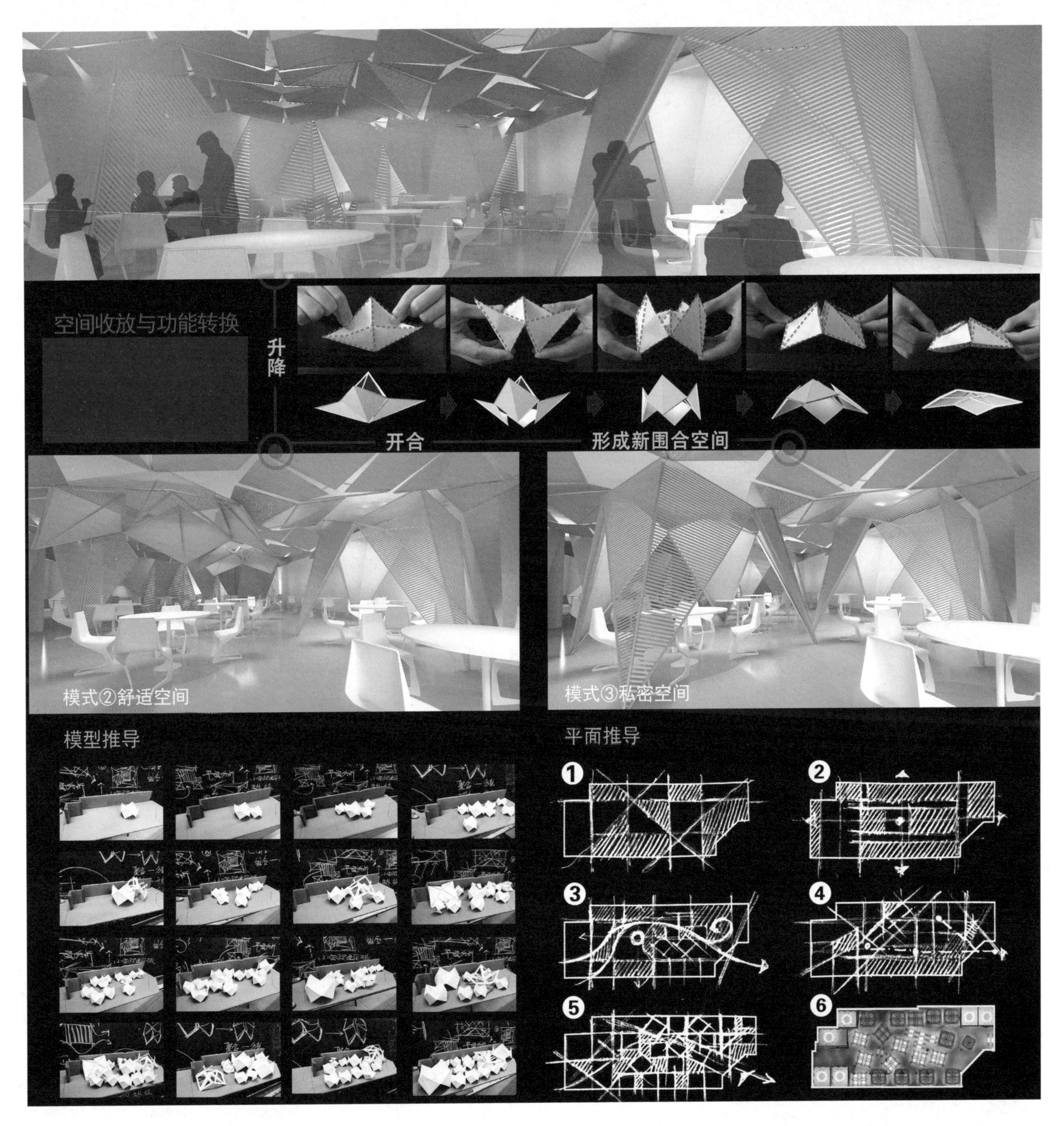
空间收放与功能转换
升降
开合
形成新围合空间
模式②舒适空间
模式③私密空间
模型推导
平面推导
①
②
③
④
⑤
⑥

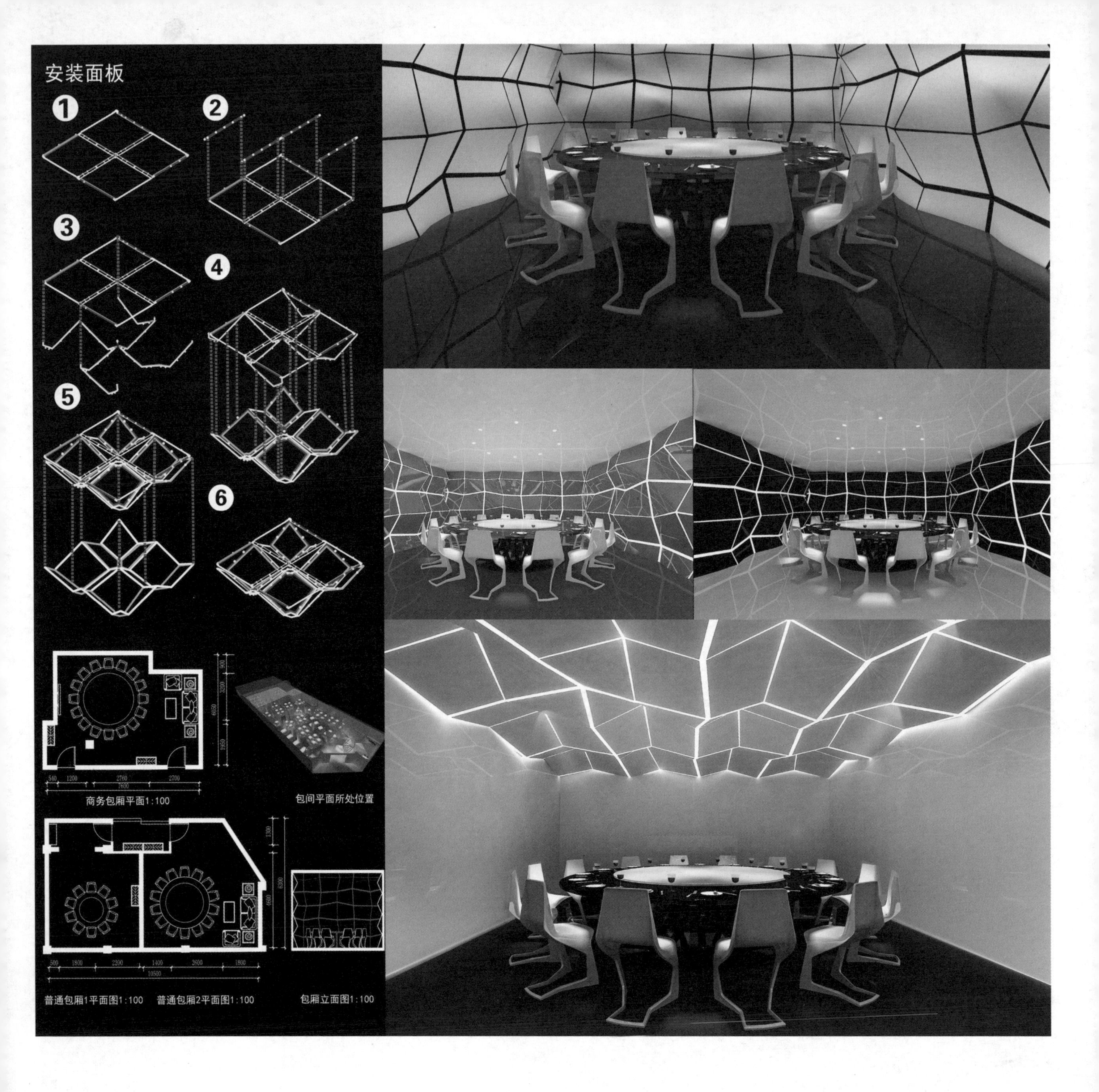
安装面板
1
2
3
4
5
6
商务包厢平面1:100
包间平面所处位置
普通包厢1平面图1:100
普通包厢2平面图1:100
包厢立面图1:100

# 银奖

059~172

# 记忆重构

院 校 重庆大学
作 者 肖威 郑苍民 何思琪
指导教师 龙灏 褚冬竹

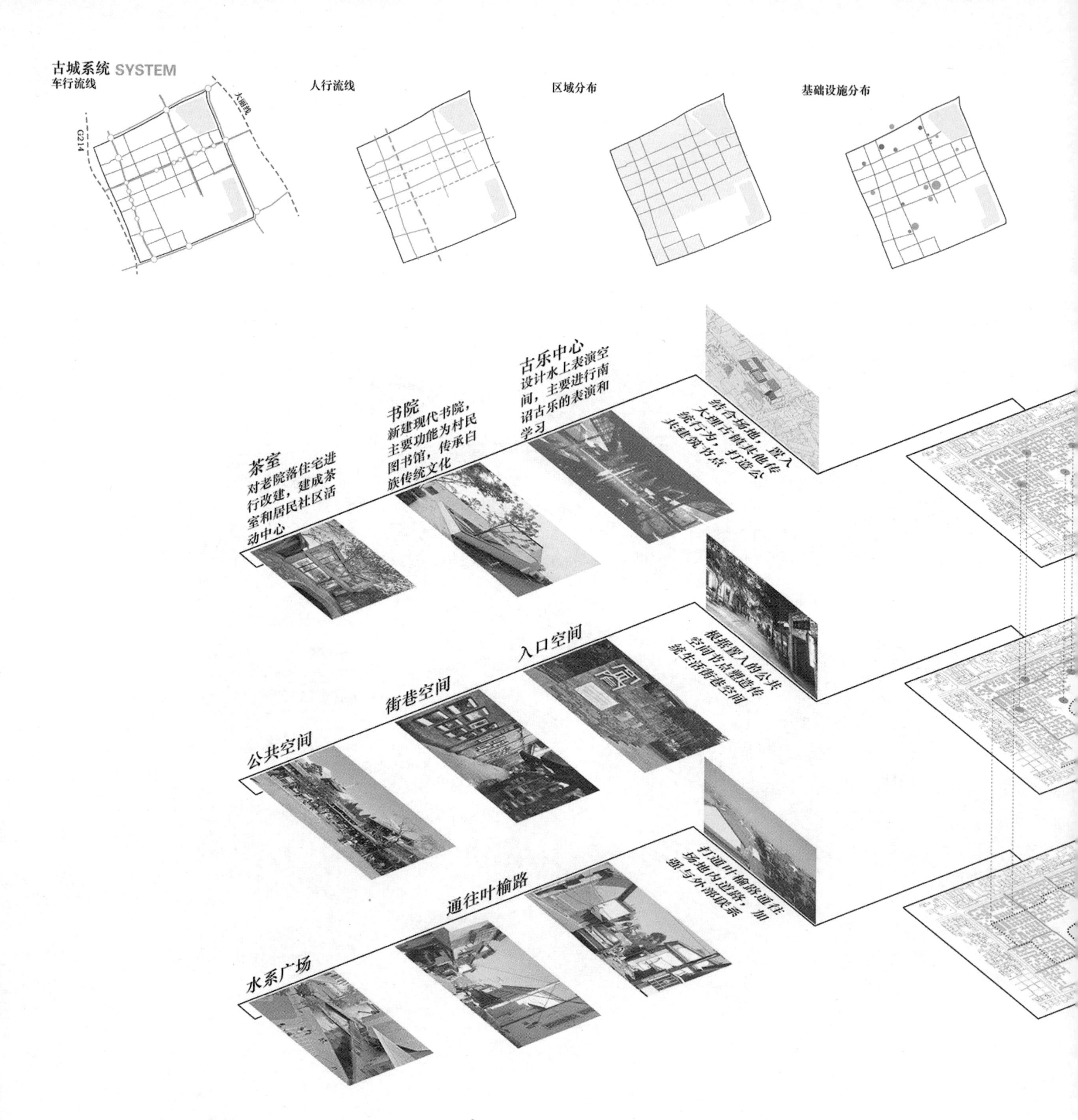

古城系统 SYSTEM
车行流线
人行流线
区域分布
基础设施分布
G214
大丽线
茶室
对老院落住宅进行改建，建成茶室和居民社区活动中心
书院
新建现代书院，主要功能为村民图书馆，传承白族传统文化
古乐中心
设计水上表演空间，主要进行南诏古乐的表演和学习
结合场地，置入大理古镇其他传统行为，打造公共建筑节点
公共空间
街巷空间
入口空间
根据置入的公共空间节点塑造传统生活街巷空间
水系广场
通往叶榆路
打通叶榆路通往场地内道路，加强与外部联系

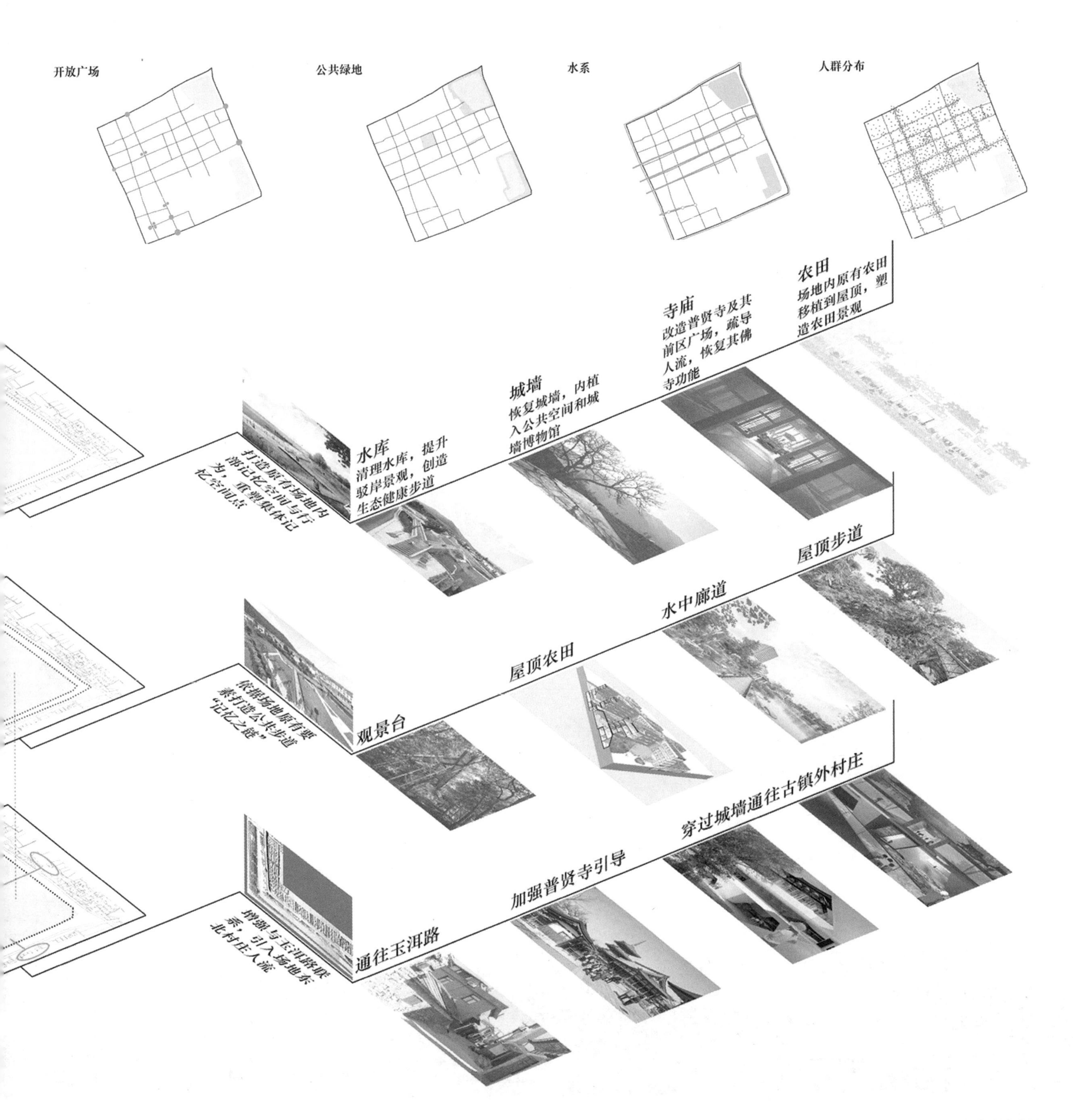

开放广场
公共绿地
水系
人群分布
农田
场地内原有农田
移植到屋顶，塑
造农田景观
寺庙
改造普贤寺及其
前区广场，疏导
人流，恢复其佛
寺功能
城墙
恢复城墙，内植
入公共空间和城
墙博物馆
水库
清理水库，提升
驳岸景观，创造
生态健康步道
打造原有场地内
部记忆空间与行
为，重塑集体记
忆空间点
屋顶步道
水中廊道
屋顶农田
观景台
依据场地原有要
素打造公共步道
“记忆之链”
穿过城墙通往古镇外村庄
加强普贤寺引导
通往玉洱路
增强与玉洱路联
系，引入场地东
北村庄人流

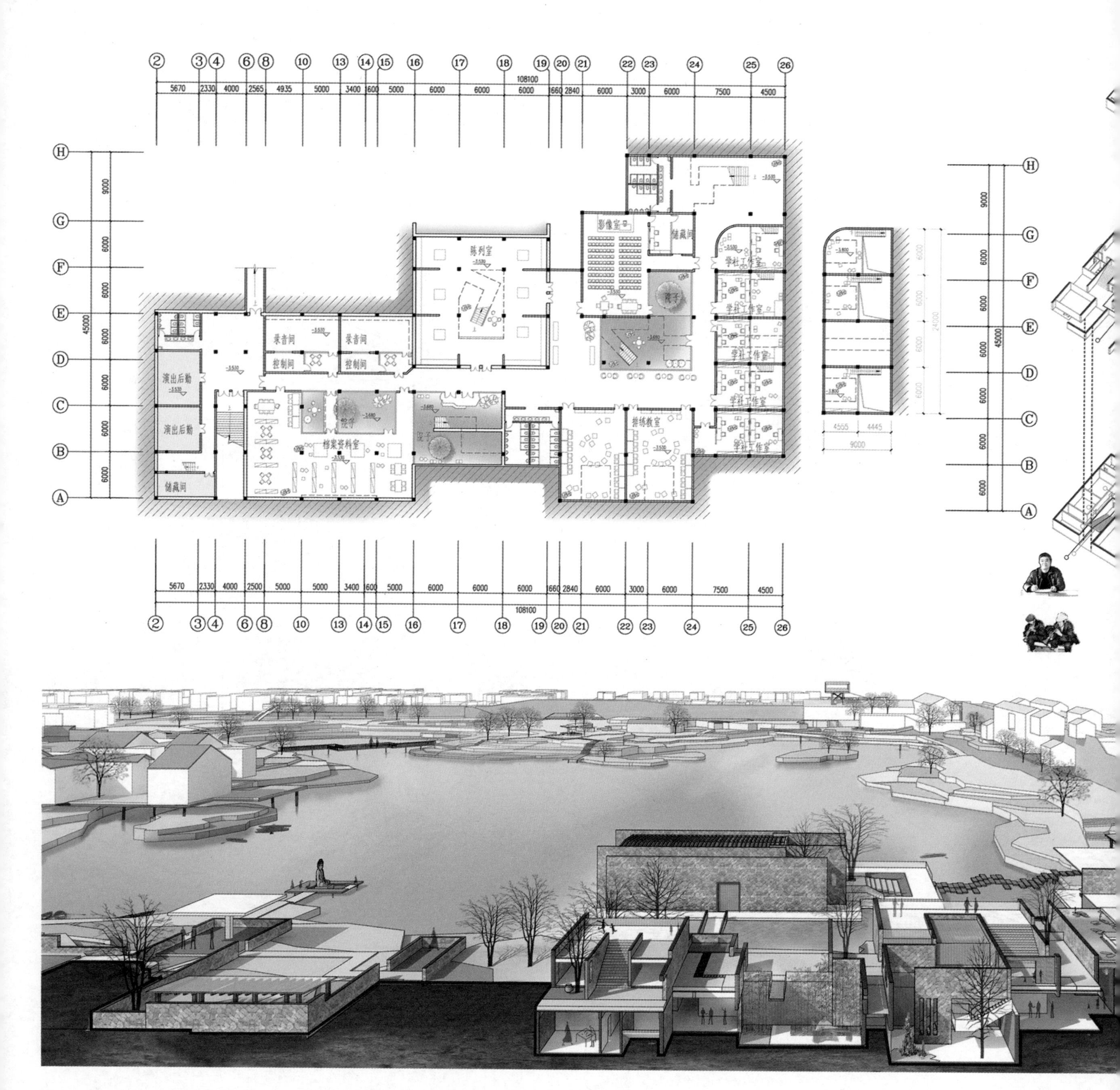
陈列室
影像室
储藏间
学社工作室
录音间
控制间
演出后勤
档案资料室
院子
排练教室
108100
45000

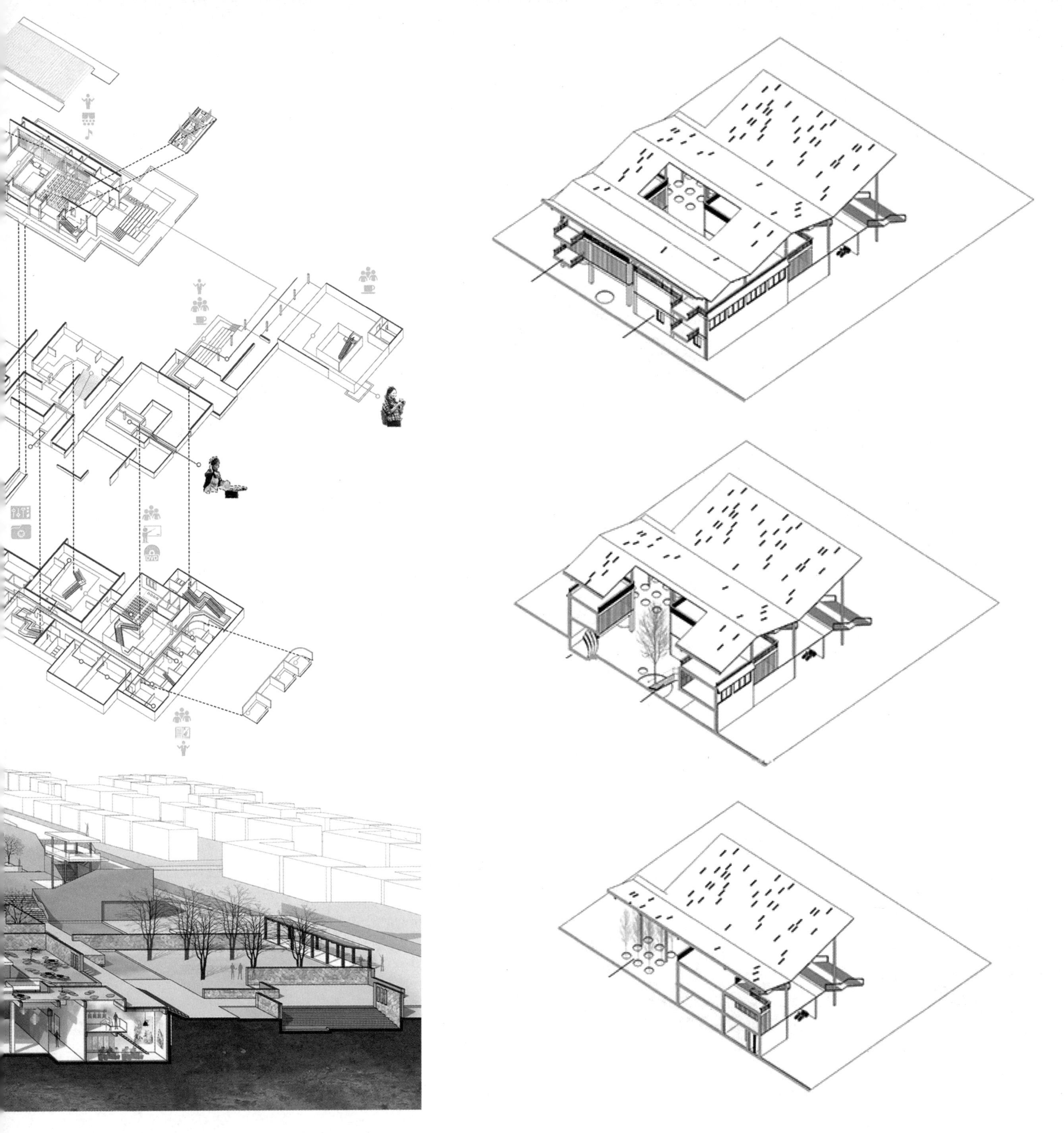

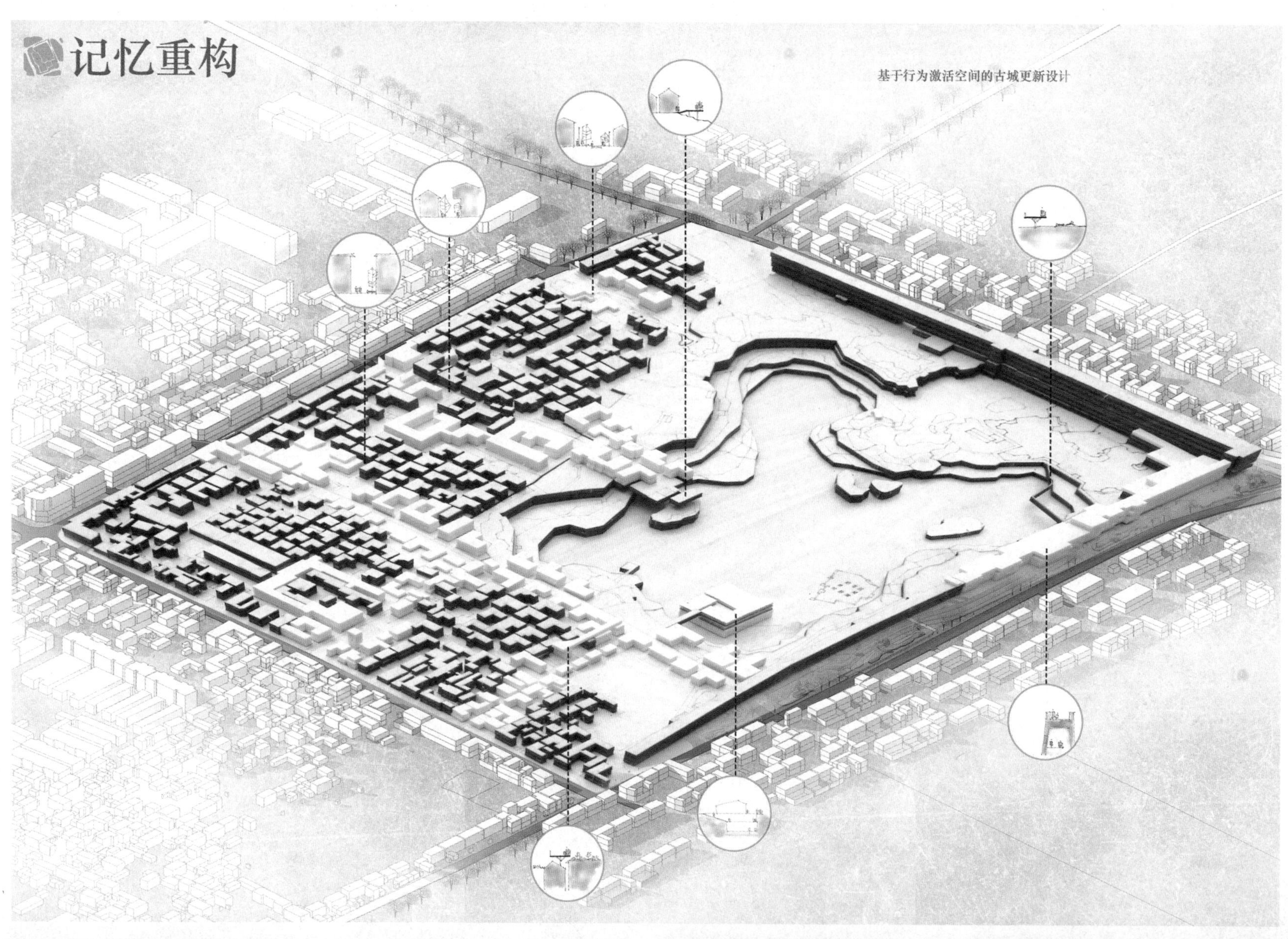
记忆重构
基于行为激活空间的古城更新设计

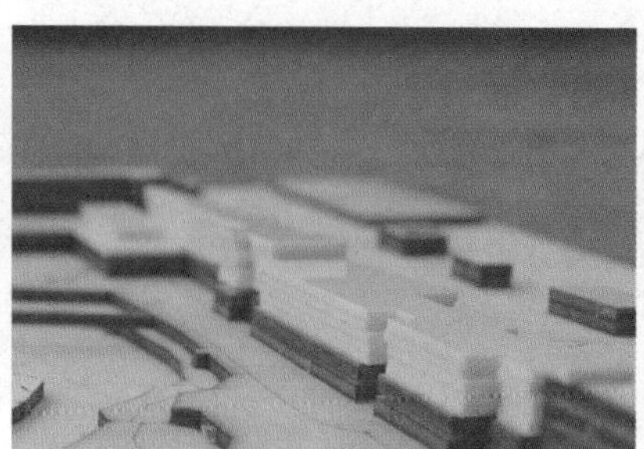

# 城市飞驰——城市流动人口中心建筑及景观设计

院校 东北大学艺术学院
作者 周兵
指导教师 鲍春

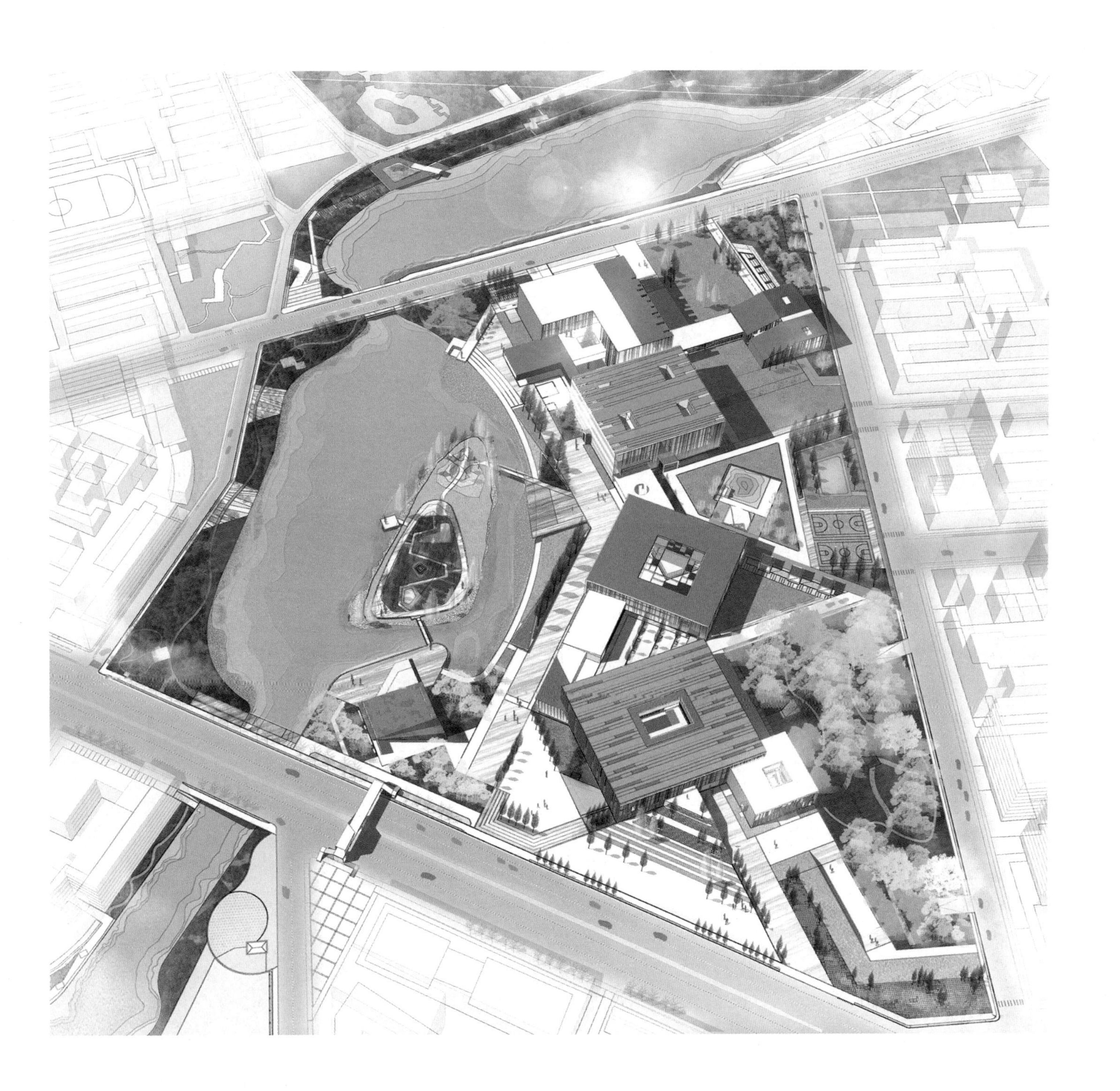

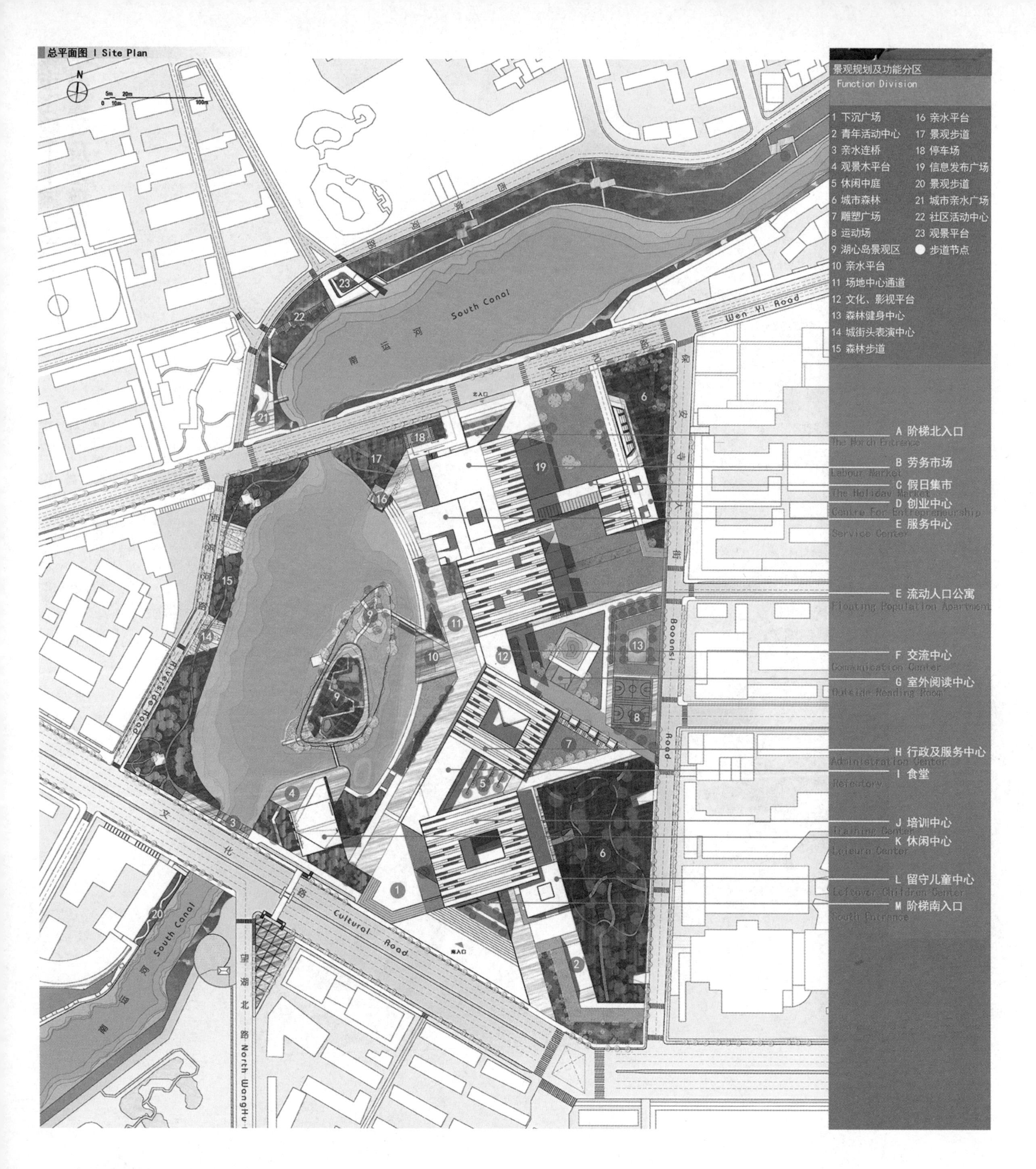
总平面图 | Site Plan
N
5m 20m
0 10m 100m
景观规划及功能分区
Function Division
1 下沉广场
2 青年活动中心
3 亲水连桥
4 观景木平台
5 休闲中庭
6 城市森林
7 雕塑广场
8 运动场
9 湖心岛景观区
10 亲水平台
11 场地中心通道
12 文化、影视平台
13 森林健身中心
14 城街头表演中心
15 森林步道
16 亲水平台
17 景观步道
18 停车场
19 信息发布广场
20 景观步道
21 城市亲水广场
22 社区活动中心
23 观景平台
步道节点
A 阶梯北入口
The North Entrance
B 劳务市场
Labour Market
C 假日集市
The Holiday Market
D 创业中心
Centre For Entrepreneurship
E 服务中心
Service Center
E 流动人口公寓
Floating Population Apartment
F 交流中心
Communication Center
G 室外阅读中心
Outside Reading Room
H 行政及服务中心
Administration Center
I 食堂
Refectory
J 培训中心
Training Center
K 休闲中心
Leisure Center
L 留守儿童中心
Leftover Children Center
M 阶梯南入口
South Entrance
South Canal
南运河
Wen Yi Road
文艺路
保安寺大街
Boaonsi Road
Riverside Road
西岸河路
Cultural Road
文化路
North WangHu
望湖北路
北入口
南入口

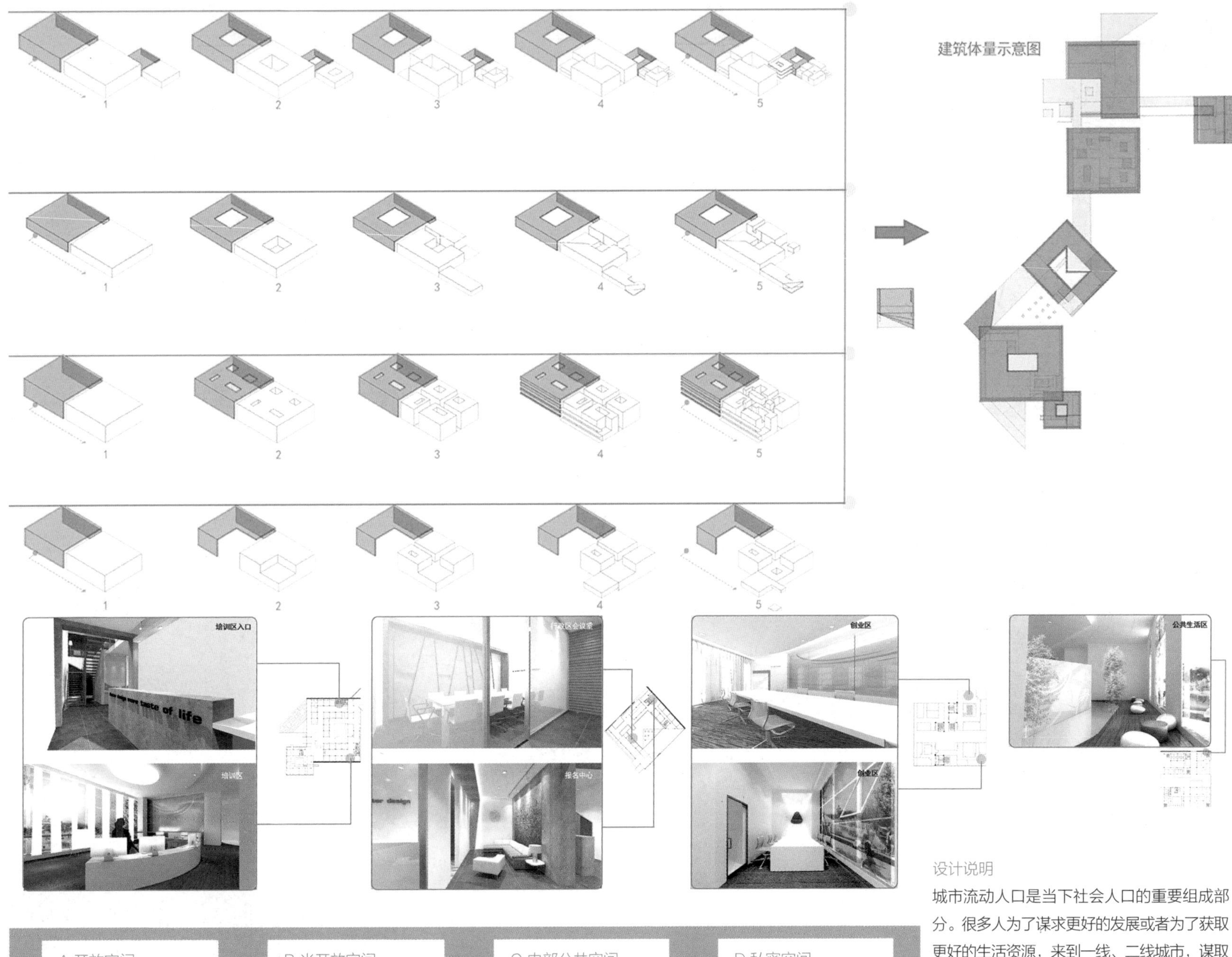


A 开放空间

培训中心前广场为“飞地”公共广场，不定时地举行民族区域特色的文化展览，生活区与居住区结合形成的文化广场也在某种程度上是为常驻人口开辟的一个城市体验空间。

B 半开放空间

大多穿插于教育、行政、人才中心，综合体最大的半开放空间是人才中心的二层悬挑及外向的部分空间，营造的灰空间，打破常规人才市场的严肃性，提供轻松的应聘感受。

C 内部公共空间

内部公共空间分布在建筑的中庭，居住区为采光天井形成的建筑内廊，区别于普通的单身公寓，提供外来流动人口的交流平台，给出门在外的人营造家的感觉。

D 私密空间

居住区私密空间多体现在空间的类型更丰富，单身公寓、流浪者收容处、外来家庭式公寓等，最大限度地减轻城市的人口压力。

设计说明

城市流动人口是当下社会人口的重要组成部分。很多人为了谋求更好的发展或者为了获取更好的生活资源，来到一线、二线城市，谋取一份工作或者自主创业，他们的生活却易被城市忽略。沈阳市和平区是流动人口聚居中心，本设计针对这一现状，利用南湖北地块设计一个集临时居住、有序的集劳务中心、培训中心等为一体的城市综合体建筑，并对该地块以及南湖南运河沿岸的地块进行景观规划设计，目的在于为城市外来流动人口提供一处居住、务工及提升自我的综合性区域。

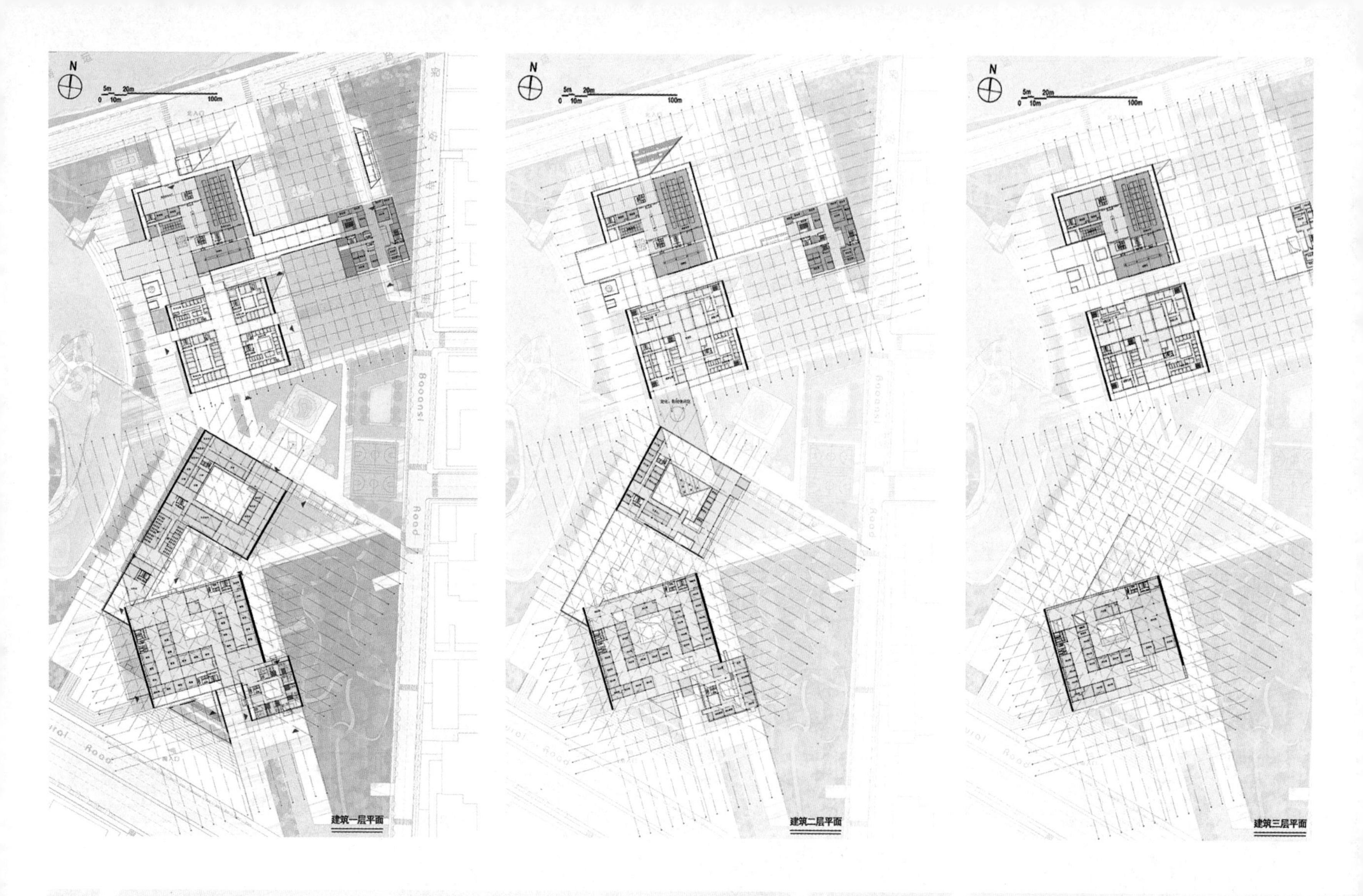
建筑一层平面
建筑二层平面
建筑三层平面

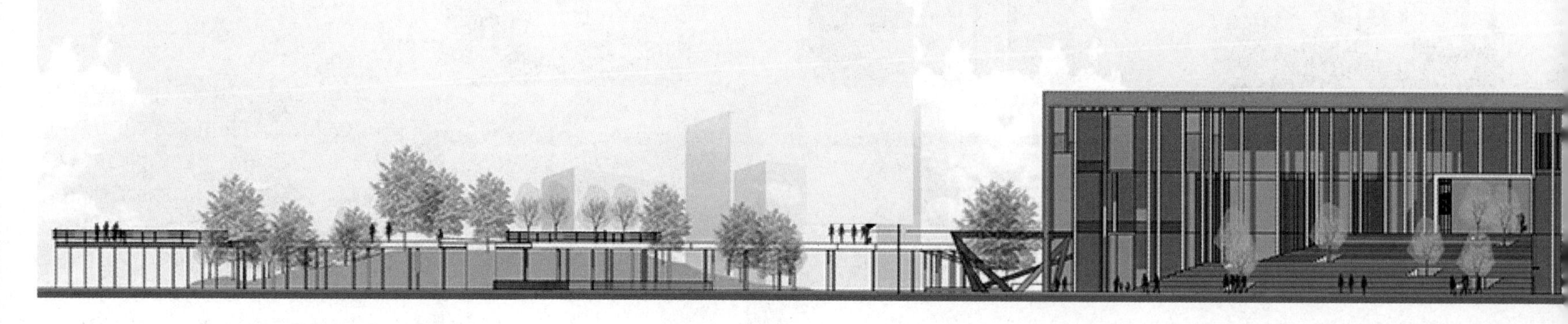

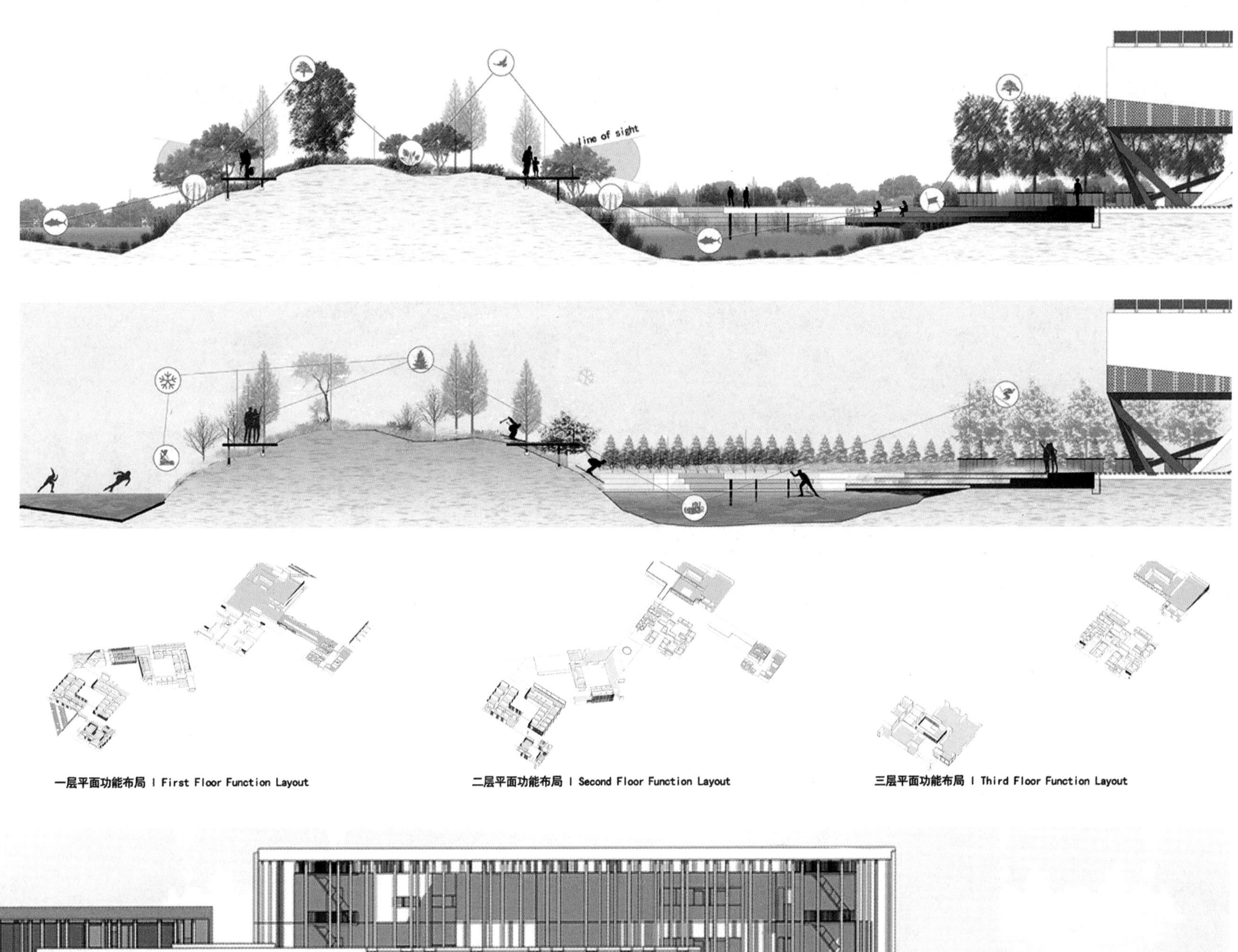


一层平面功能布局 | First Floor Function Layout

二层平面功能布局 | Second Floor Function Layout

三层平面功能布局 | Third Floor Function Layout

# 世界2115：机器未来的愿景与旧时光的缅怀


**院　校**　同济大学

**作　者**　史纪

**指导教师**　朱雷

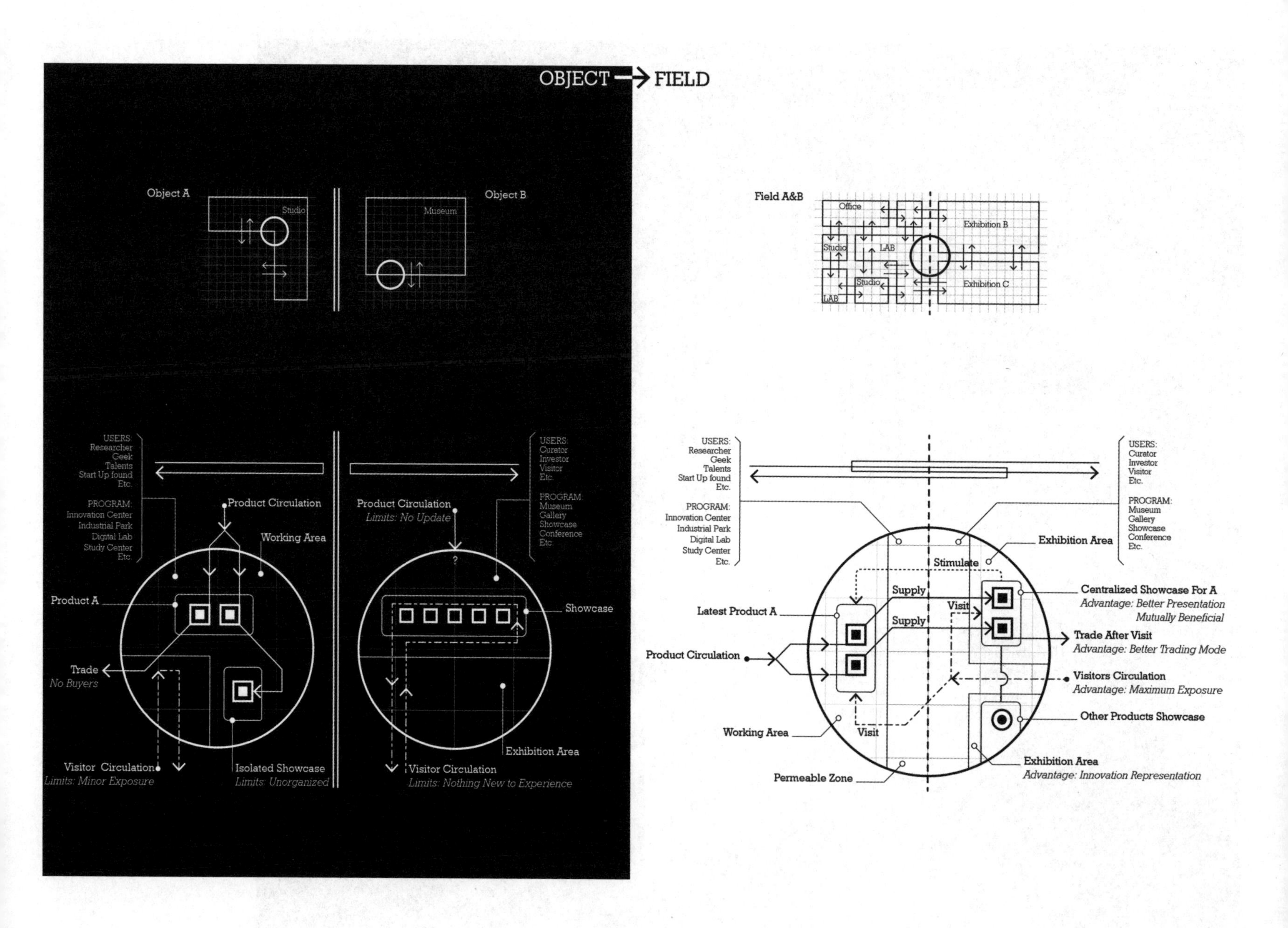

OBJECT → FIELD
Object A
Studio
Object B
Museum
Field A&B
Office
Exhibition B
Studio
LAB
Studio
LAB
Exhibition C
USERS:
Researcher
Geek
Talents
Start Up found
Etc.
PROGRAM:
Innovation Center
Industrial Park
Digital Lab
Study Center
Etc.
Product Circulation
Working Area
Product A
Trade
No Buyers
Visitor Circulation
Limits: Minor Exposure
Isolated Showcase
Limits: Unorganized
USERS:
Curator
Investor
Visitor
Etc.
PROGRAM:
Museum
Gallery
Showcase
Conference
Etc.
Product Circulation
Limits: No Update
Showcase
Exhibition Area
Visitor Circulation
Limits: Nothing New to Experience
USERS:
Researcher
Geek
Talents
Start Up found
Etc.
PROGRAM:
Innovation Center
Industrial Park
Digital Lab
Study Center
Etc.
USERS:
Curator
Investor
Visitor
Etc.
PROGRAM:
Museum
Gallery
Showcase
Conference
Etc.
Exhibition Area
Stimulate
Supply
Supply
Visit
Centralized Showcase For A
Advantage: Better Presentation
Mutually Beneficial
Latest Product A
Trade After Visit
Advantage: Better Trading Mode
Product Circulation
Visitors Circulation
Advantage: Maximum Exposure
Other Products Showcase
Working Area
Visit
Exhibition Area
Advantage: Innovation Representation
Permeable Zone

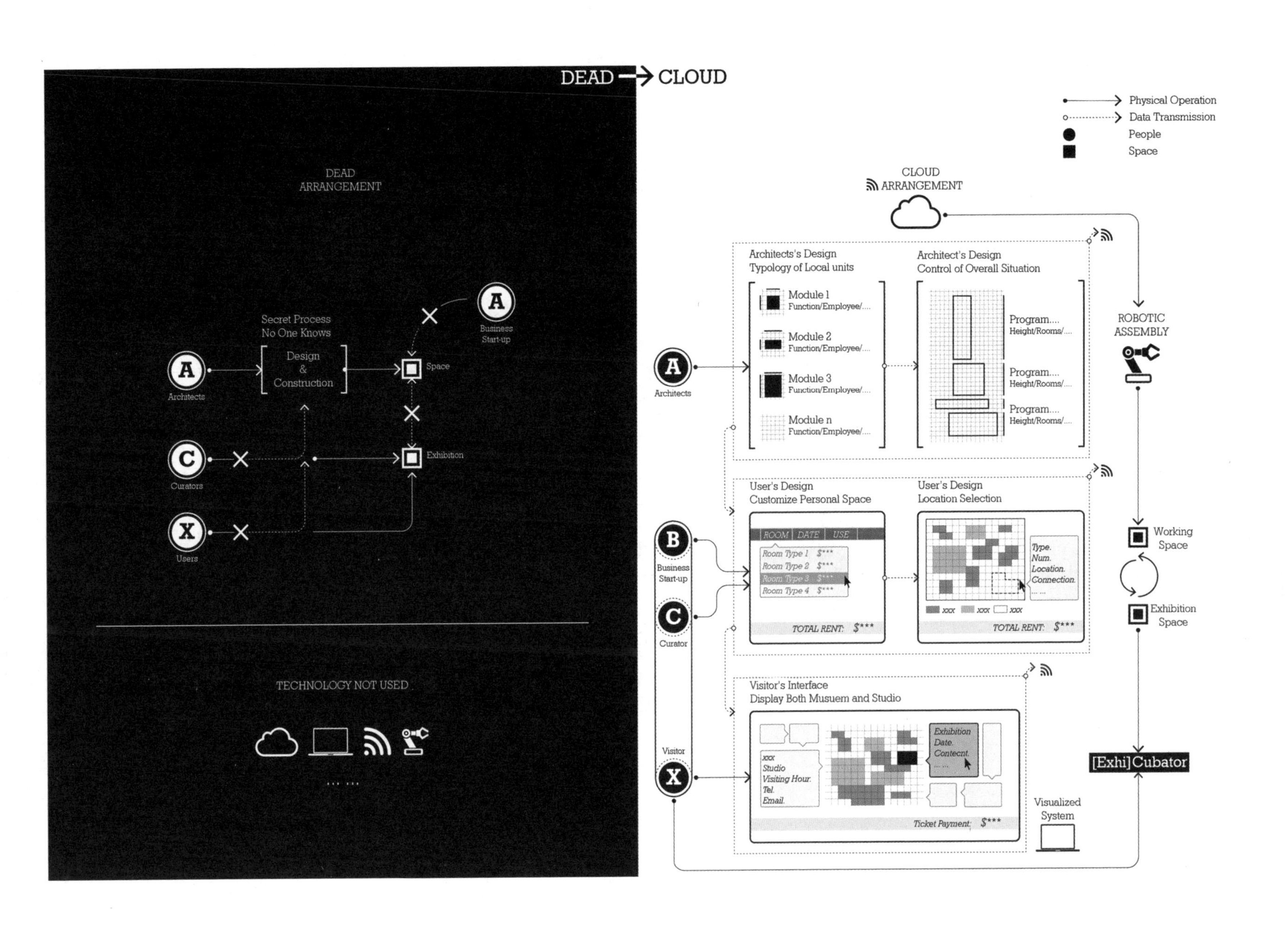
DEAD → CLOUD
DEAD
ARRANGEMENT
Secret Process
No One Knows
Design
&
Construction
Architects
Business
Start-up
Space
Exhibition
Curators
Users
TECHNOLOGY NOT USED
Physical Operation
Data Transmission
People
Space
CLOUD
ARRANGEMENT
Architects's Design
Typology of Local units
Module 1
Module 2
Module 3
Module n
Architect's Design
Control of Overall Situation
Program....
ROBOTIC
ASSEMBLY
User's Design
Customize Personal Space
User's Design
Location Selection
TOTAL RENT: $***
Working
Space
Exhibition
Space
Curator
Visitor
Visitor's Interface
Display Both Musuem and Studio
Studio
Visiting Hour.
Tel.
Email.
Exhibition
Date.
Contecnt.
Ticket Payment: $***
Visualized
System
[Exhi]Cubator

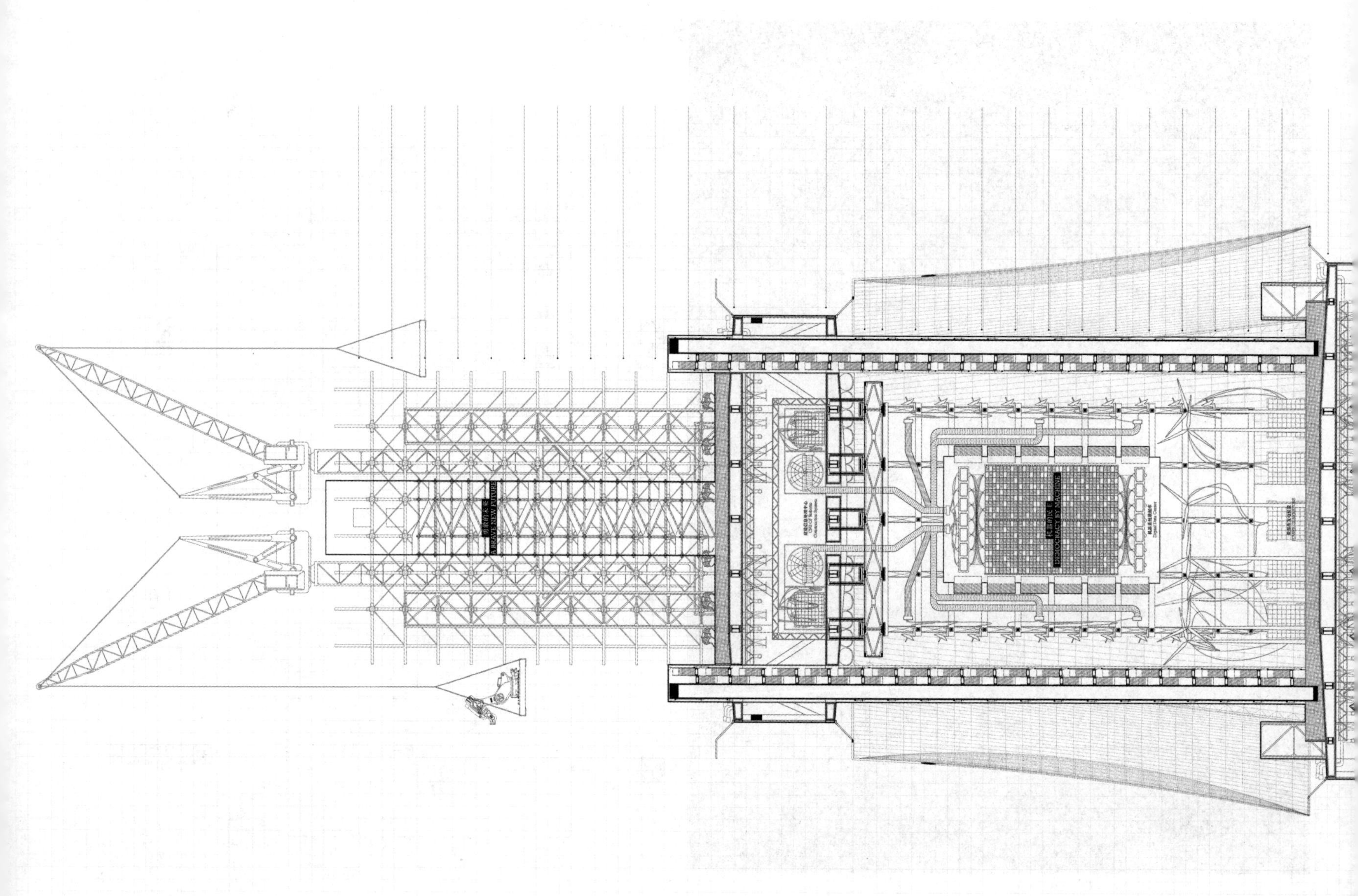

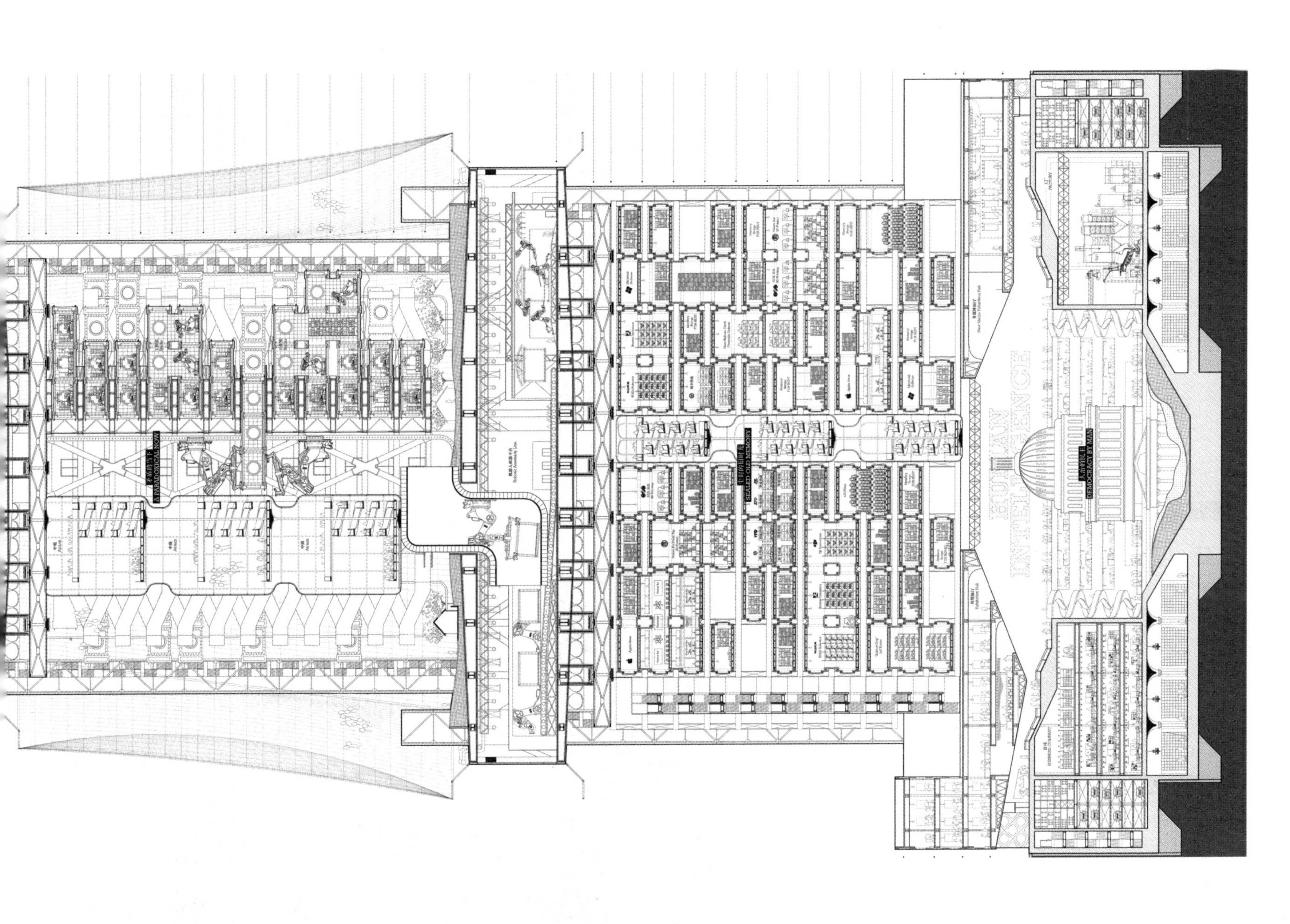

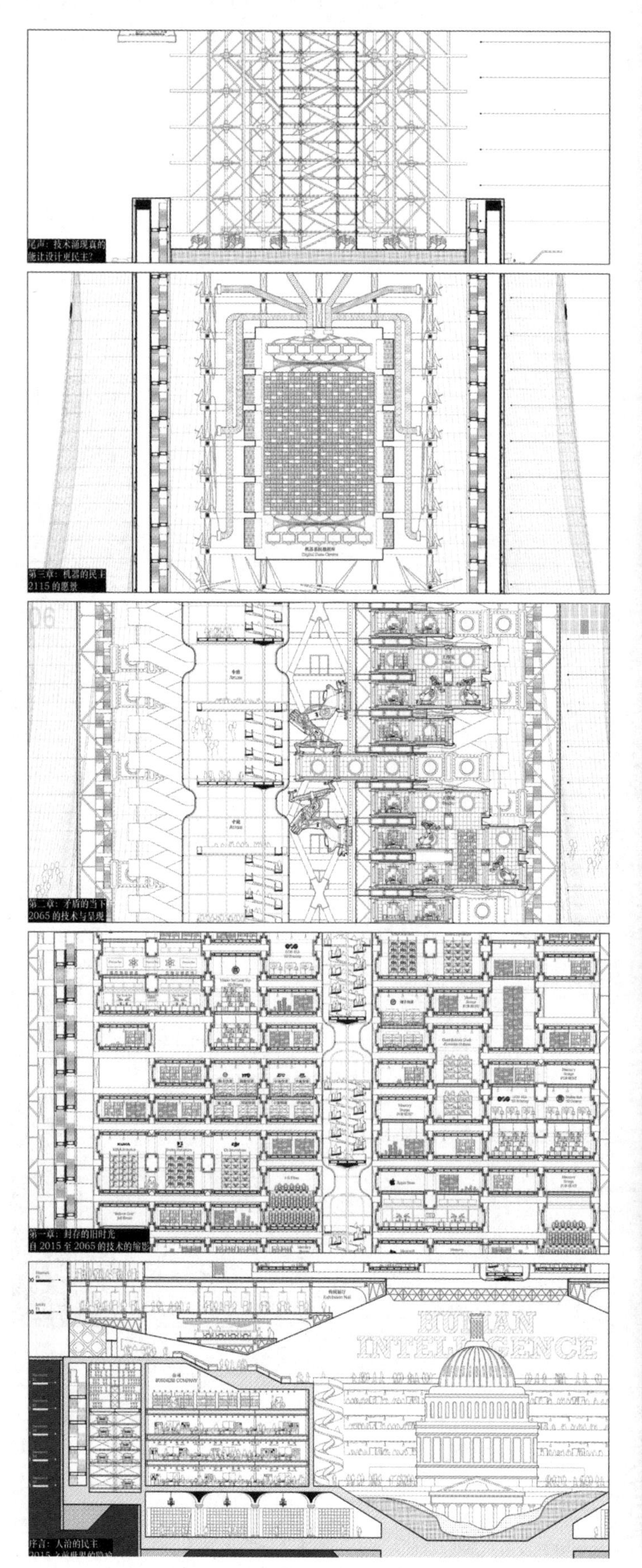
尾声：技术涌现真的
能让设计更民主?
第三章：机器的民
2115的愿景
第二章：矛盾的当下
2065的技术与呈现
第一章：封存的旧时光
自2015至2065的技术的缩影
HUMAN
INTELLIGENCE
序言：人治的民主

# 架构 覆盖——云南大理古城北水库区域城市更新及建筑设计

院校 东南大学
作者 李哲健
指导教师 王珂雷

4190
办公
游客问询入口
设备区
男厕
无障碍厕所
女厕
清洁
市场运货停车区
会客

6400
火把节广场
市场广场入口
12000
1810
女厕
男厕
上
上
上
市场街巷入口
排挡备餐区
会客起居
挡备餐区

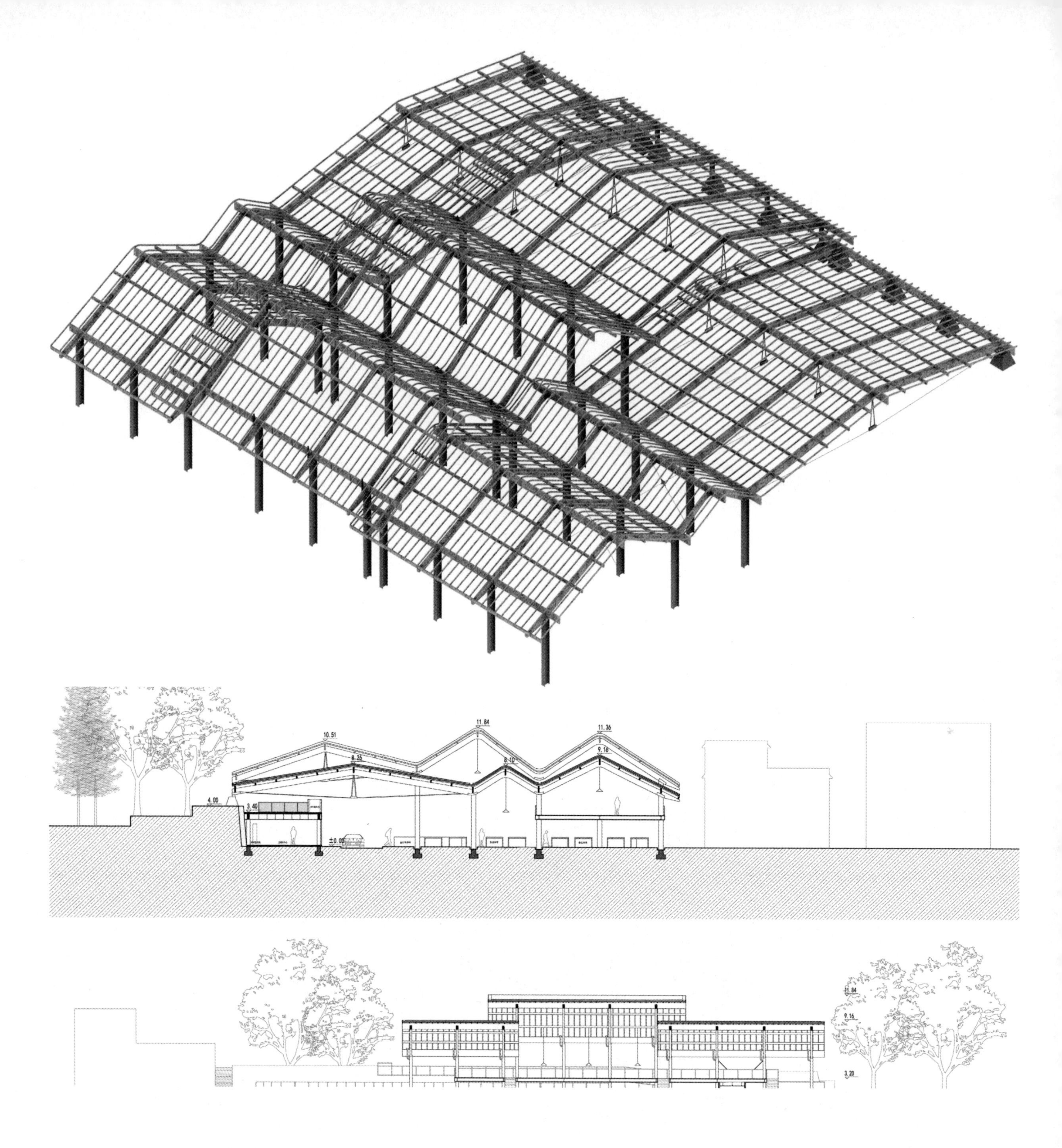

10.51
11.84
11.36
8.26
8.10
9.16
4.00
3.40
±0.00
11.84
9.16
3.20

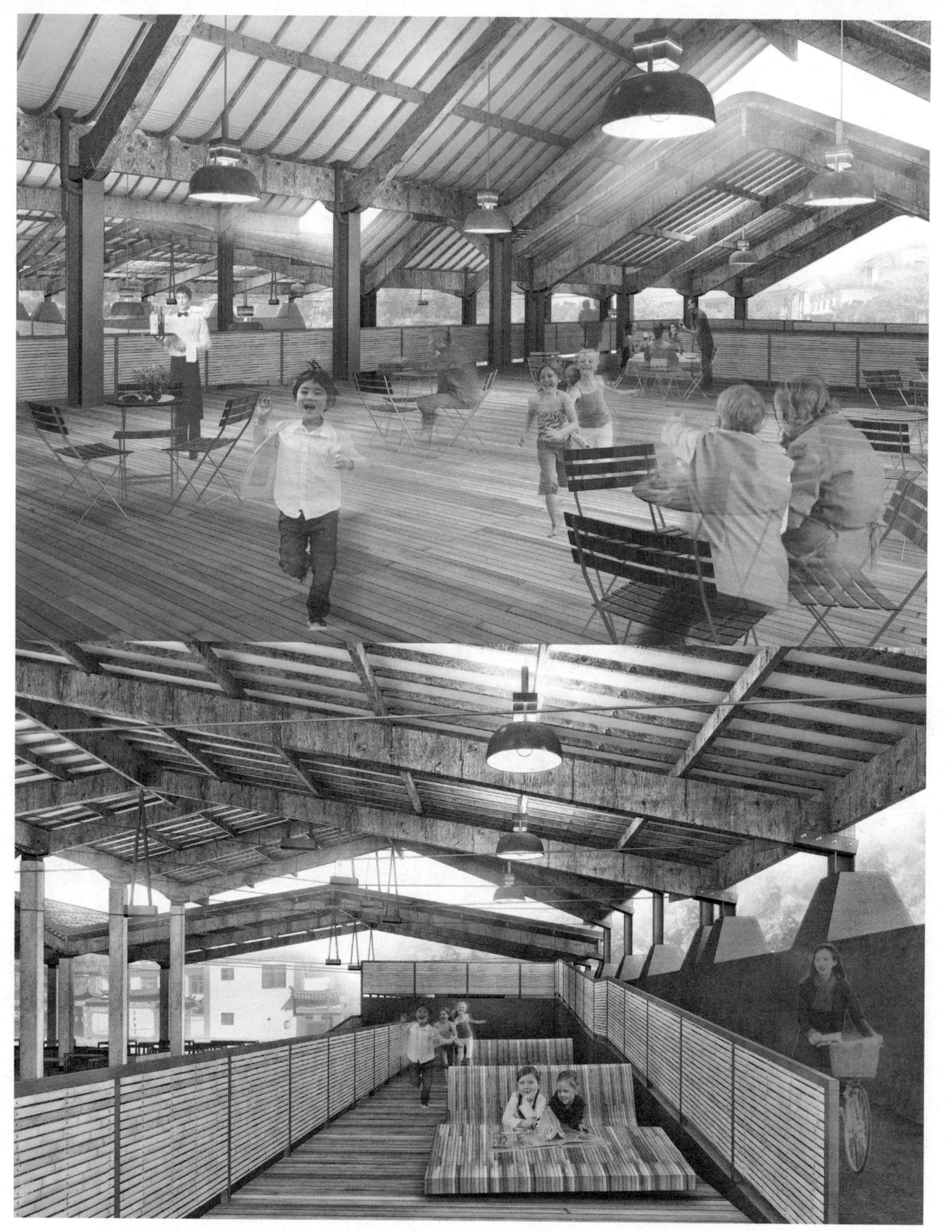

设计说明

本设计旨在在环城公共服务带的大节点上创造一个诗意的顶棚空间，容纳食品市场、本地食品体验餐厅以及坡地游客服务中心。我们对大理古城人文、地理等方面进行了研究，并以公共空间为载体，利用建筑学方法，结合当地材料和建造工艺，试图营造一个能够促进游客与当地人交流的城市空间。

# 慕尼黑中德文化交流中心及国际留学生公寓

**院　校**　同济大学
**作　者**　黄艺杰
**指导教师**　郭安筑

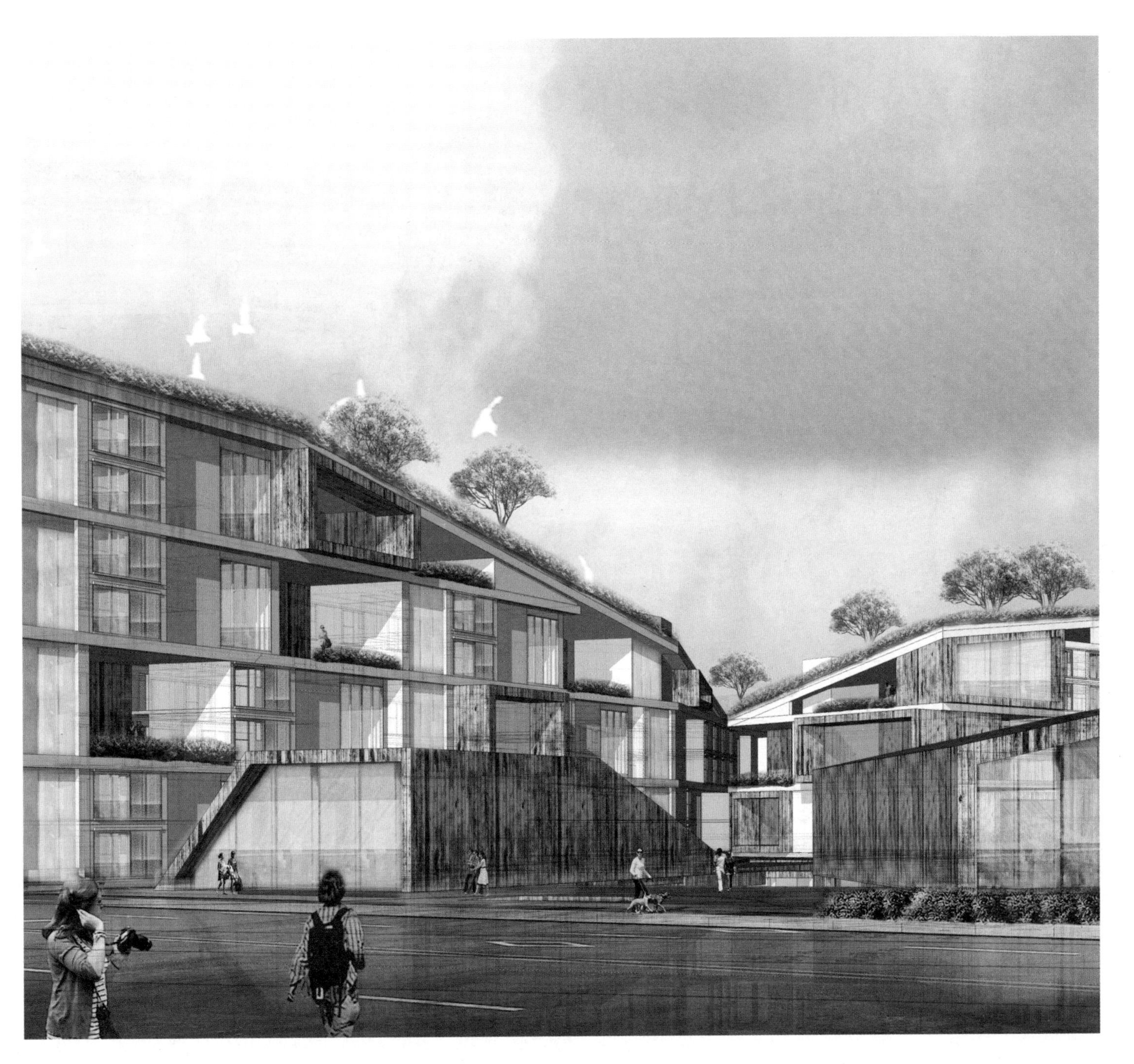

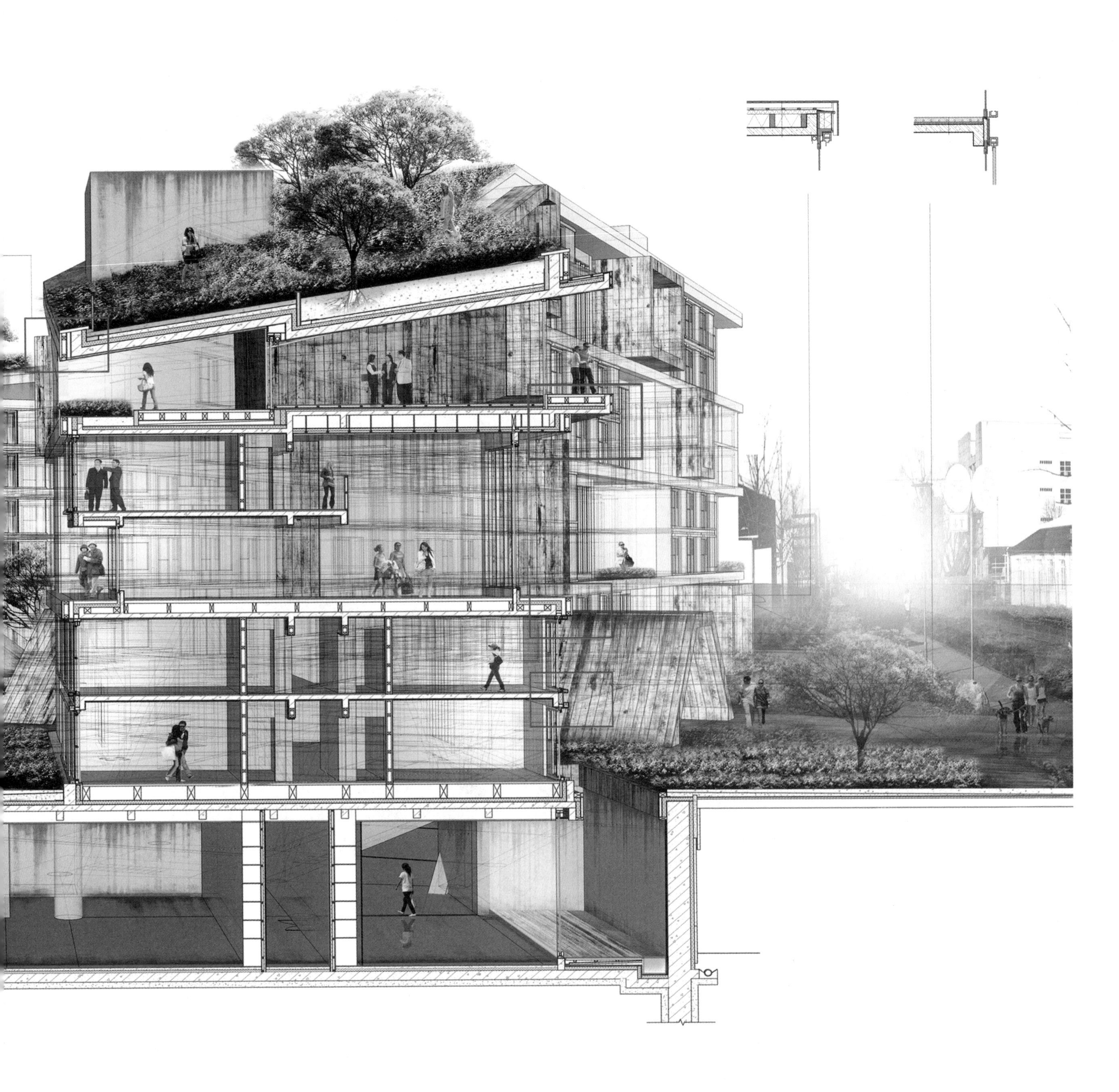

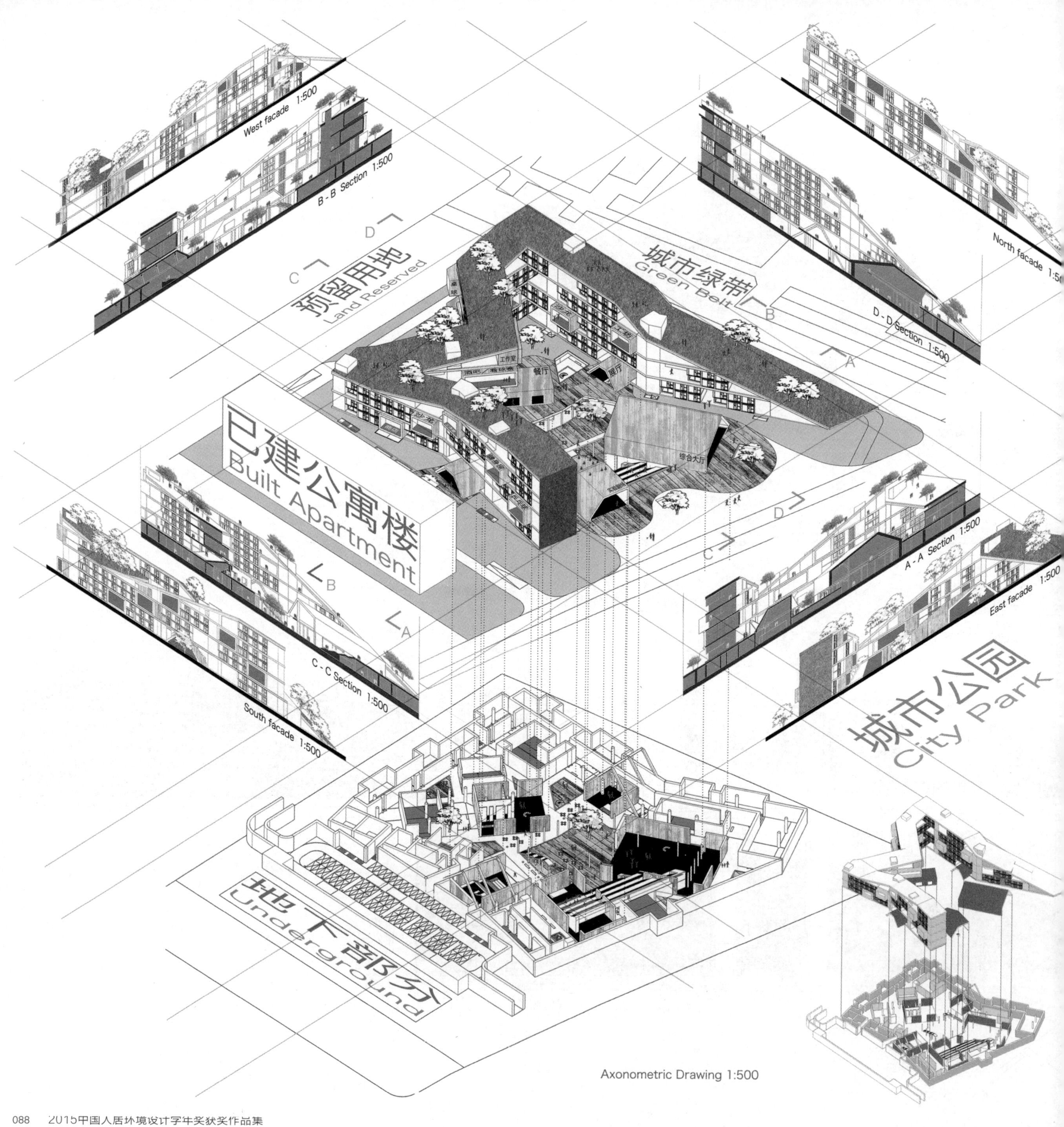


Axonometric Drawing 1:500

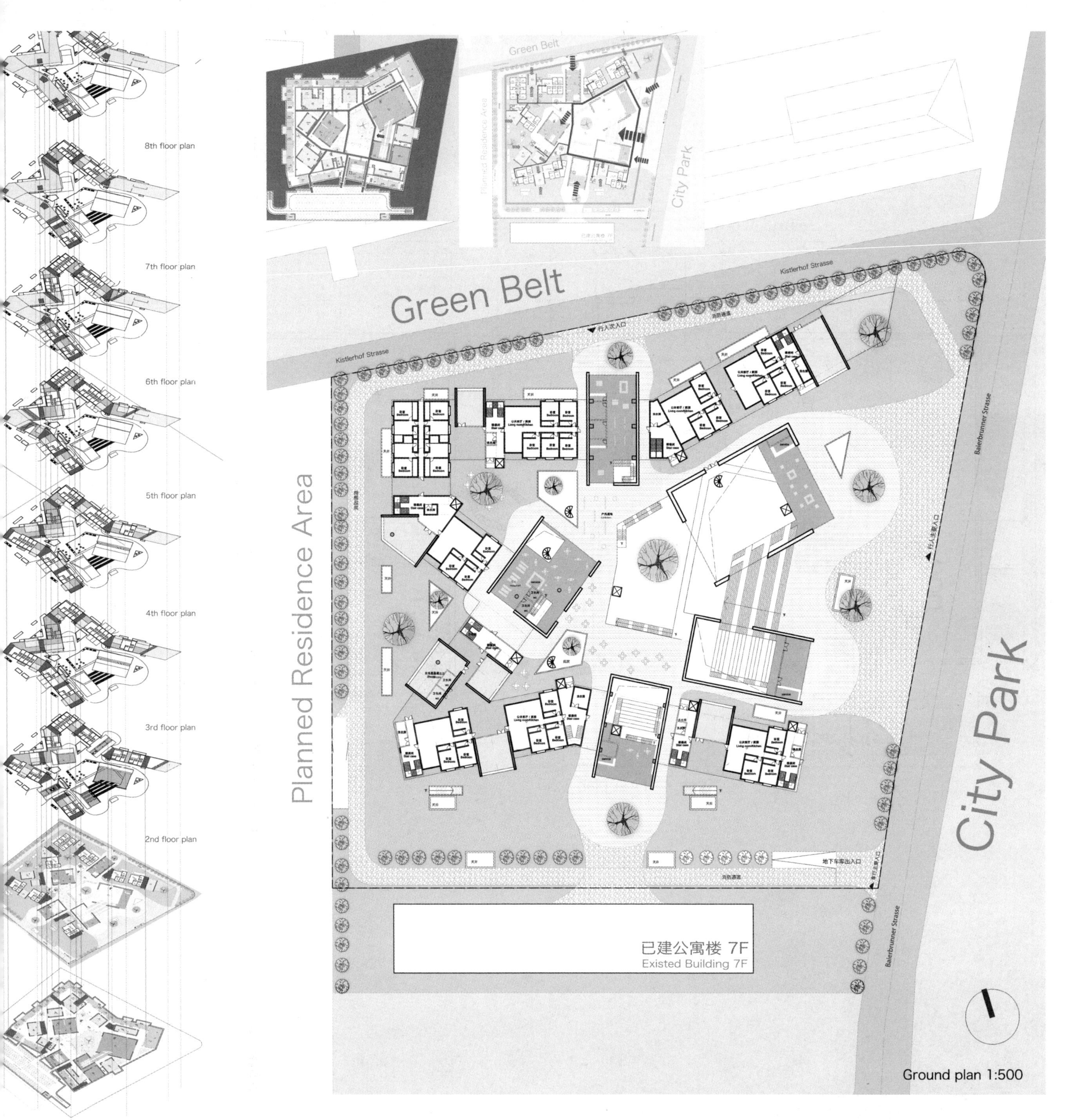
8th floor plan
7th floor plan
6th floor plan
5th floor plan
4th floor plan
3rd floor plan
2nd floor plan
Green Belt
Planned Residence Area
City Park
Kistlerhof Strasse
Baierbrunner Strasse
已建公寓楼 7F
Existed Building 7F
Ground plan 1:500

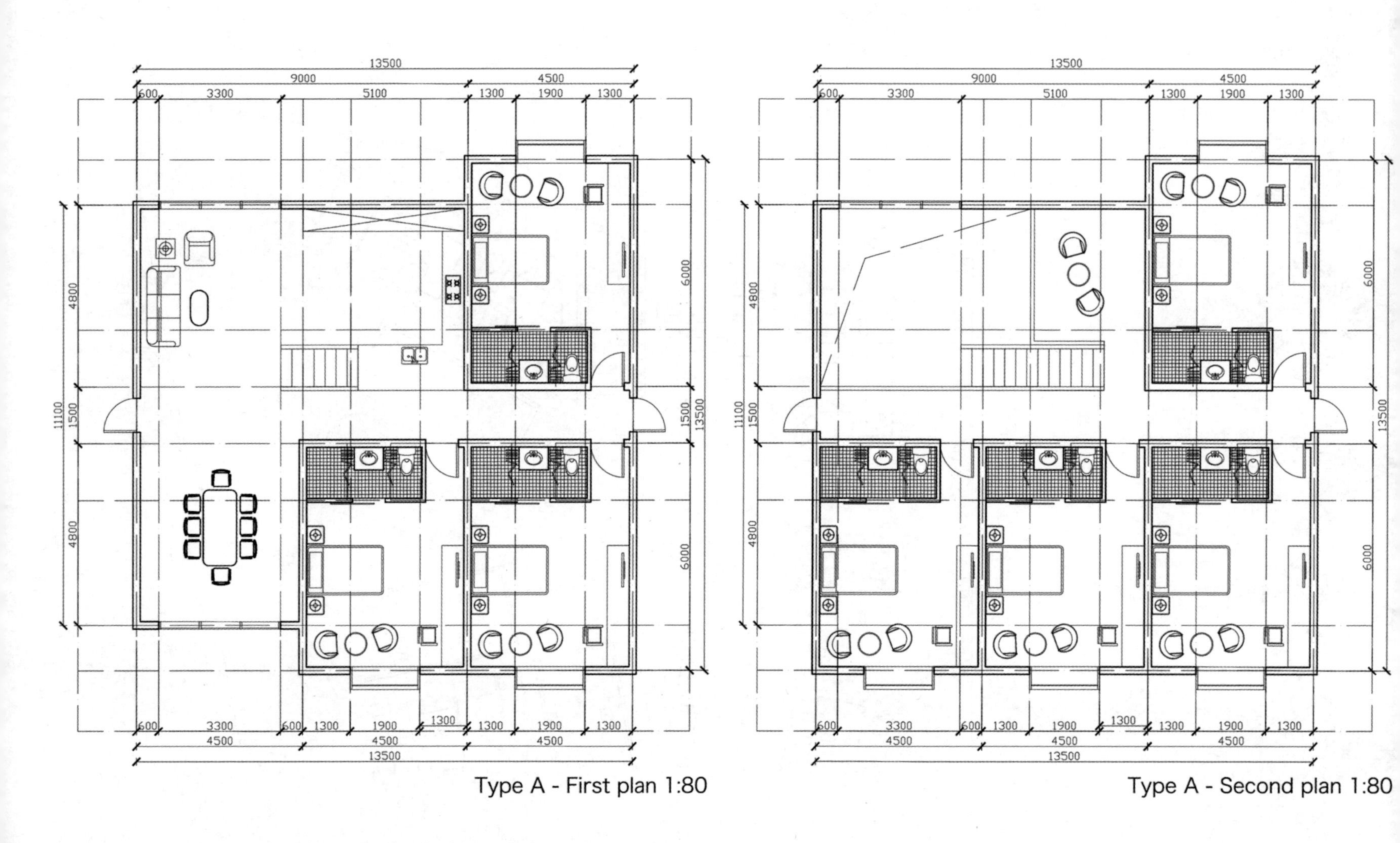


Type A - First plan 1:80

Type A - Second plan 1:80

# 空间植入——丽江古城民居改造设计

院　校　清华大学美术学院
作　者　袁伟权
指导教师　陶郅　陈子坚　陈煜彬

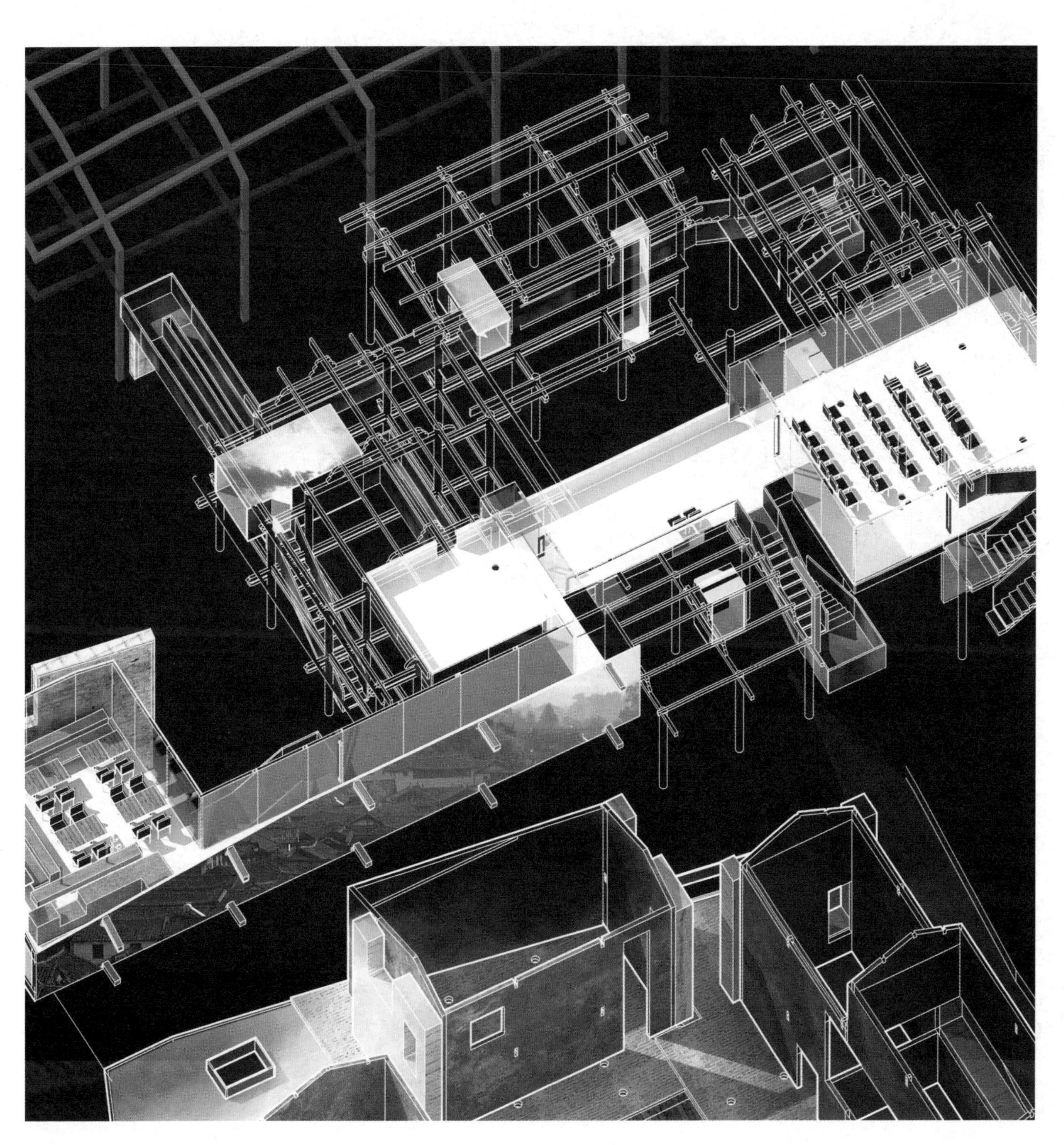

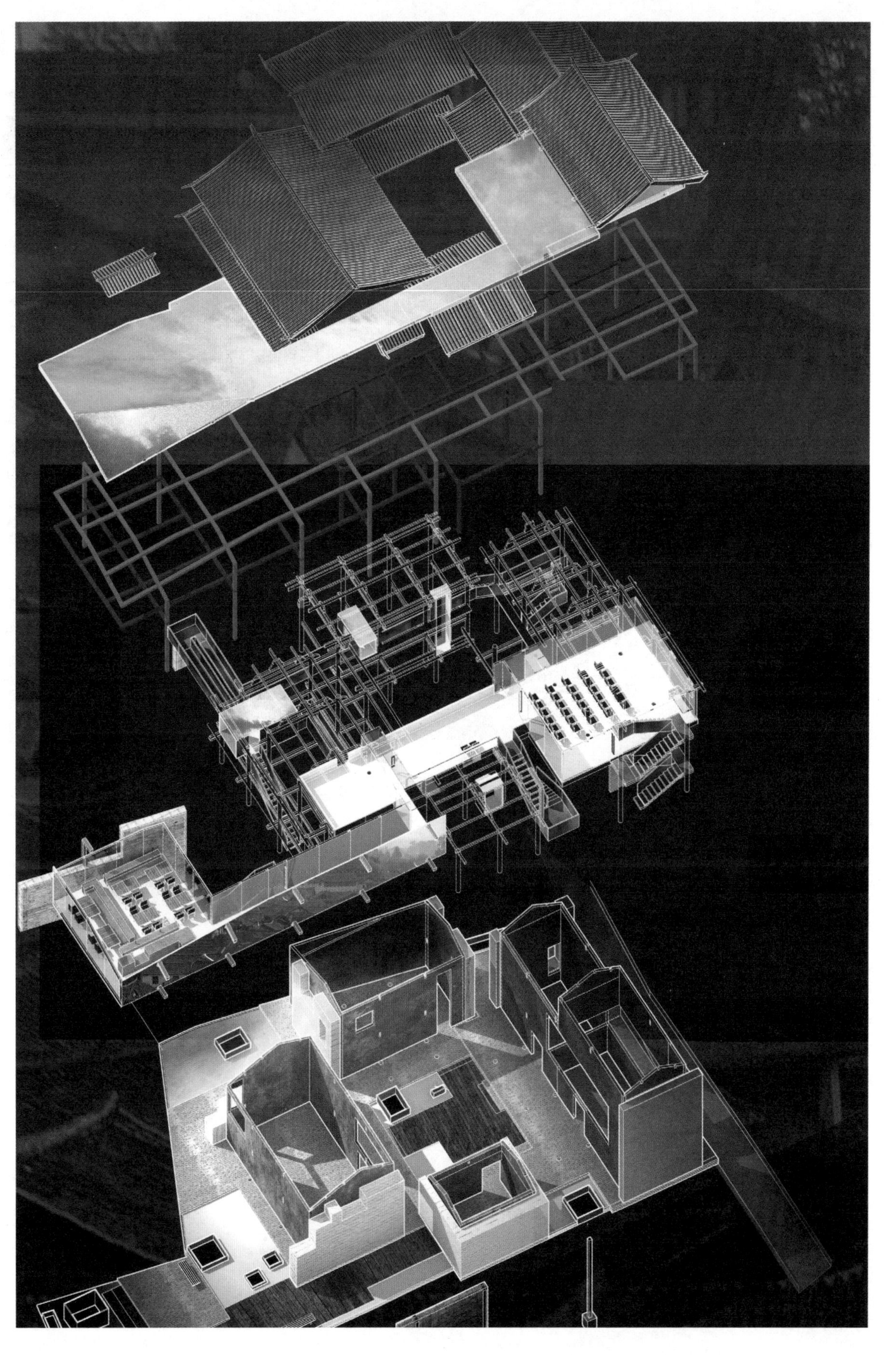

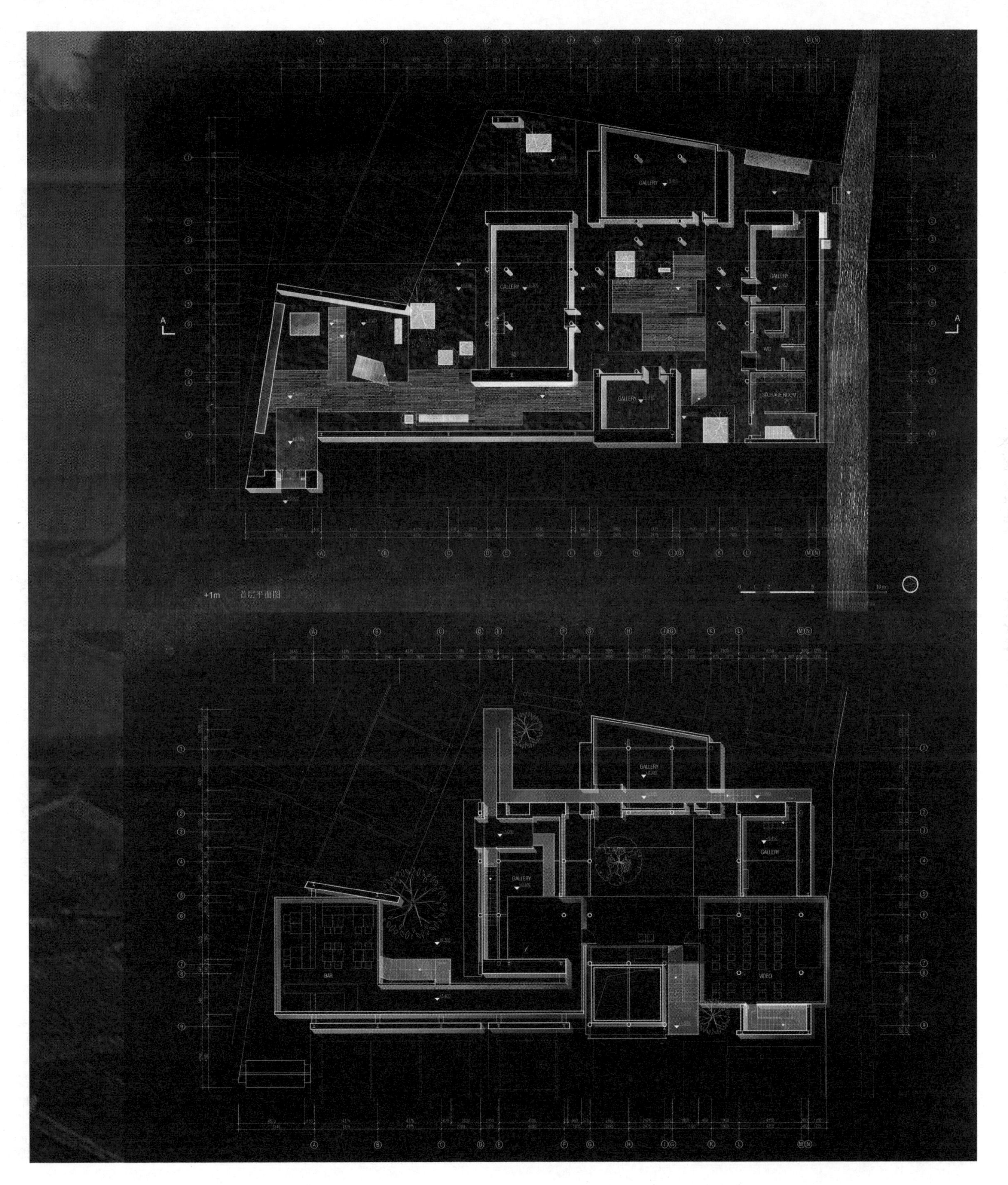

GALLERY
GALLERY
GALLERY
GALLERY
STORAGE ROOM
+1m 首层平面图
GALLERY
GALLERY
GALLERY
BAR
VIDEO

外部

入口

庭院

# 木构搭建——非编织网探索

**院　校**　南京艺术学院

**作　者**　王勋　王成浩　陈实　杜春海　李旭
李路路　宋艳岚　刘旭琦　阮迪莎

**指导教师**　刘刚

一建筑

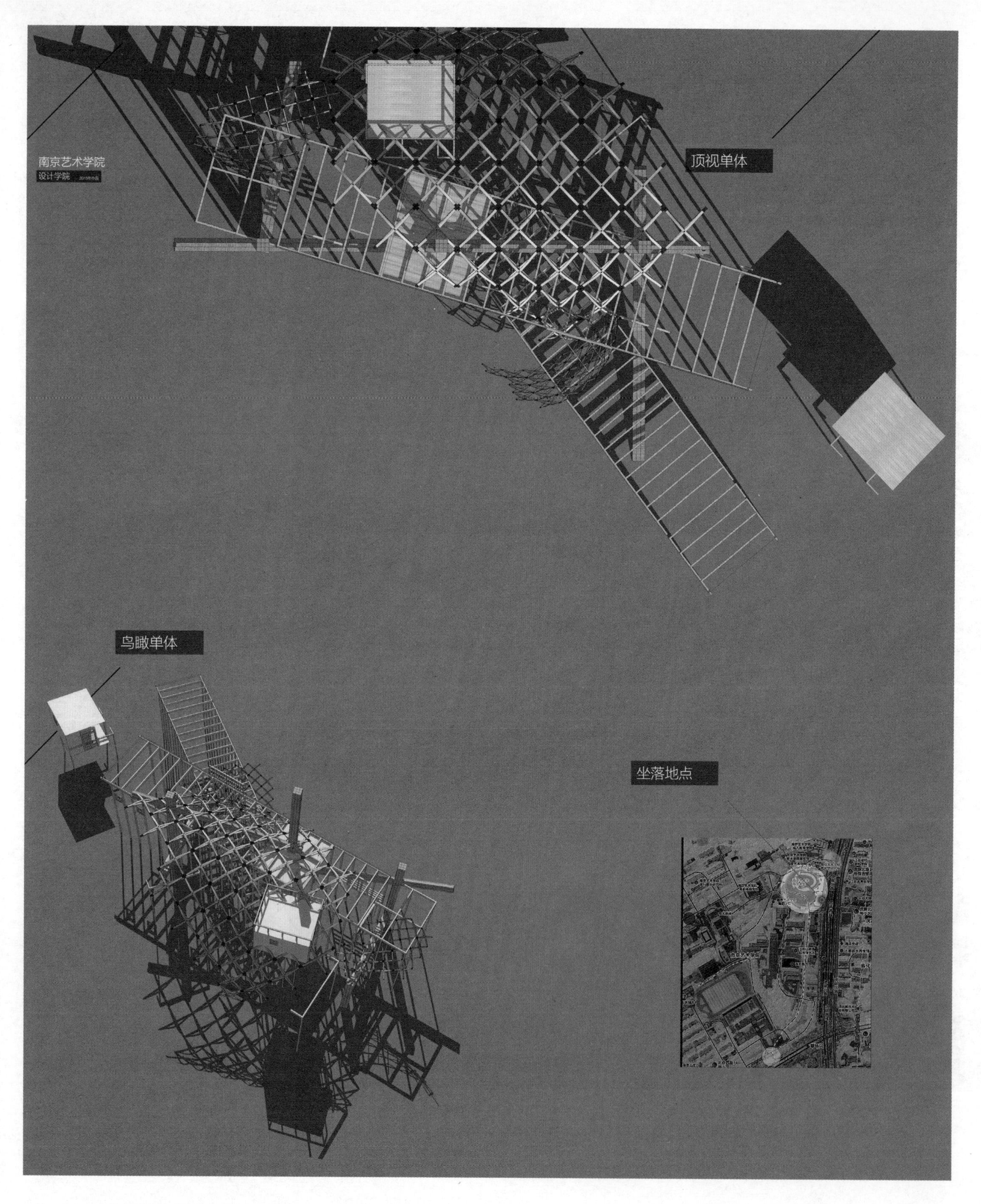
南京艺术学院
设计学院
顶视单体
鸟瞰单体
坐落地点

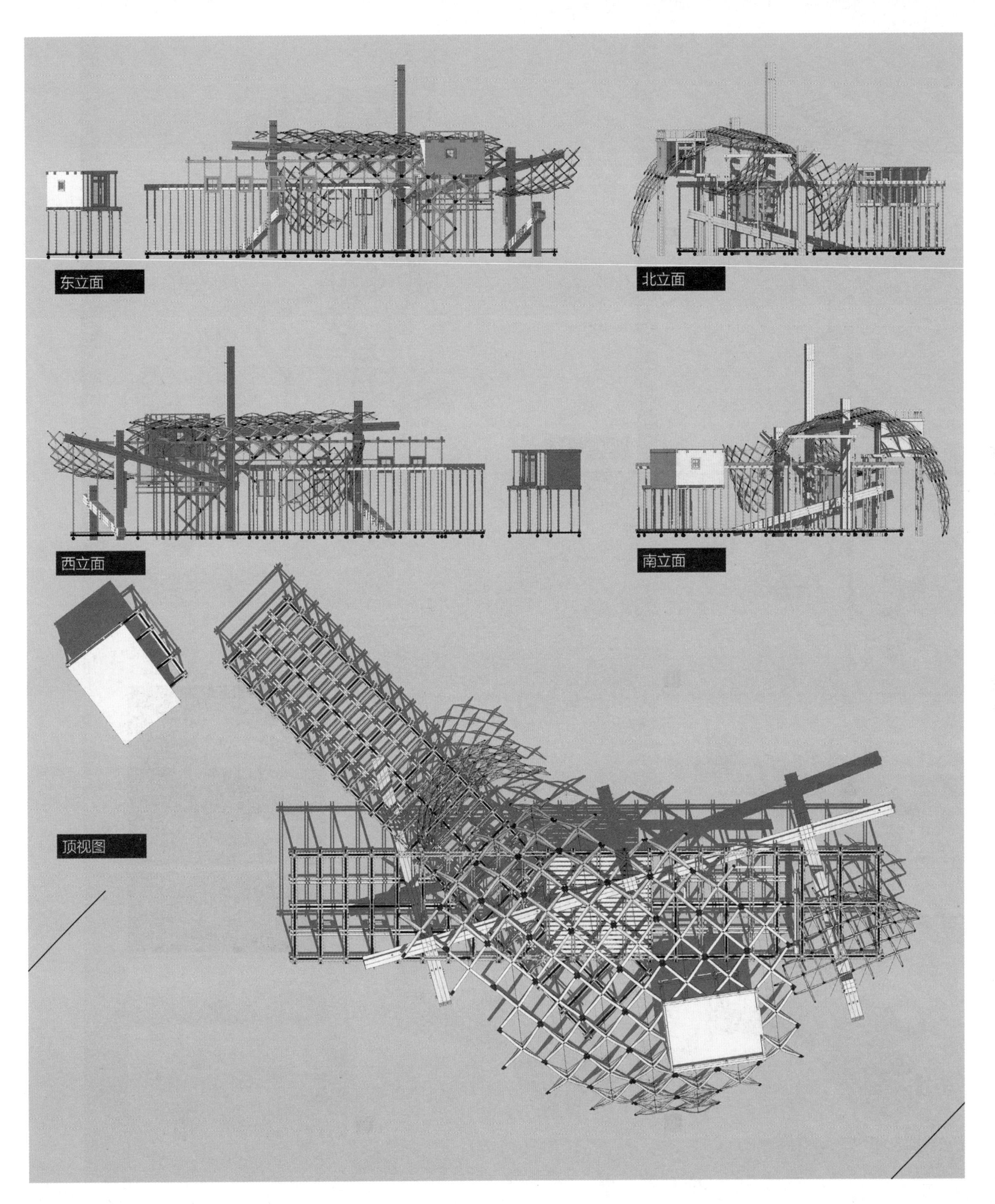
东立面
北立面
西立面
南立面
顶视图

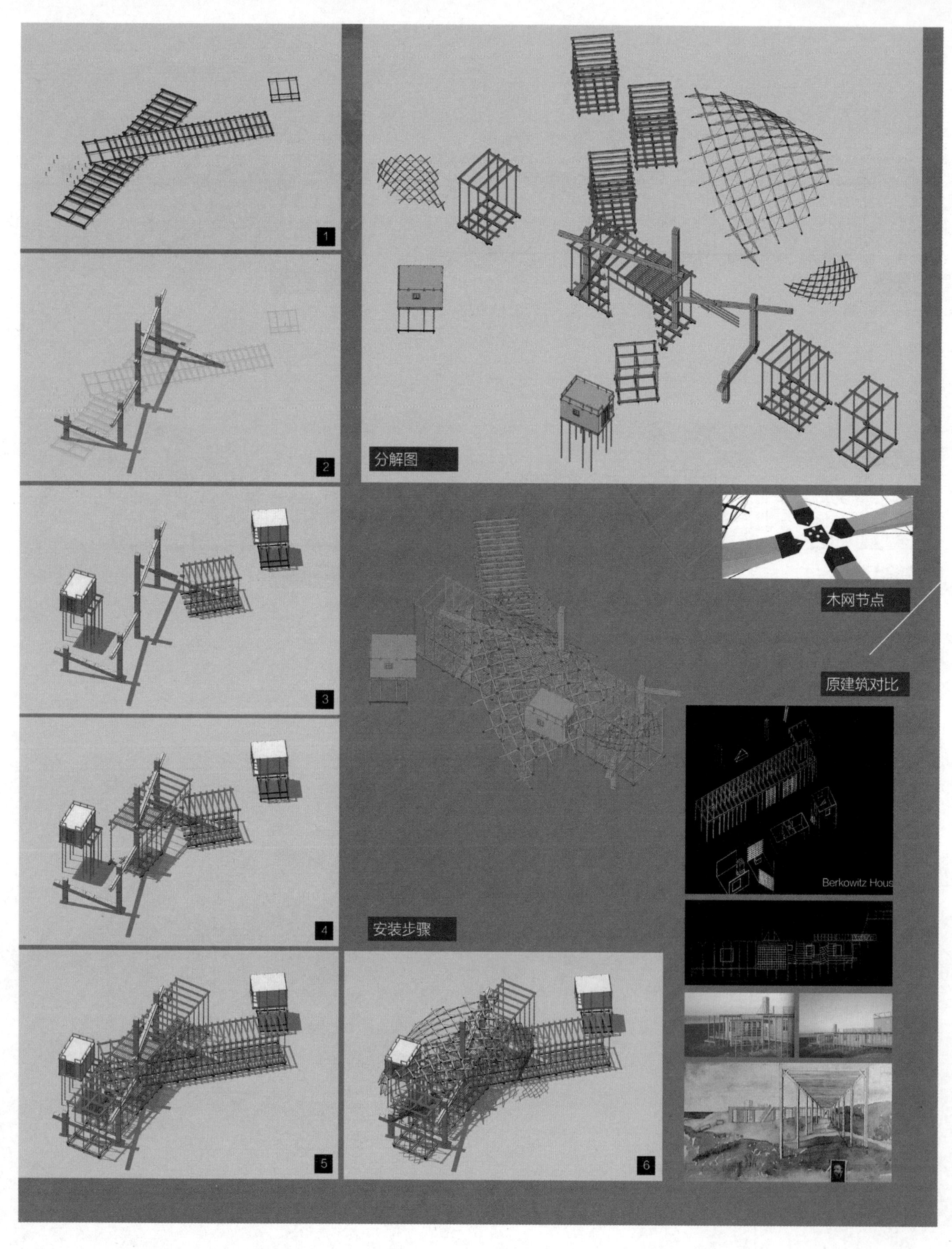
1
2
3
4
5
6
分解图
安装步骤
木网节点
原建筑对比
Berkowitz Hous

# 都市漫行——南京新街口区域空中绿道景观设计

院　校　南京艺术学院
作　者　黄姗　吴嬿婉　唐晓雅
指导教师　陶郅　陈子坚　陈煜彬

一　建筑

设计说明

新街口作为南京传统的商业空间，存在强烈的历史与现代的碰撞。和许多其他老商业区域相同，这里一方面人流量巨大，商业气息浓重；但另一方面，区域内每个购物办公空间相互独立缺少联系，建筑空间体验单一，缺少绿色空间，尤其是缺少变化的活力。为了改善现有状况，我们要对此处进行思考和再设计，希望能够创造出舒适安全的新公共空间，营造宜人的通勤、休憩活动环境，让来此的市民拥有更多的活动空间，并能体验在都市中漫行的趣味。

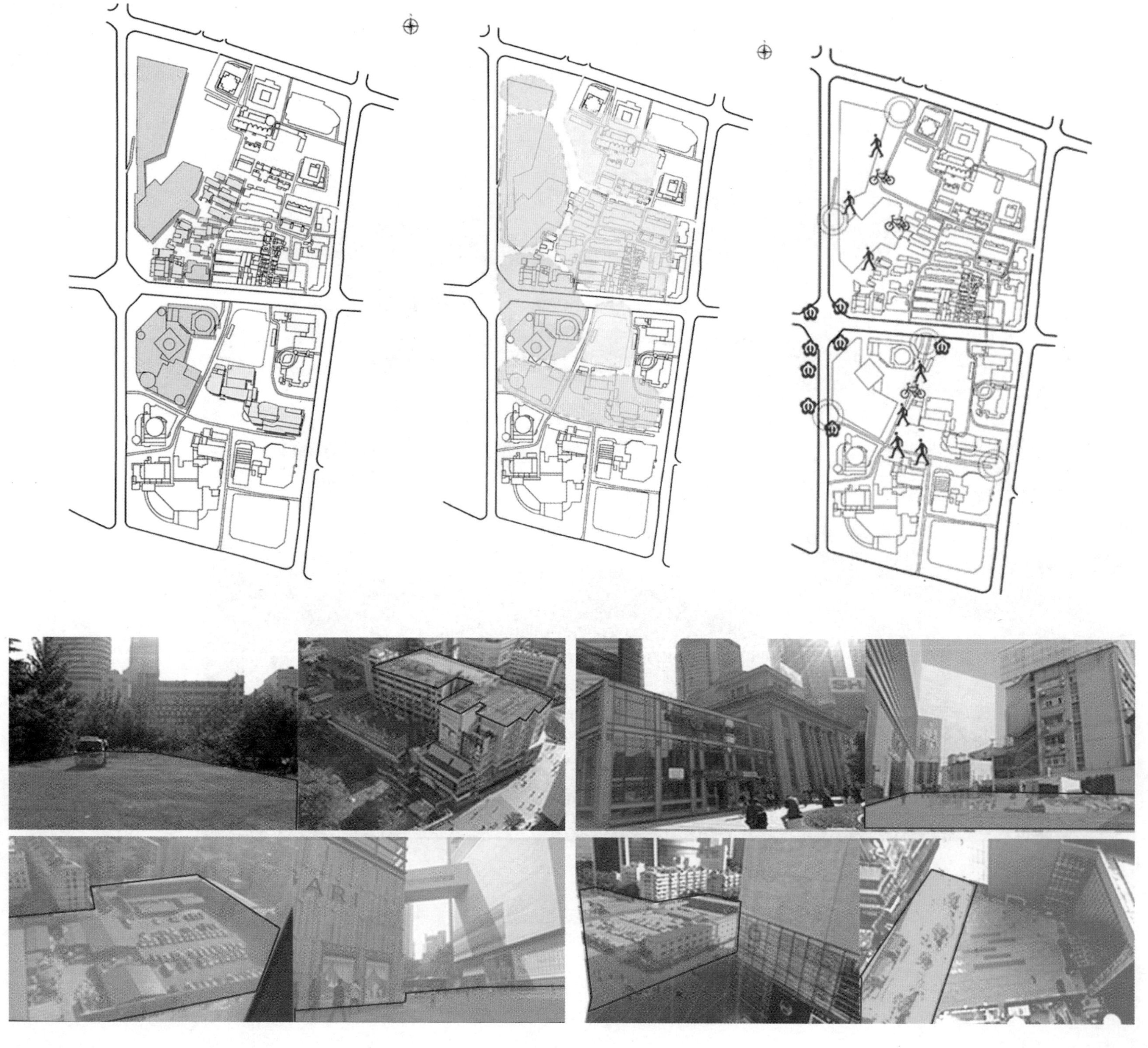

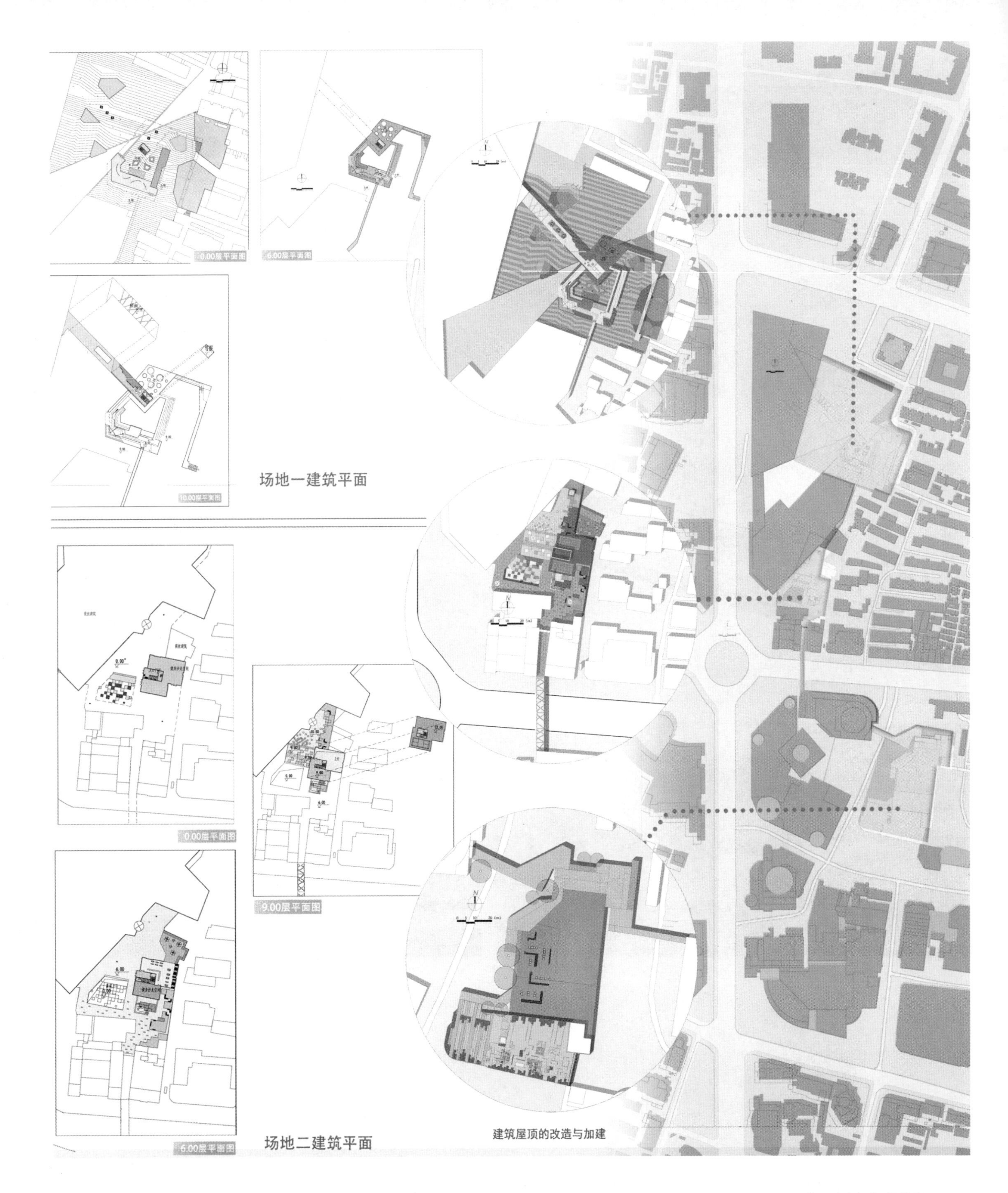
0.00层平面图
-6.00层平面图
10.00层平面图
场地一建筑平面
0.00层平面图
9.00层平面图
6.00层平面图
场地二建筑平面
建筑屋顶的改造与加建

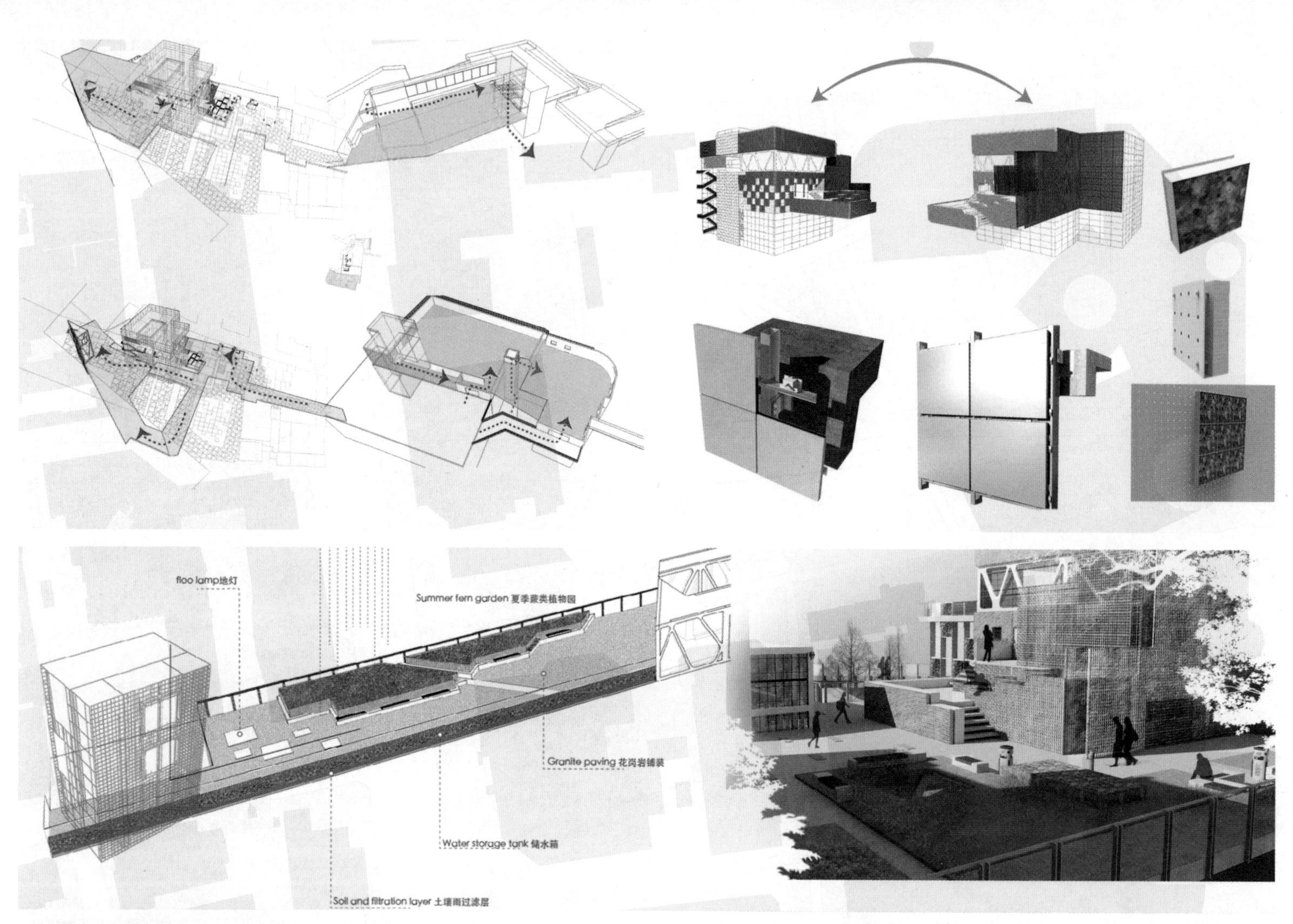
floo lamp地灯
Summer fern garden 夏季蕨类植物园
Granite paving 花岗岩铺装
Water storage tank 储水箱
Soil and filtration layer 土壤雨过滤层

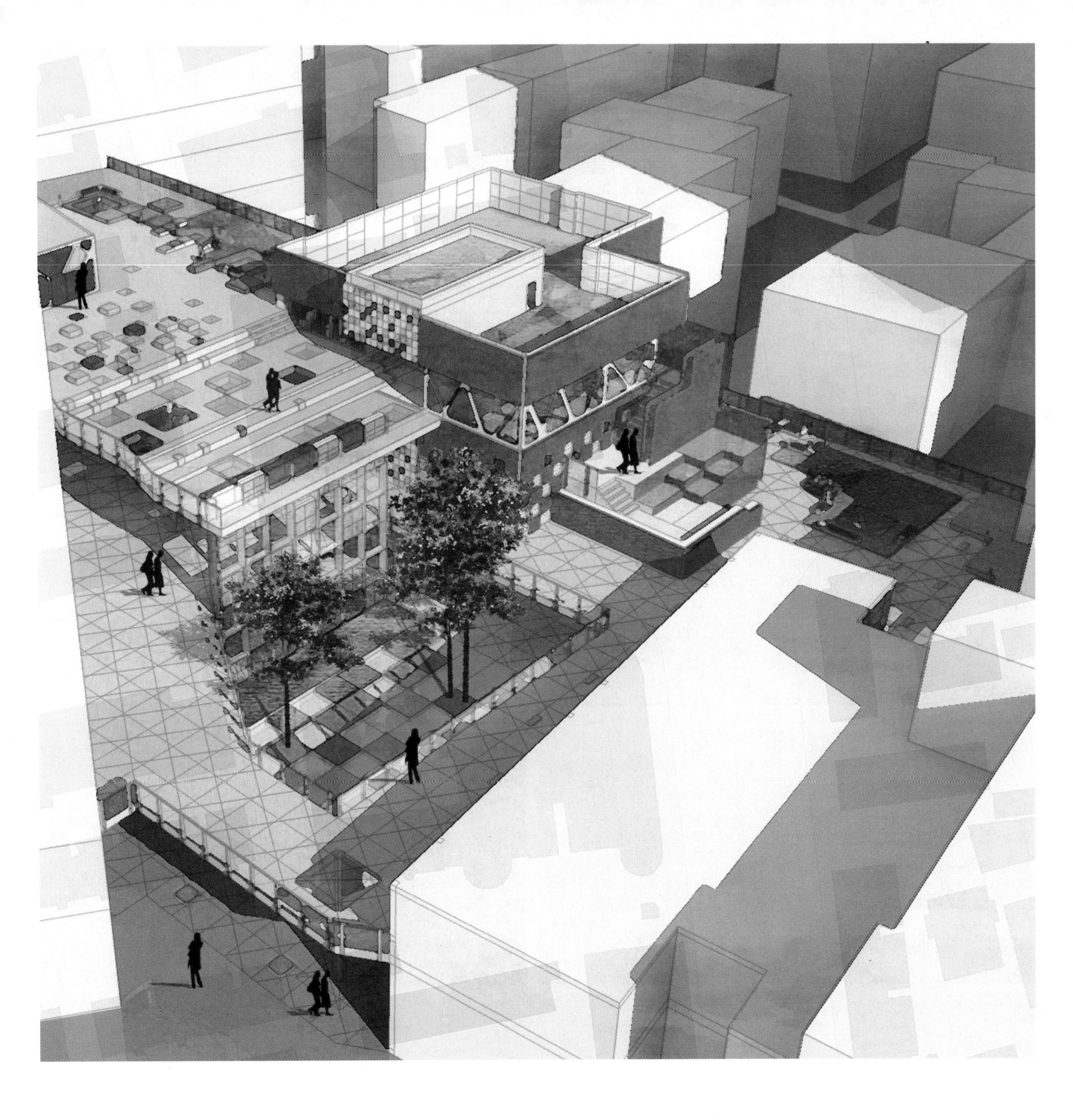

# 花椒树下的思念

院校 西安建筑科技大学

作者 余全红 钱骏祥 张茜 史雯斓 栗笑寒

指导教师 张蔚萍

Now,the cold embrace and thin arms
Our home was destroyed by nature
Everything was gone


— 景观

## Drainage Diagram

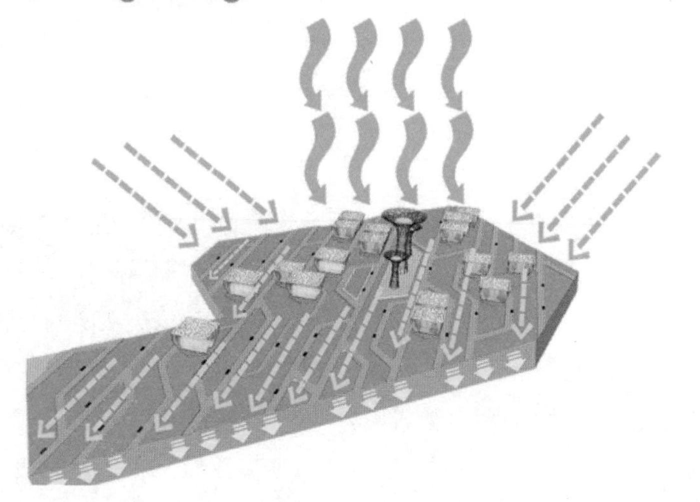

## Emergency field

# 旧城小事—重庆旧街区(二府衙)恢复与再生

**院　校**　四川美术学院
**作　者**　李尤尤　石银磊
**指导教师**　王葆华

便捷景观装置：
Convenient landscape device

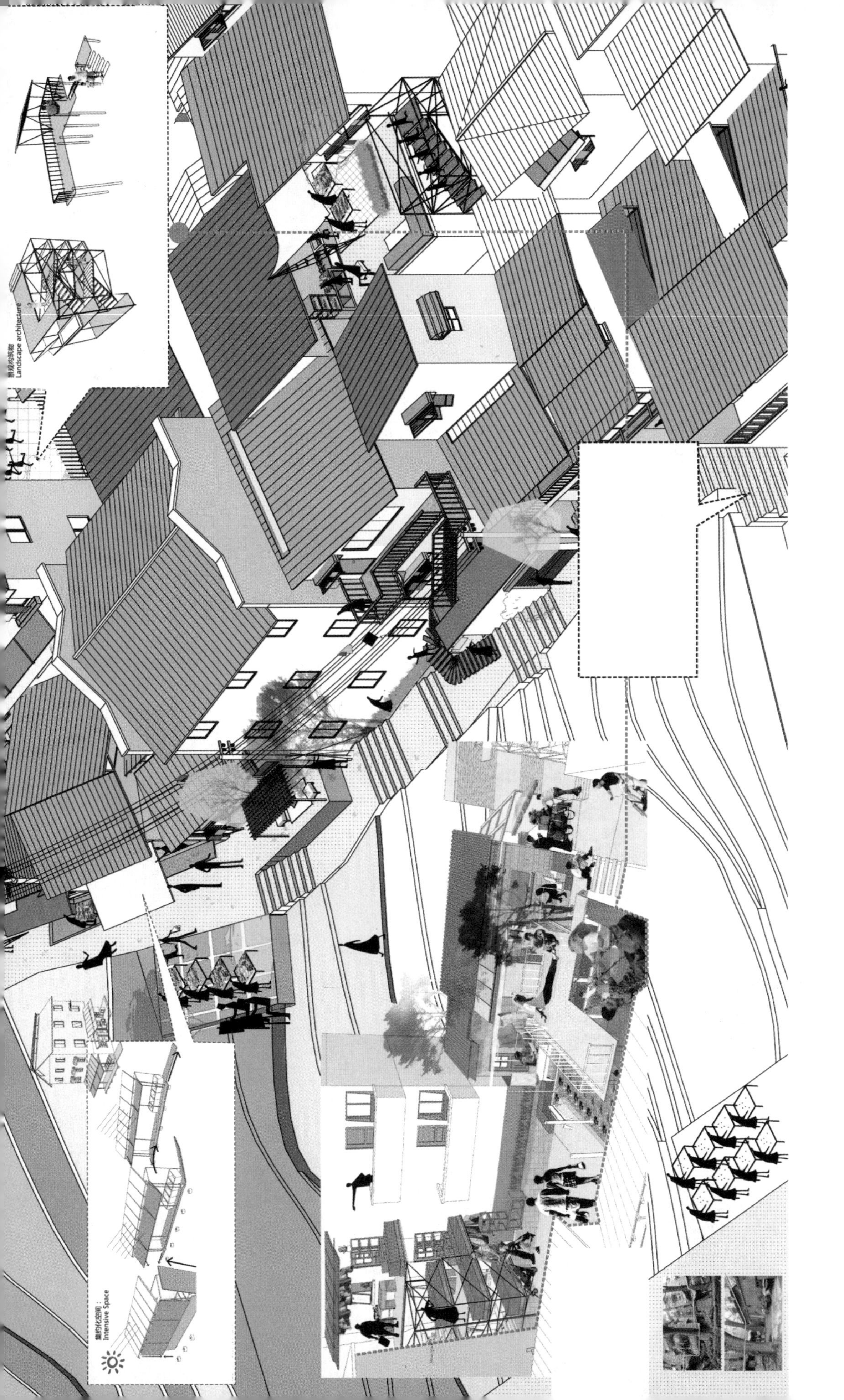
景观构筑物
Landscape architecture
集约化空间：
Intensive Space

建筑主导的交互空间
小尺度交互空间
区域对外交互空间
山城特色交互空间

奶奶腌制的
蔬菜熟了。
庭院效果

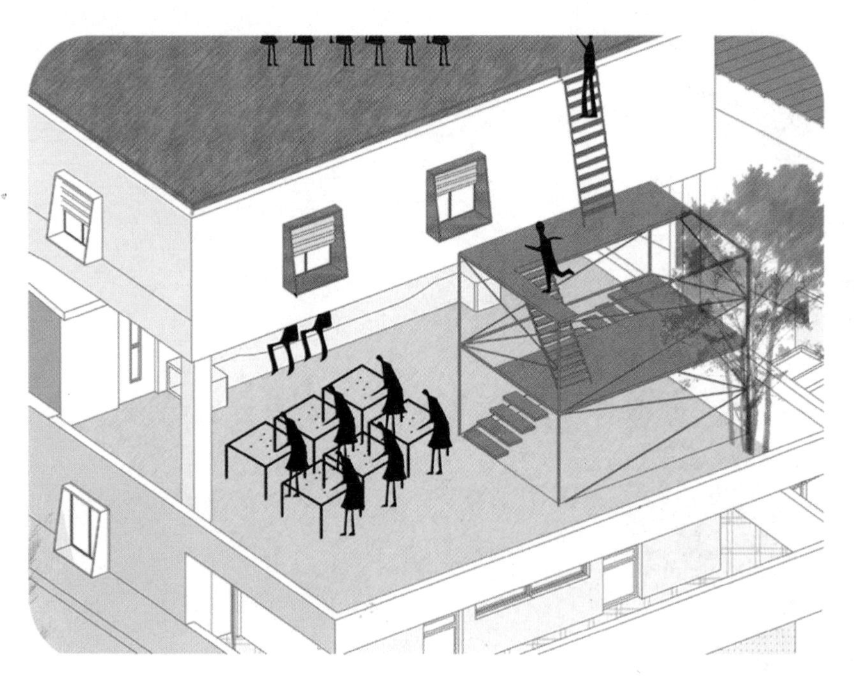

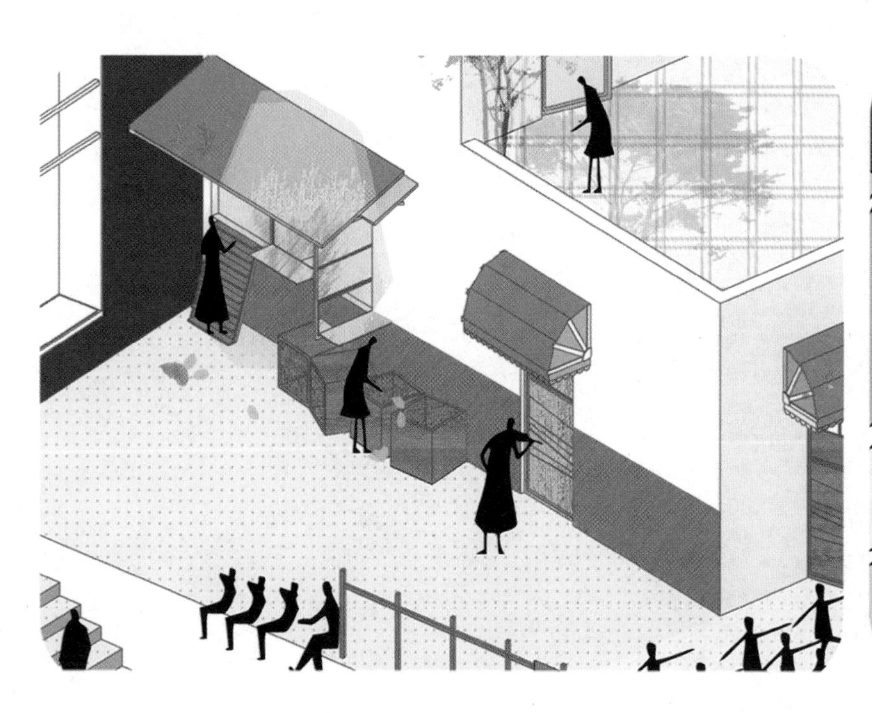

# 广州石围塘火车站遗址公园景观再生设计方案

**院　校**　广东工业大学
**作　者**　何奇隆　司徒尚孚
**指导教师**　钟虹滨

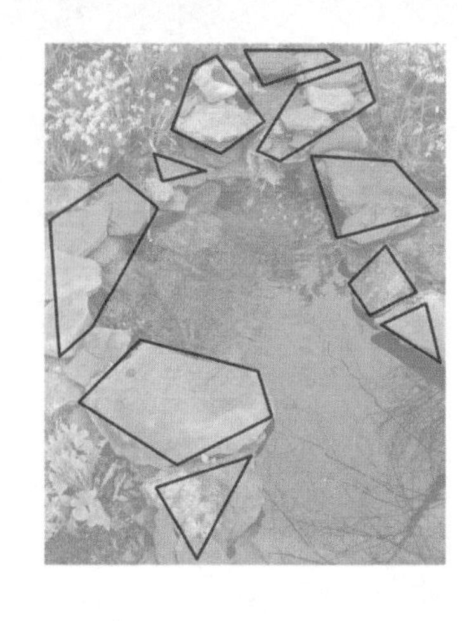

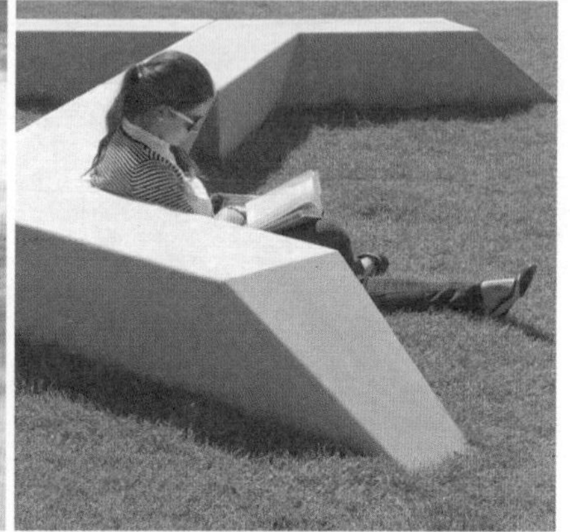

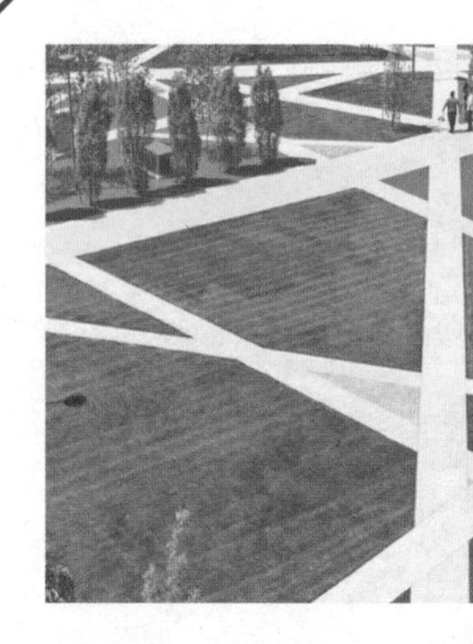
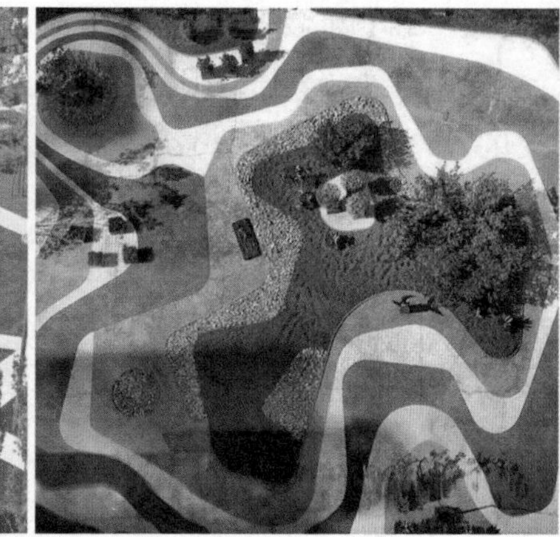

X9000
9000

N
5 15 30 50m
1
2
3
4
5
6
7
8
9
10
11
12
13
14
15
16
17
18

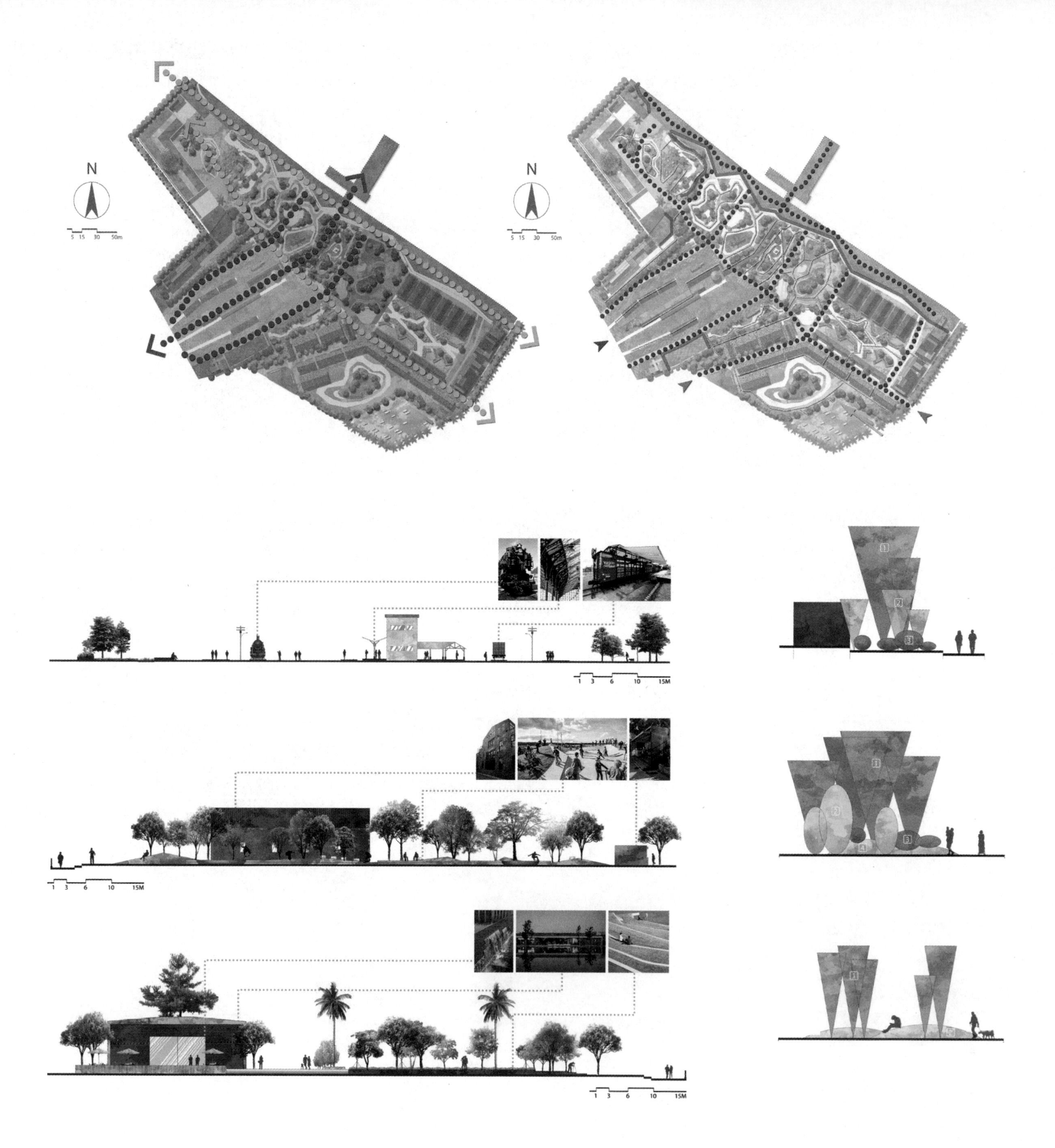
N
5 15 30 50m
N
5 15 30 50m
1 3 6 10 15M
1 3 6 10 15M
1 3 6 10 15M

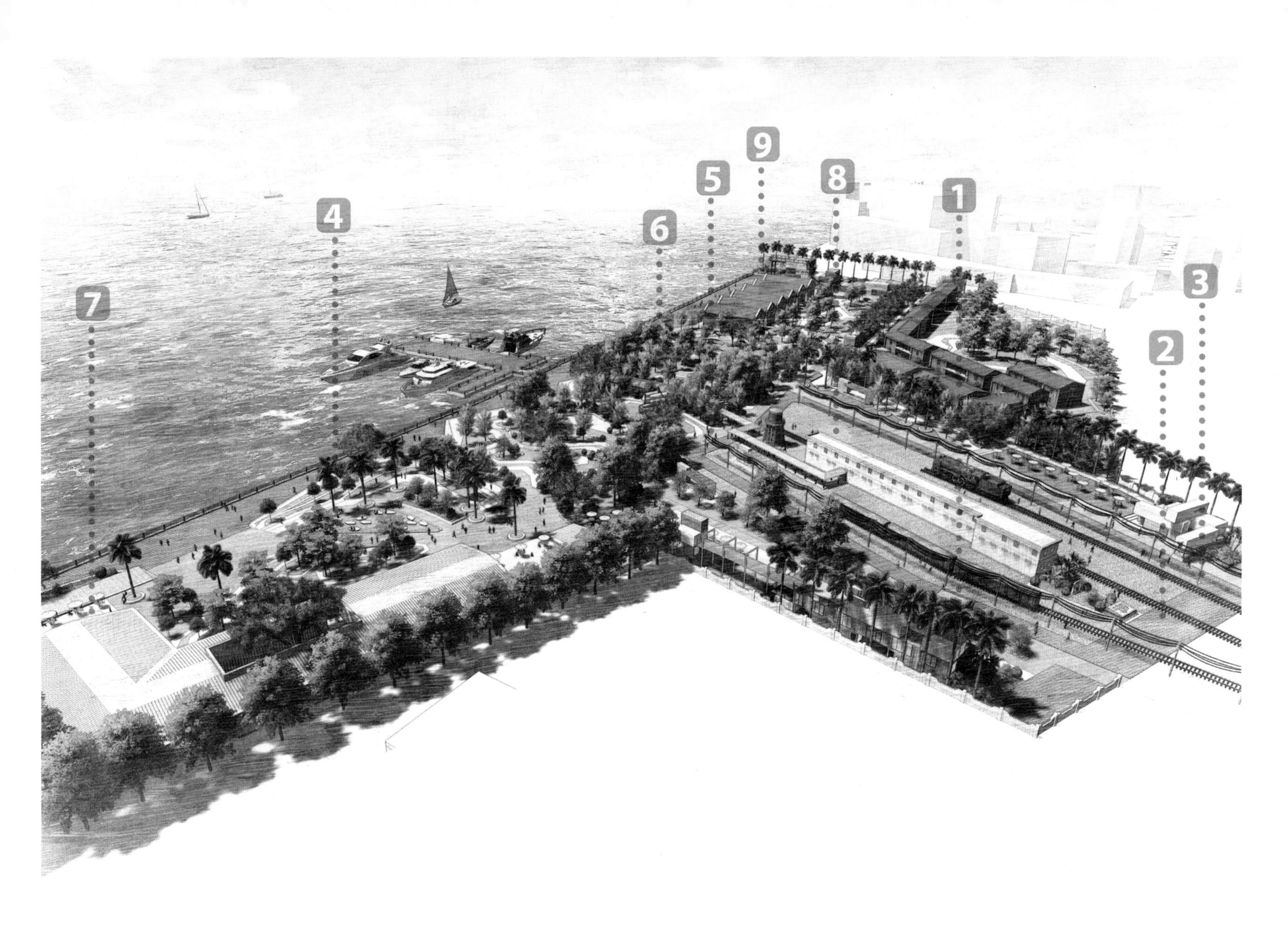
9
5
8
1
4
6
3
7
2

1

2

3

4

5

6

7

8

9

# 质—璞——蔡甸区军山街规划改造设计

院　校　湖北美术学院
作　者　叶林娜　周齐　谭璐　李焕安　王伟超　王广
指导教师　韩巍　姚翔翔



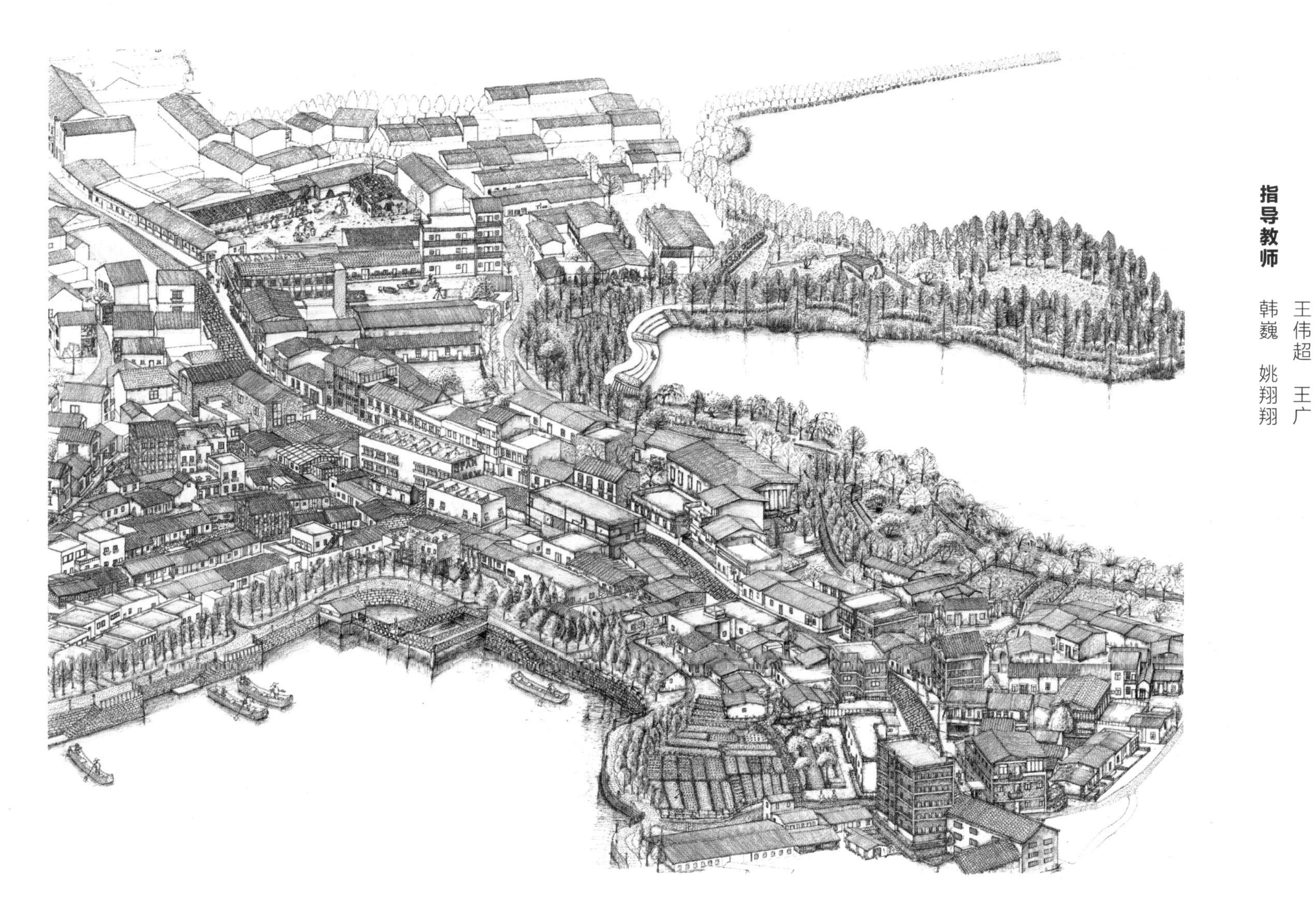

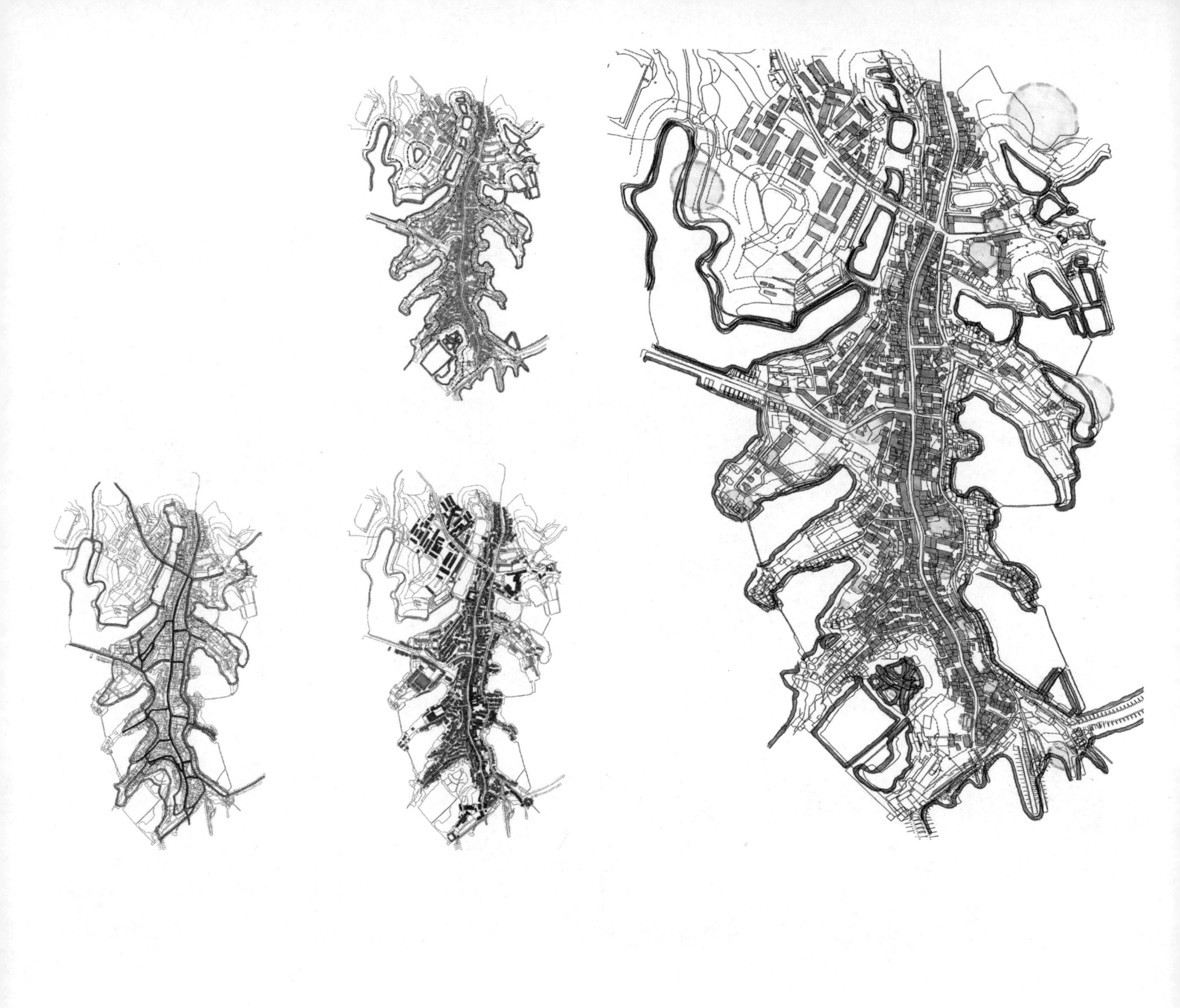

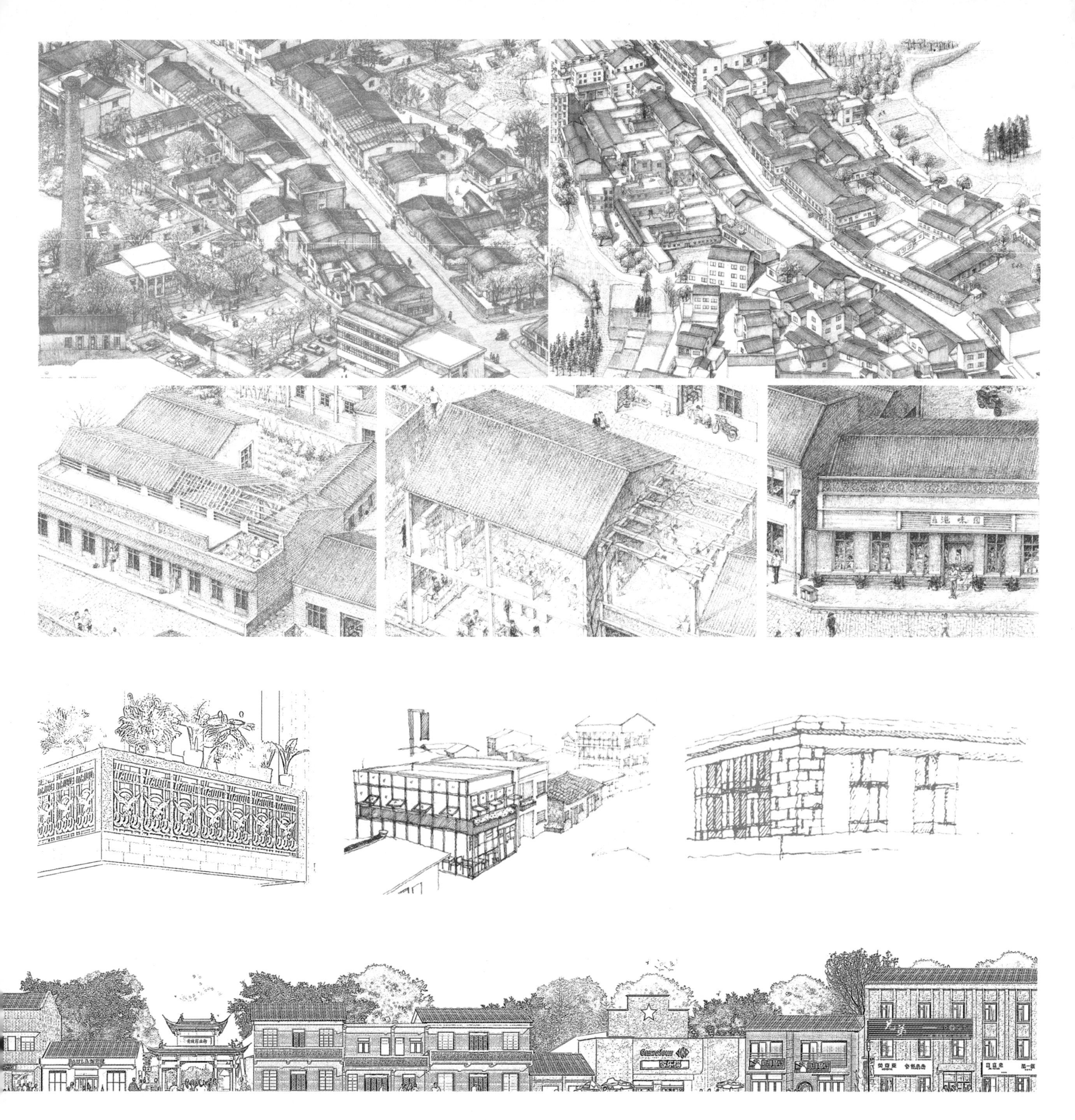
PAULANER
Carrefour
家乐福

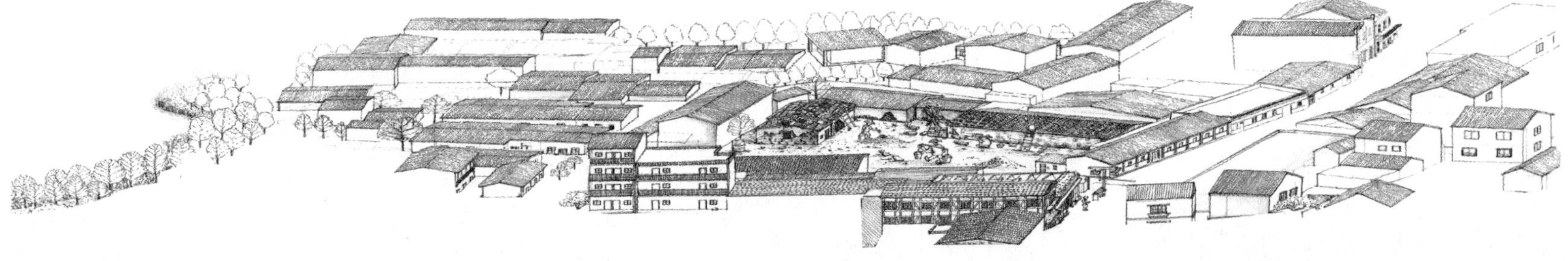

**设计说明：**

根据军山镇未来的发展方向和所承担的城市职能，欲打造一个慢生活的休闲空间。

出于对军山镇的历史文化和建筑风格的研究，想主要利用旧房进行改造设计。

我描绘的场景主要表现一种半农村半城市的生活氛围，有餐厅、旅馆、咖啡厅、茶馆、民宅和院子的生活场景。

这是一间厂房，大面积的空间用做咖啡厅，里面结构有所改造；窗户调低，墙面分层，做出材料机理的效果。

军山街当地有很多废弃的预制板，可以利用旧物改造或者就地取材利用水泥钢筋制作这种墙面装饰，不仅能加固墙面，而且环保。在洞孔之内种植绿萝，绿萝不仅易培植，而且能吸收空气中的苯、三氯乙烯、甲醛等有毒气体，不仅能起到净化空气的作用而且能装饰墙面，可以弥补军山街绿化面积少的劣势，是功能与形式的完美结合。

经过对当地的考察调研发现在缺乏规划的军山街缺少尺度感。街道风貌代表这小镇风貌，反应着小镇的文化、精神和经济特色，是小镇的形象代表。车行和人行的分流可以使拥挤的街道变舒适安全。我们的理念是使街道生动有趣，空间分布合理，基础设施完善，符合人的活动尺度。在视觉上还原军山街原有风貌，在尺度上更加人性化。

军山四周环水，水资源丰富，根据这一特点，四周沿岸种植水杉、芦苇等水生植物，陆地种植樟树、柳树等观赏性较强的树。在过去，军山街沿水岸都是码头，根据这一文化特征，沿岸放置小船供人们休憩赏景，让人们的生活节奏慢下来。

# 以石入画——天津市蓟县渔阳镇西井峪村景观设计

院　校　天津大学建筑学院
作　者　董小雨
指导教师　韩巍　姚翔翔



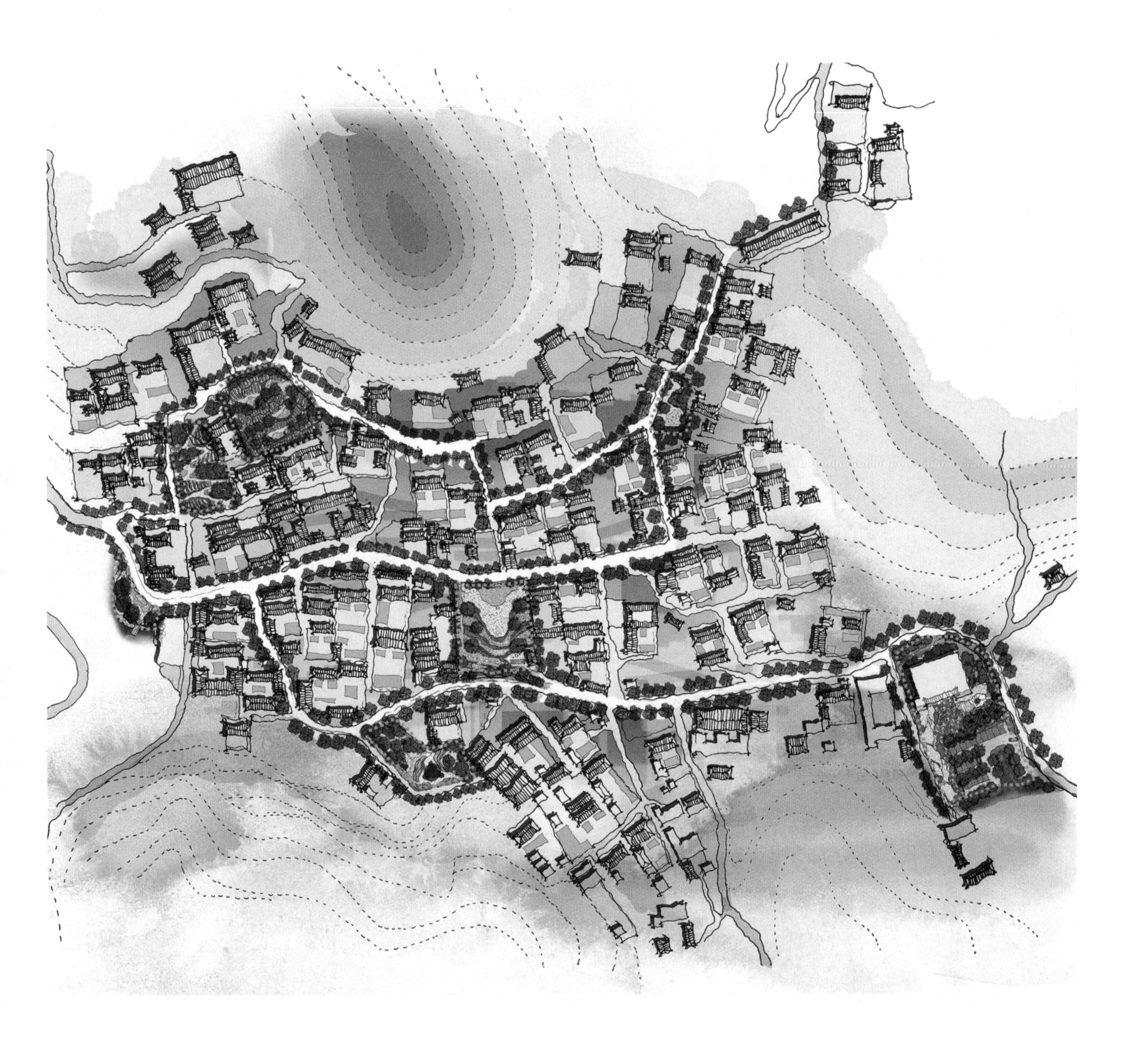

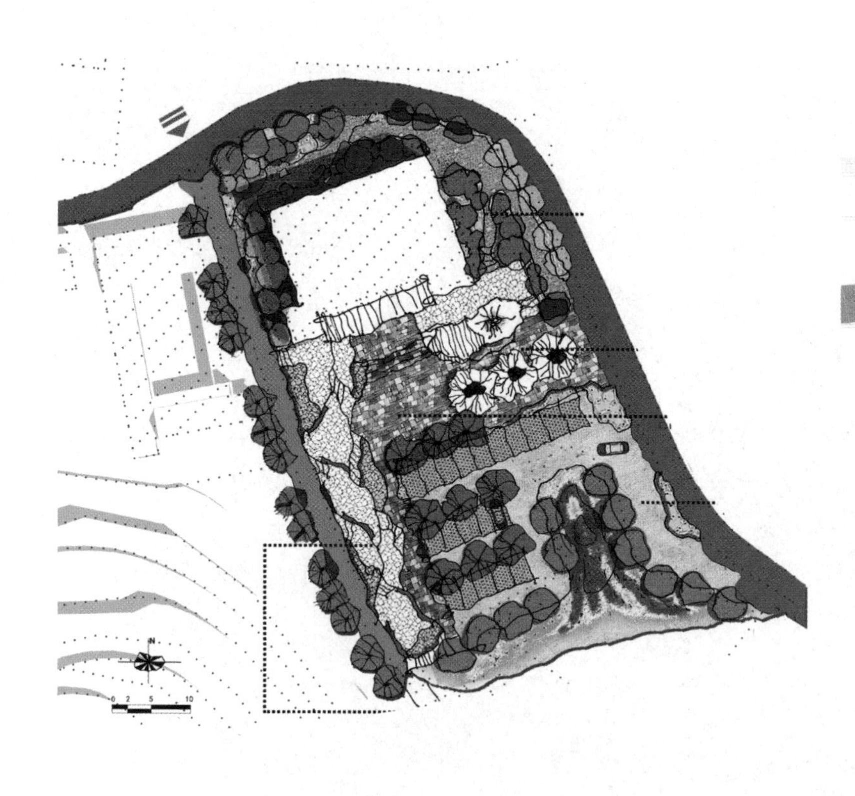

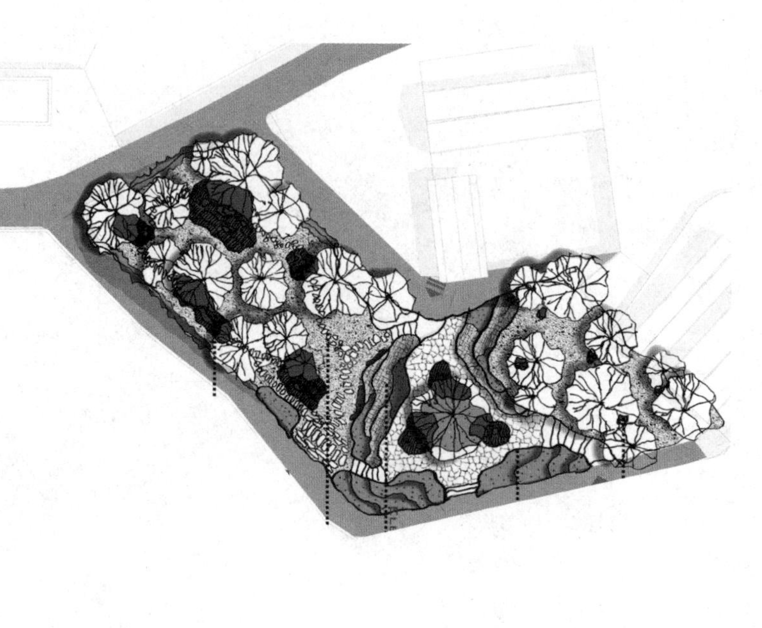

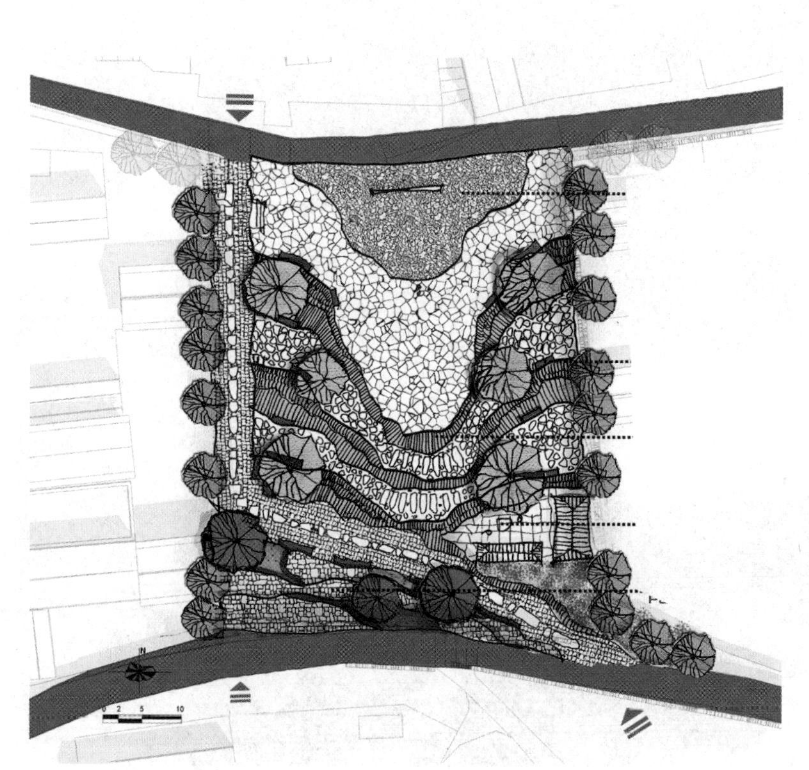

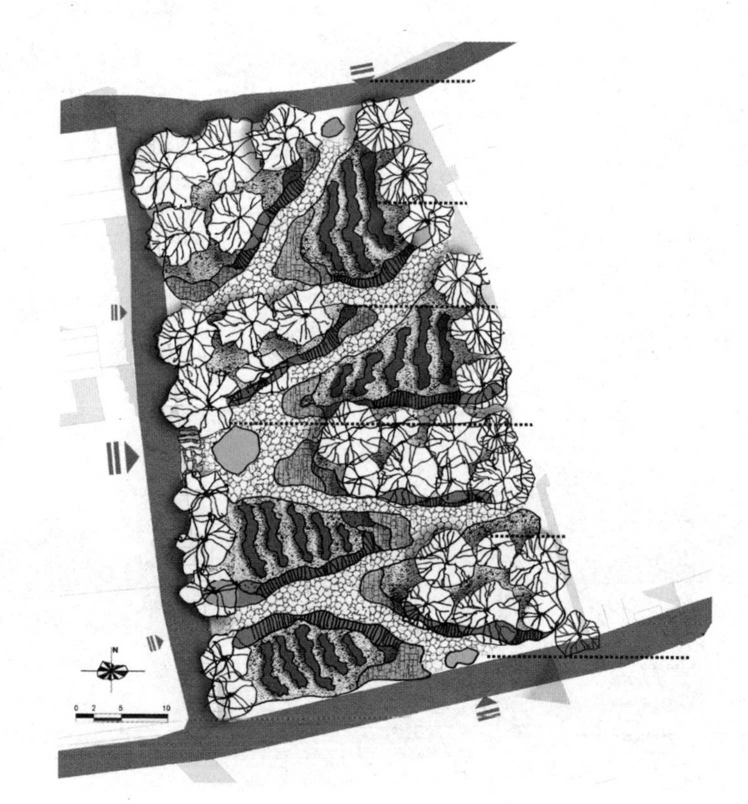

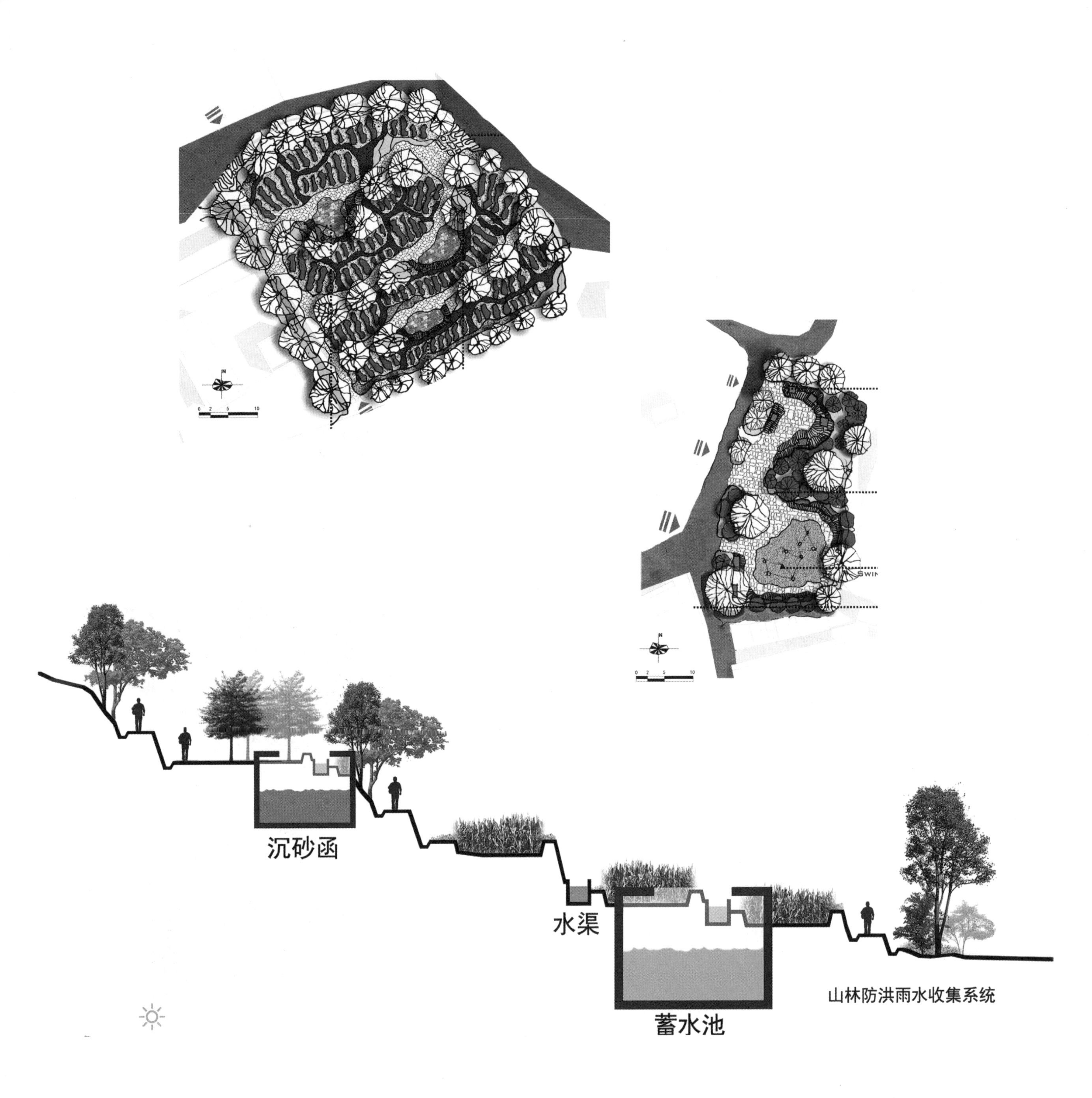
沉砂函
水渠
蓄水池
山林防洪雨水收集系统

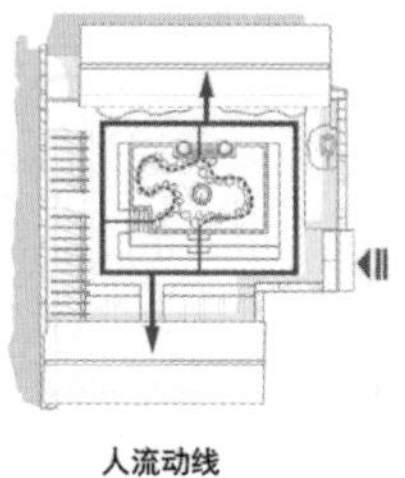
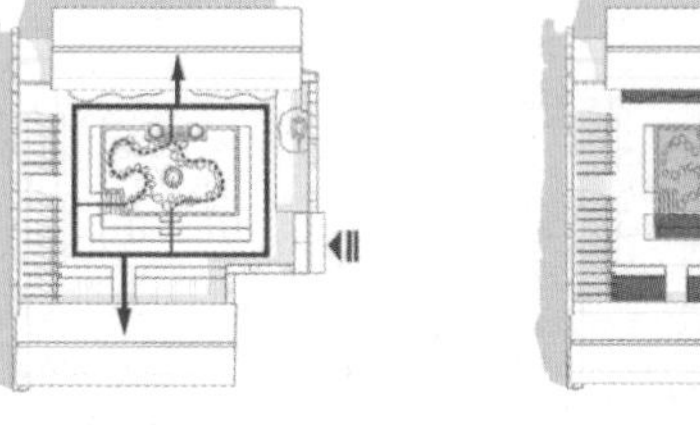

人流动线

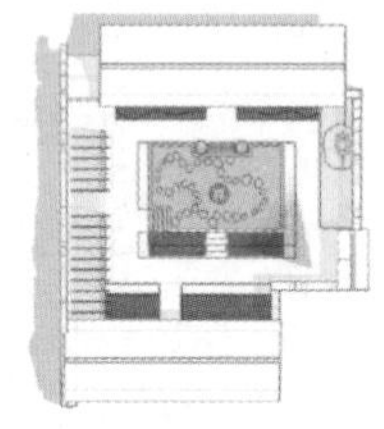

种植-活动功能分区

二合院围绕中心果木种植池呈回字形布局，人流动线为双回路，南北向各连通正厅与厢房。

中心果木种植区南向光照充分，种植常食蔬菜，西侧为植栽廊架，种植黄瓜等攀爬类蔬菜，廊架下形成的荫凉空间可作为夏季纳凉的场所，东侧通风与光照情况良好，设置浣洗晾晒区。

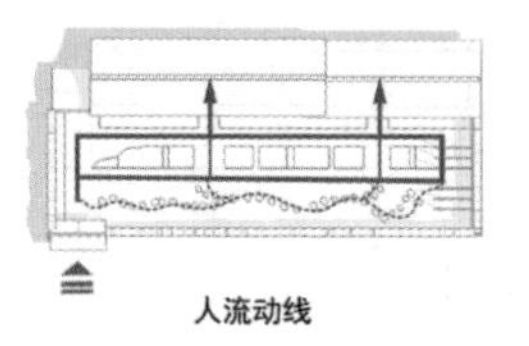

人流动线

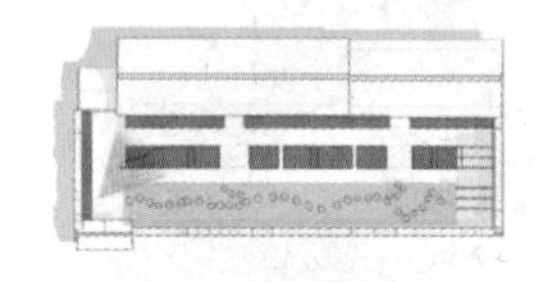

种植-活动功能分区

一字院顺应房屋的走向，整个庭院景观呈线性布局，充分利用空间，转化消极空间为积极空间。

贴近房屋处利用率较高，种植常食用的蔬菜便于照料与采摘，中间层次种植无需精心照料的蔬菜，间隔种植乡野花卉装点，不同品种之间起到防病虫害的作用。

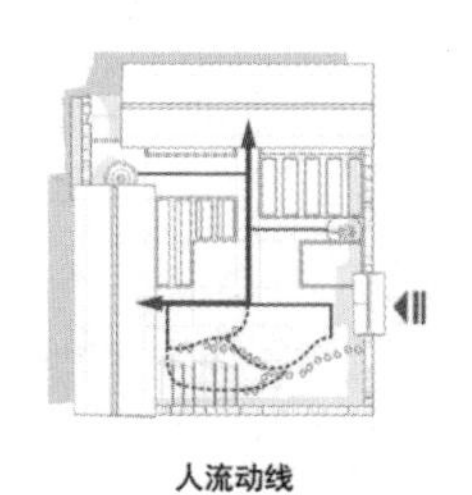

人流动线

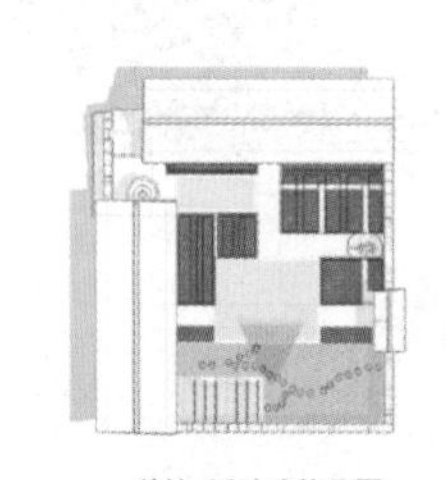

种植-活动功能分区

L形院主要流线遵循房屋布局呈L形，便于快速通向室内，次要流线为院落内活动流线，分别通向南侧主厅旁的储藏空间与菜园中间的水井与晾晒空间。中心为主要活动空间，包括对园内蔬菜果树的采摘捡拾，晾晒储存。

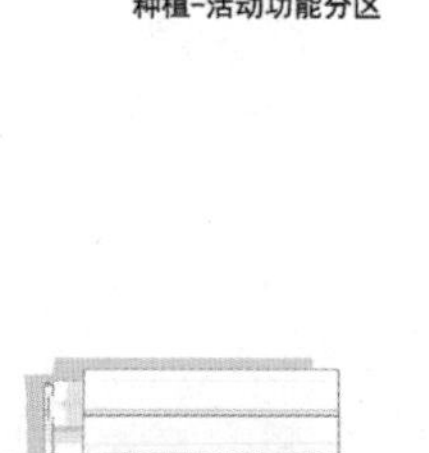

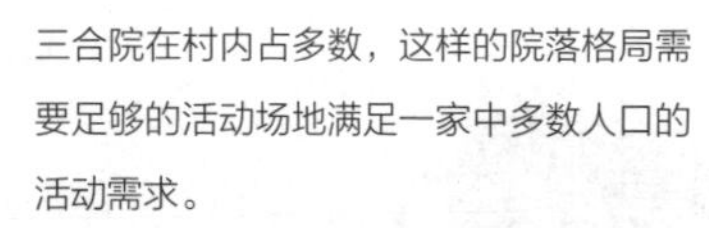

人流动线

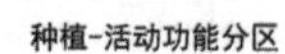

种植-活动功能分区

三合院在村内占多数，这样的院落格局需要足够的活动场地满足一家中多数人口的活动需求。

院中除主厅室与南侧的果树种植区环绕种植蔬菜外，东西两侧厢房均带一个活动空地，以村中块石铺地，上方设置风雨棚，选材为村中常见的高粱与玉米秸秆，达到生态再利用的目的。

# 归耕，归耕——重庆肖家沟老旧居民区中废弃地再利用

院　校　四川美术学院
作　者　谭斐月　张可人
指导教师　廖启鹏

景　观

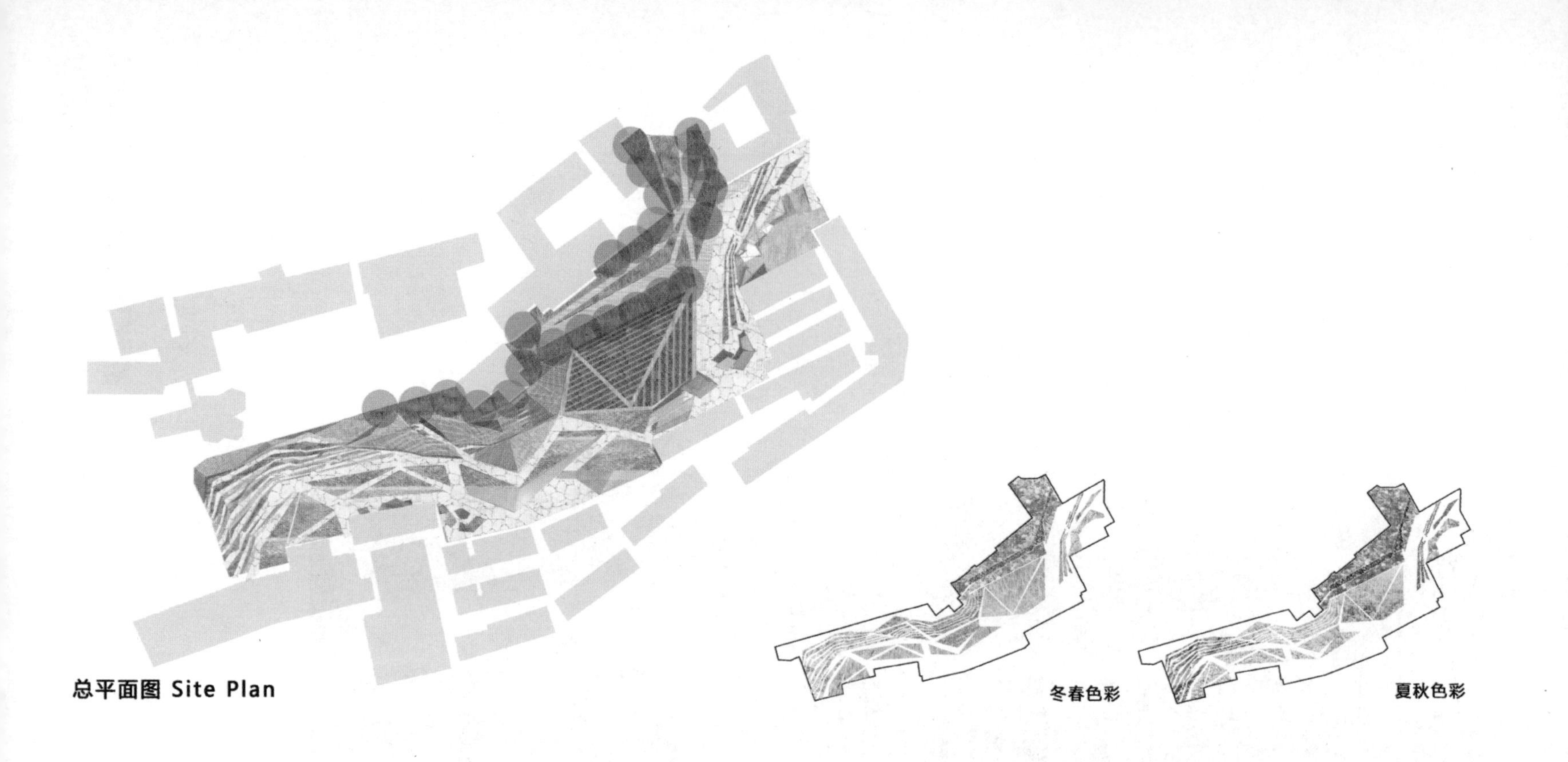


**总平面图 Site Plan**

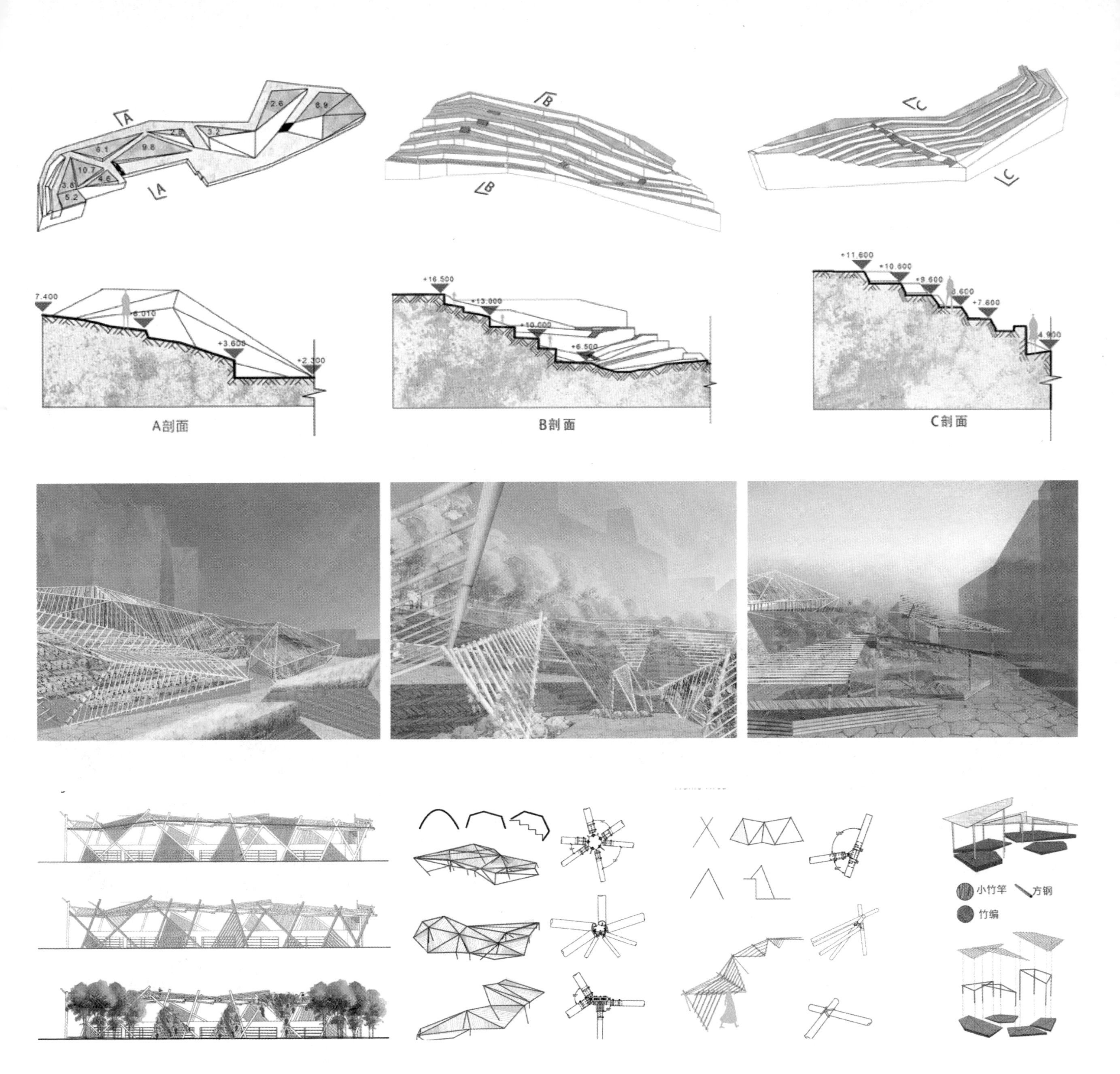
2.6
8.9
6.1
9.8
2.8
3.2
10.7
4.6
3.8
5.2
A
A
B
B
C
C
7.400
6.010
+3.600
+2.300
+16.500
+13.000
+10.000
+6.500
+11.600
+10.600
+9.600
8.600
+7.600
4.900
A剖面
B剖面
C剖面
小竹竿
方钢
竹编

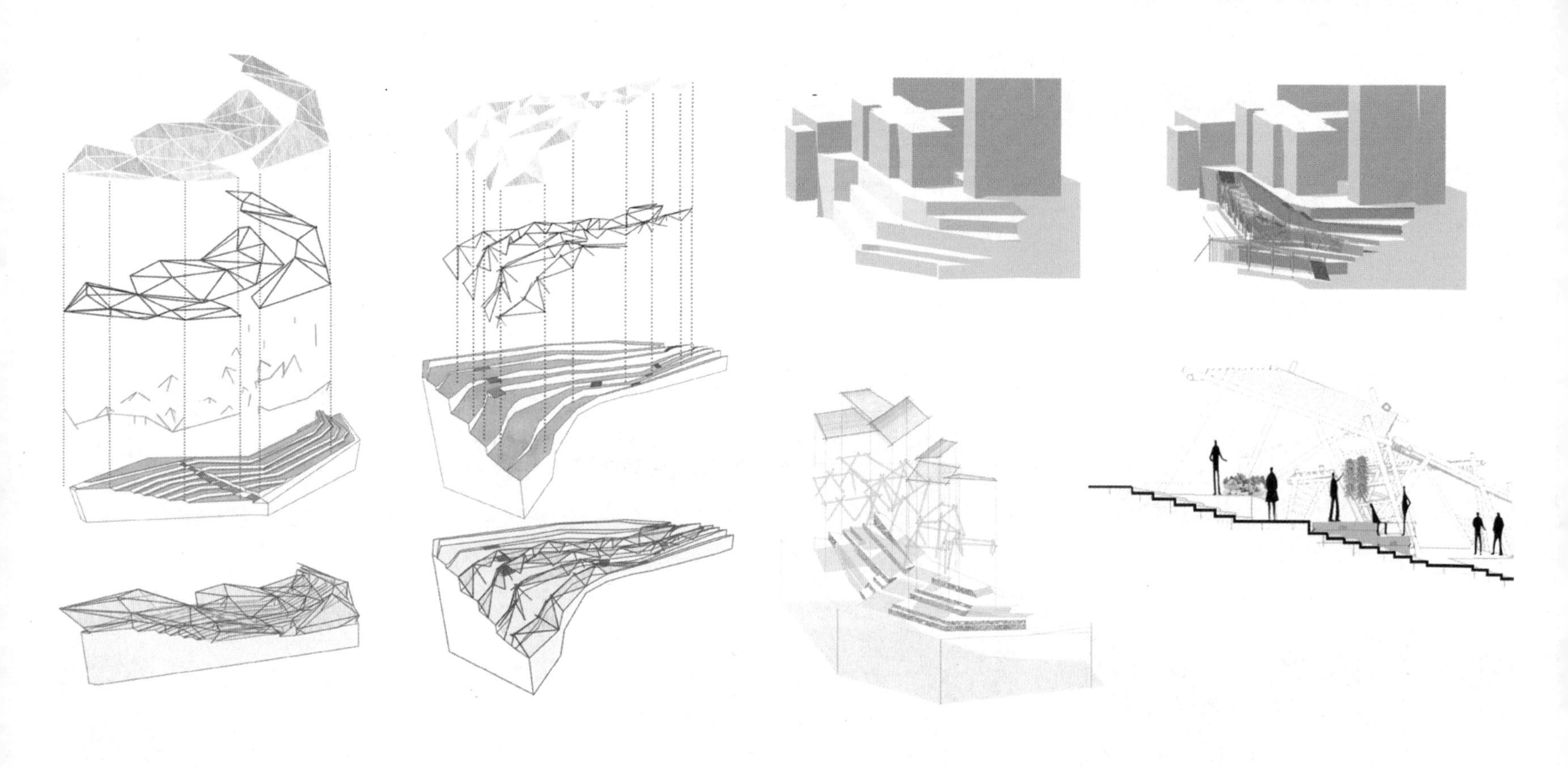

集市

山地蔬菜大棚
大田
育苗温室
+24.500
+5.000
±0.000
蔬菜大棚区
大田作物区
育苗温室区
户前休息区

1-1剖面

## 地形与构架的结合

+23.000
+5.000
+2.000

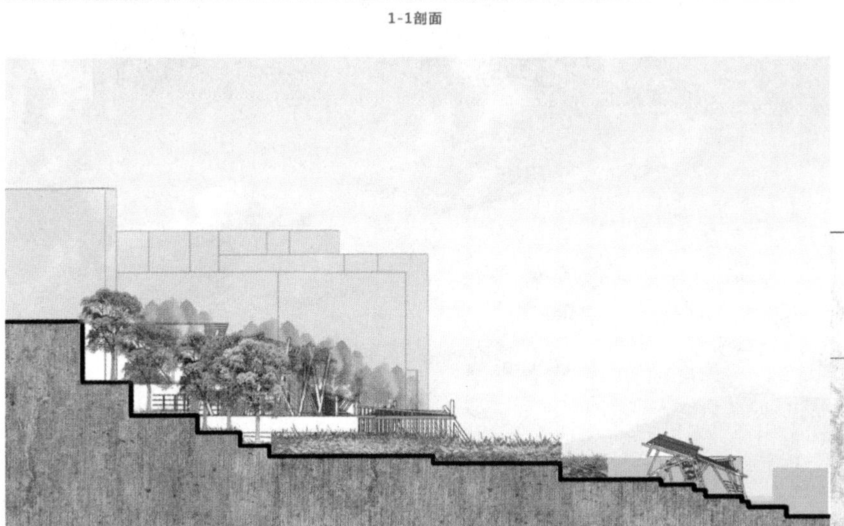

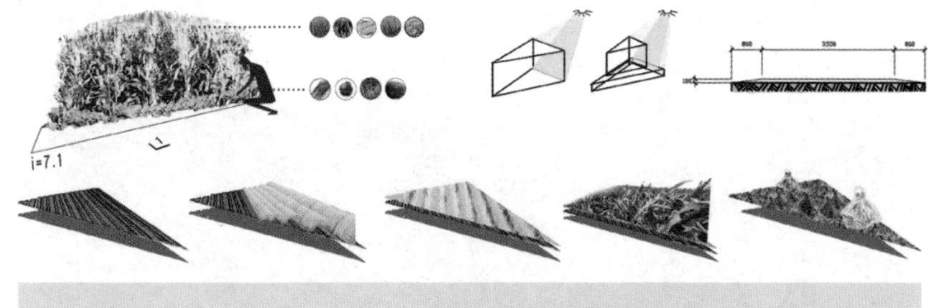


## 人群与种植

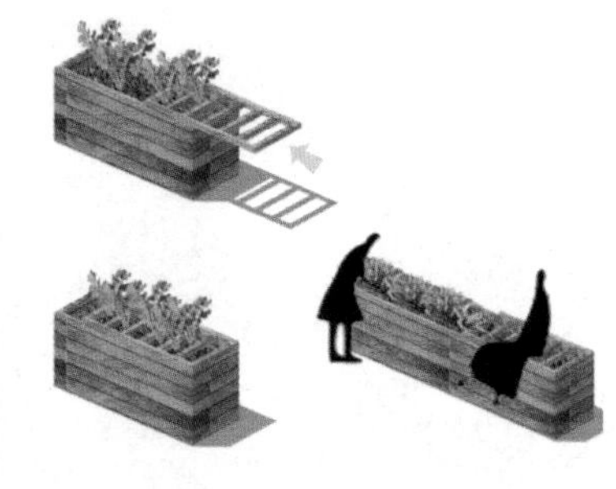

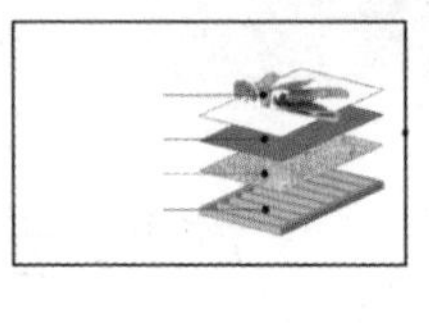

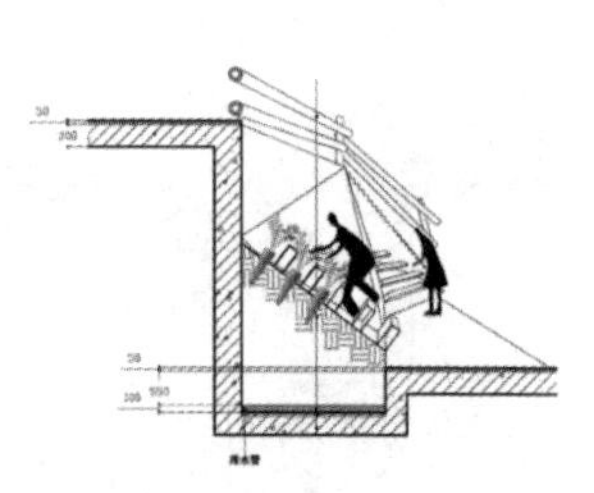

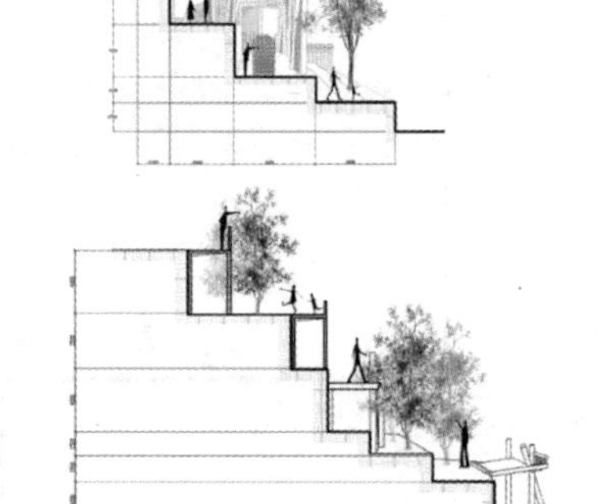

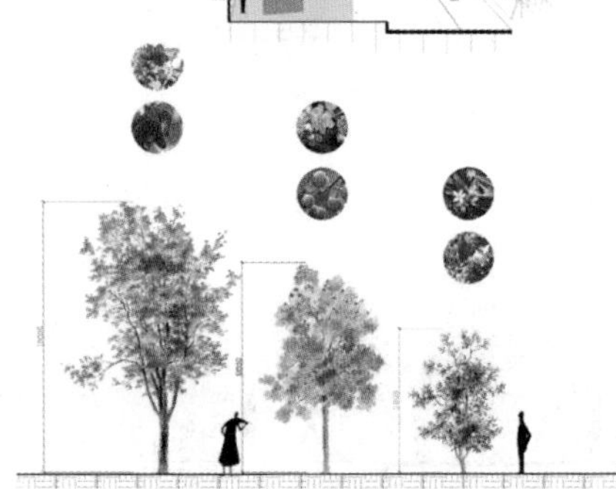

儿童自然实践区
Children Activity
Area

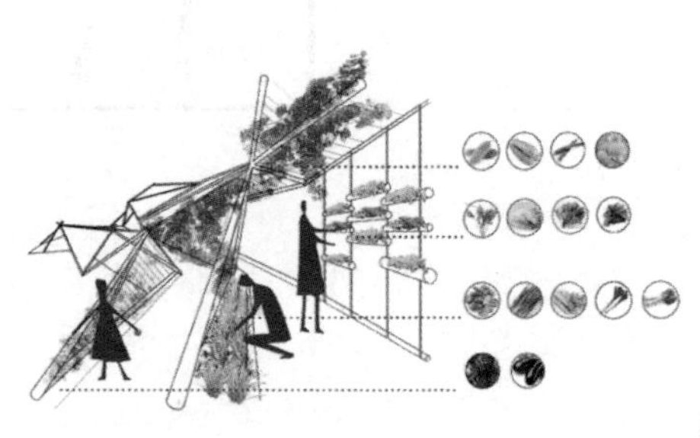

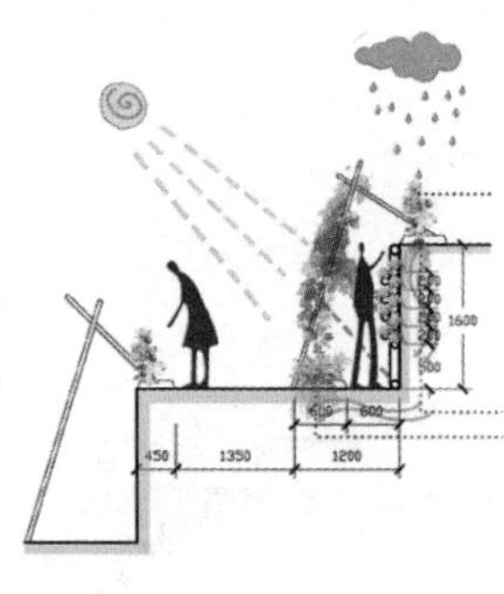


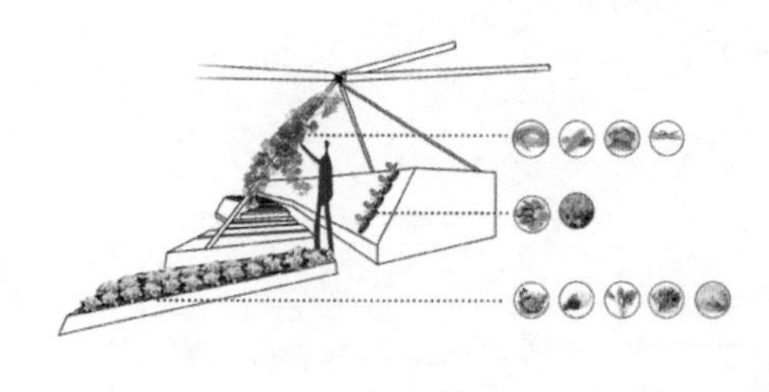

# 搭膳主题自助餐厅设计

院　校　江南大学设计学院
作　者　张露文
指导教师　姬琳

# 小时代——青年专属微居室设计

院　校　四川美术学院
作　者　马旭　张芸燕
指导教师　龙国跃

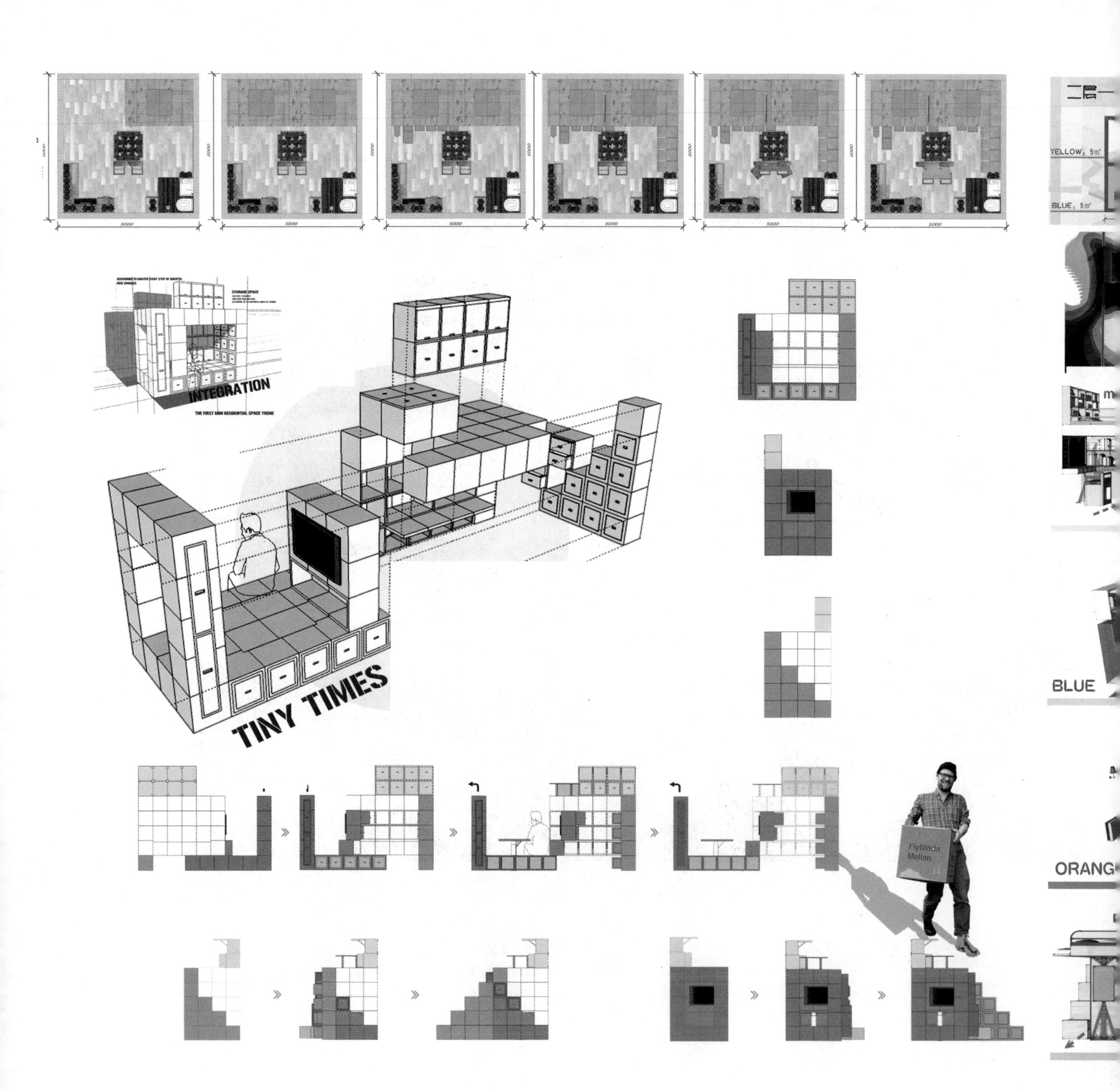

5000
INTEGRATION
THE FIRST MINI RESIDENTIAL SPACE THEME
STORAGE SPACE
TINY TIMES
Flyttlåda
Mellan
YELLOW, 5㎡
BLUE, 5㎡
BLUE
ORANG

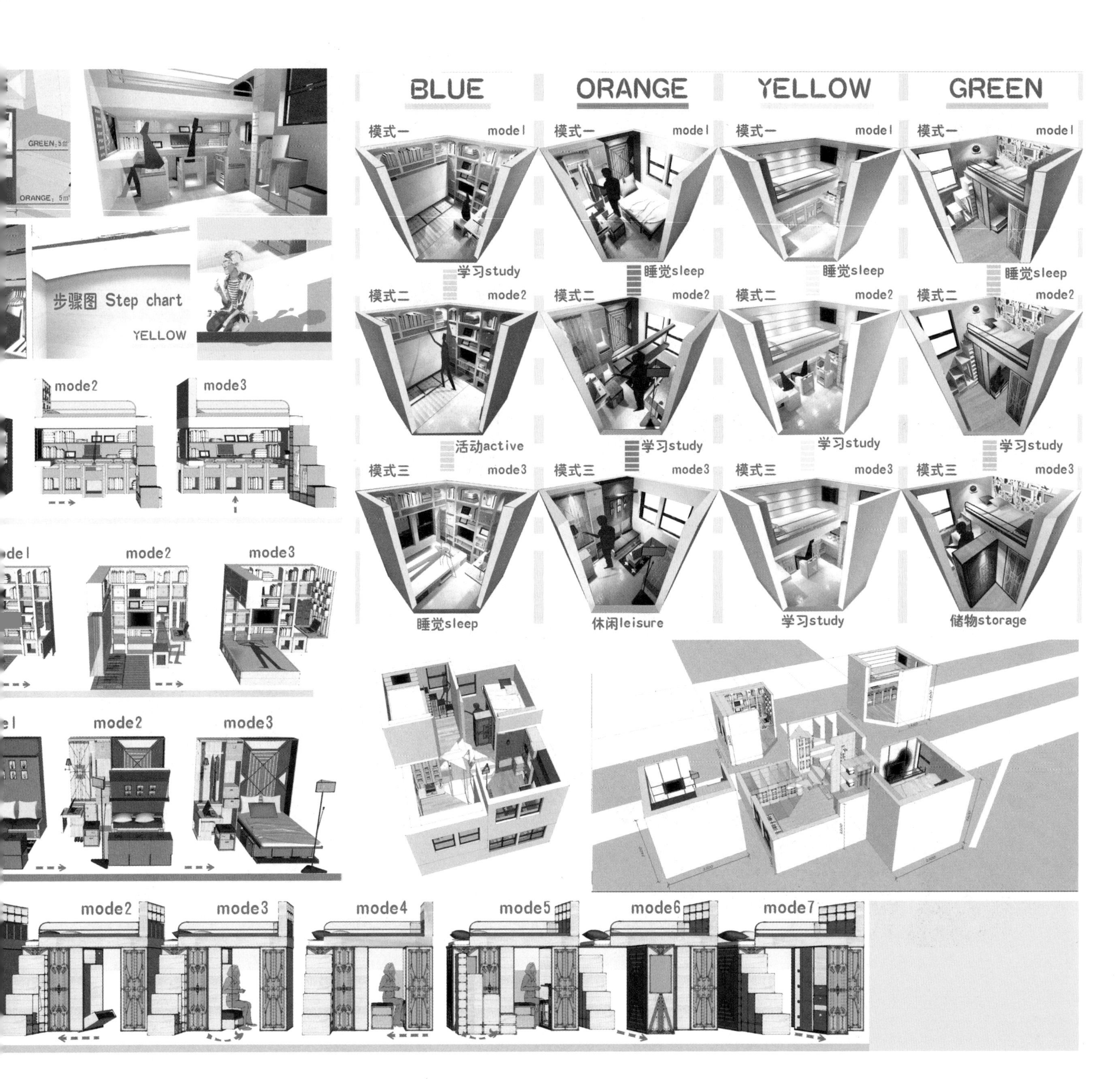
GREEN：5㎡
ORANGE：5㎡
步骤图 Step chart
YELLOW
mode2
mode3
mode2
mode3
mode2
mode3
BLUE
ORANGE
YELLOW
GREEN
模式一
mode1
学习study
睡觉sleep
睡觉sleep
睡觉sleep
模式二
mode2
活动active
学习study
学习study
学习study
模式三
mode3
睡觉sleep
休闲leisure
学习study
储物storage
mode2
mode3
mode4
mode5
mode6
mode7

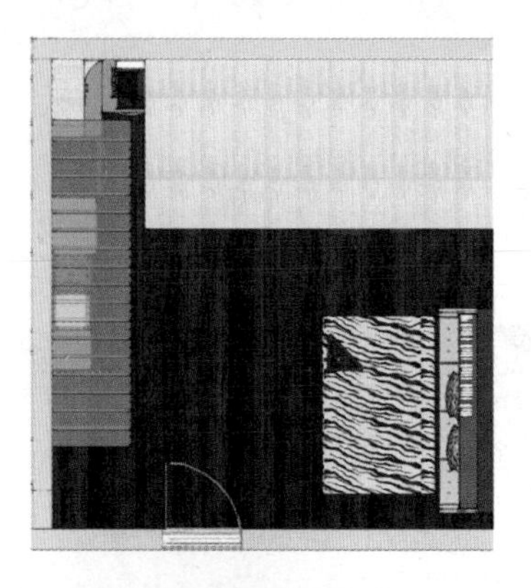

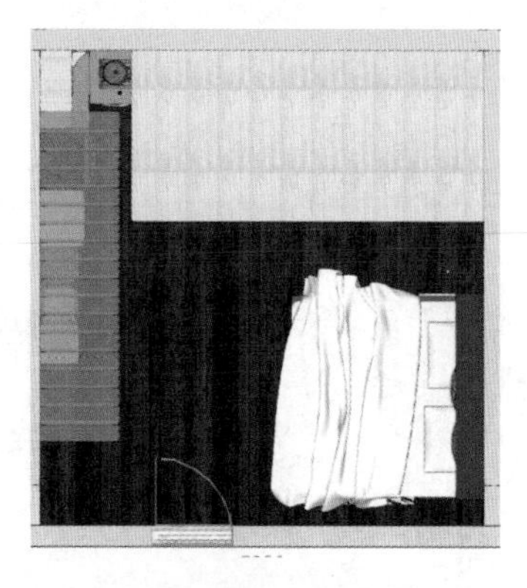

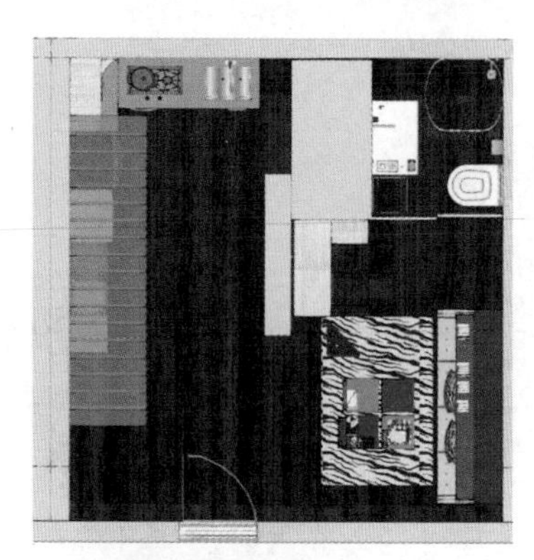

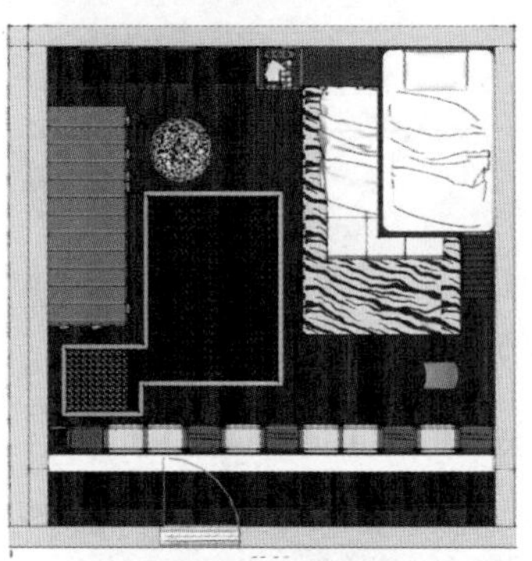

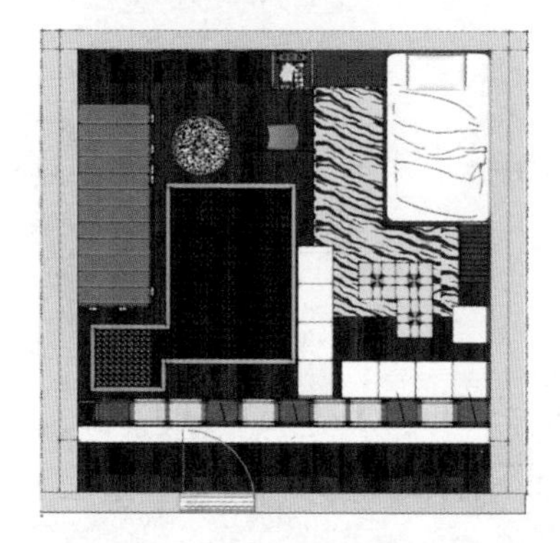

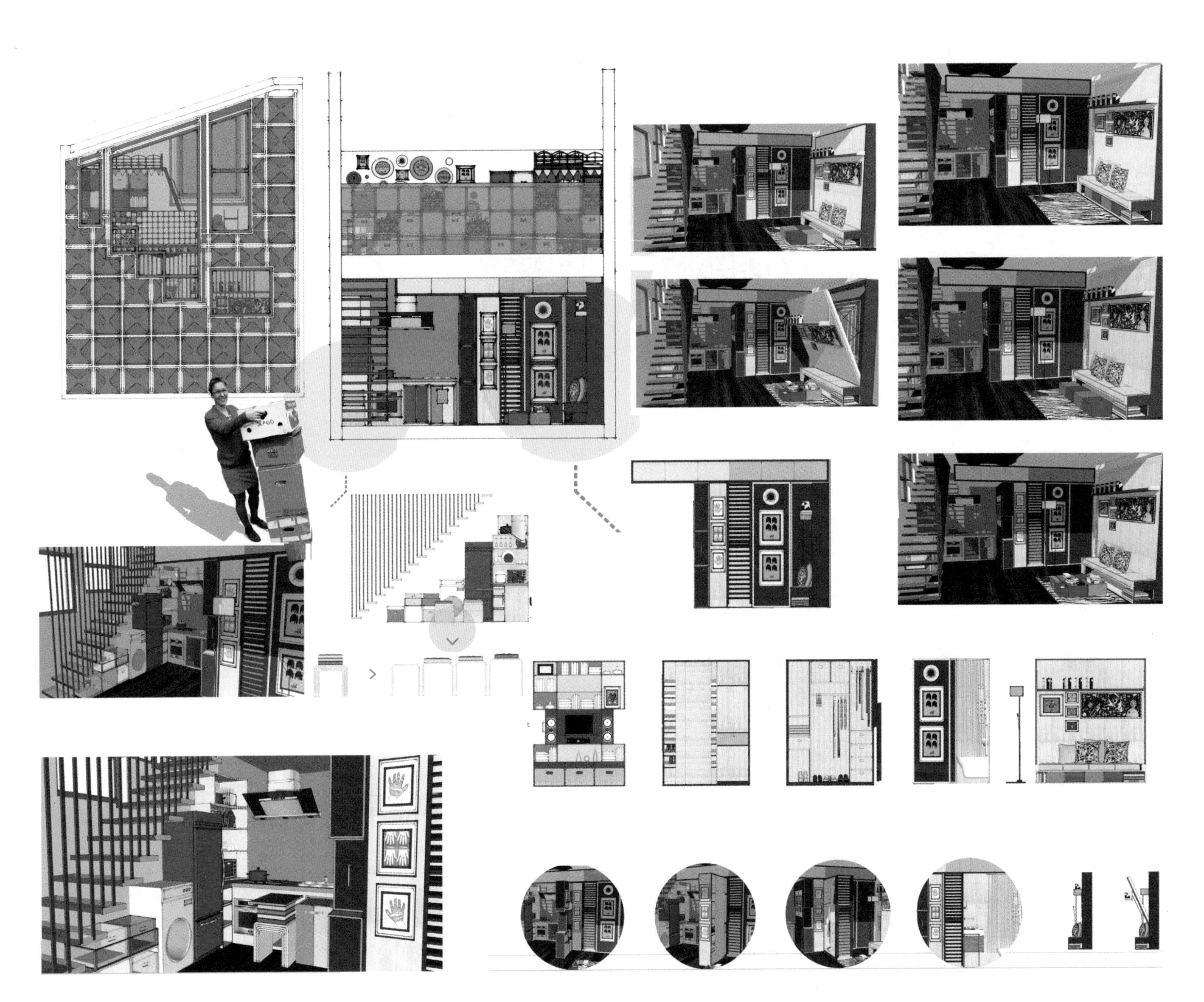

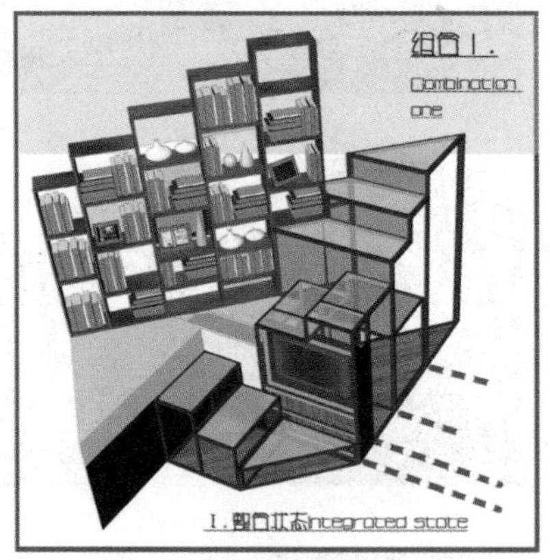
组合 I.
Combination one
I. 整合状态 Integrated state

II. 过程图 Process chart

III. 就餐模式 Dining mode

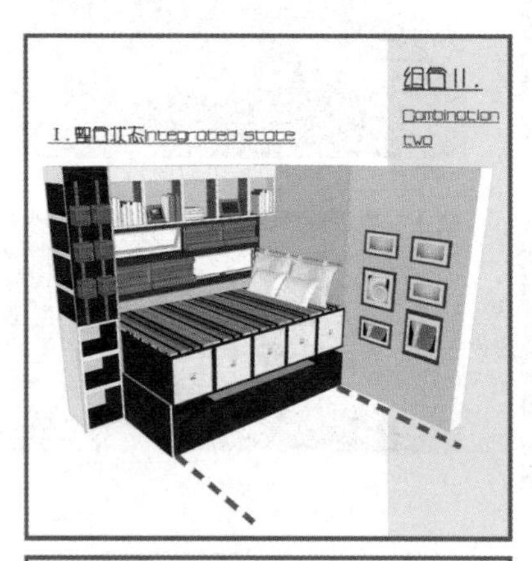
组合 II.
Combination two
I. 整合状态 Integrated state

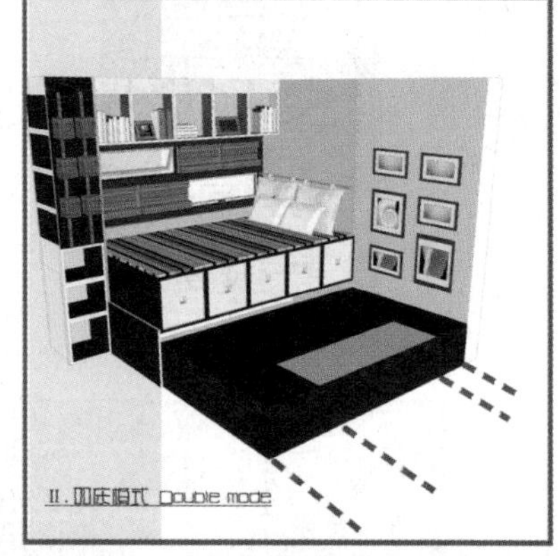
II. 双床模式 Double mode

III. 会客模式 The drawing mode

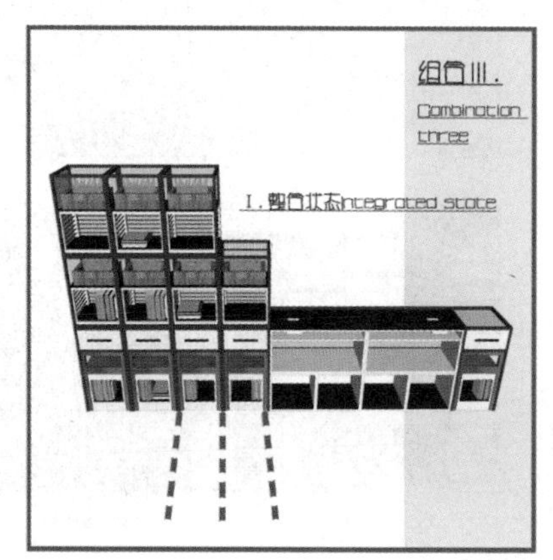
组合 III.
Combination three
I. 整合状态 Integrated state

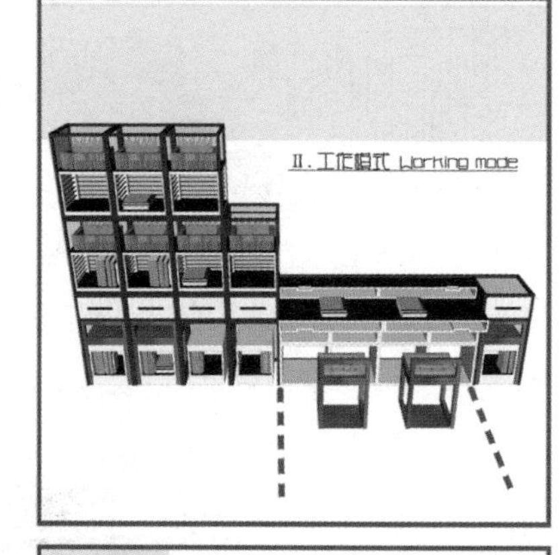
II. 工作模式 Working mode

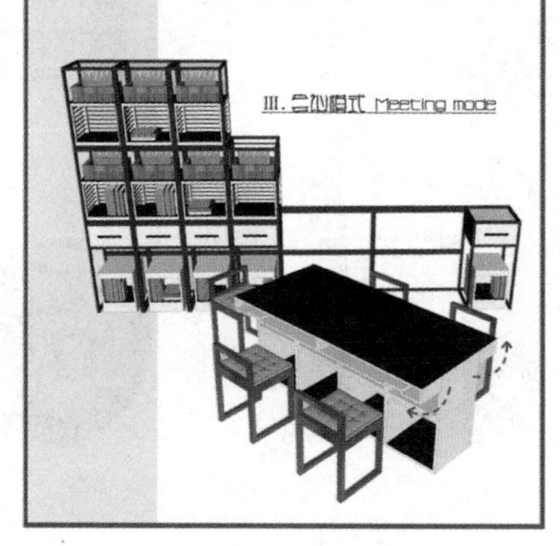
III. 会议模式 Meeting mode

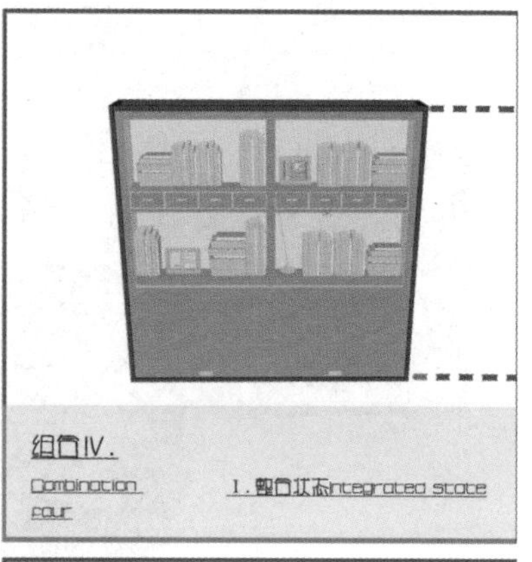
组合 IV.
Combination four
I. 整合状态 Integrated state

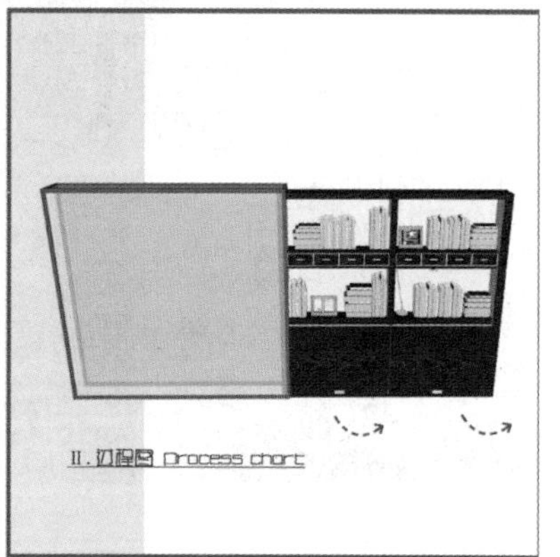
II. 过程图 Process chart

III. 工作模式 Working mode

# 生长&碰撞

**院　校**　哈尔滨工业大学建筑学院

**作　者**　伏祥

**指导教师**　马辉　刘杰

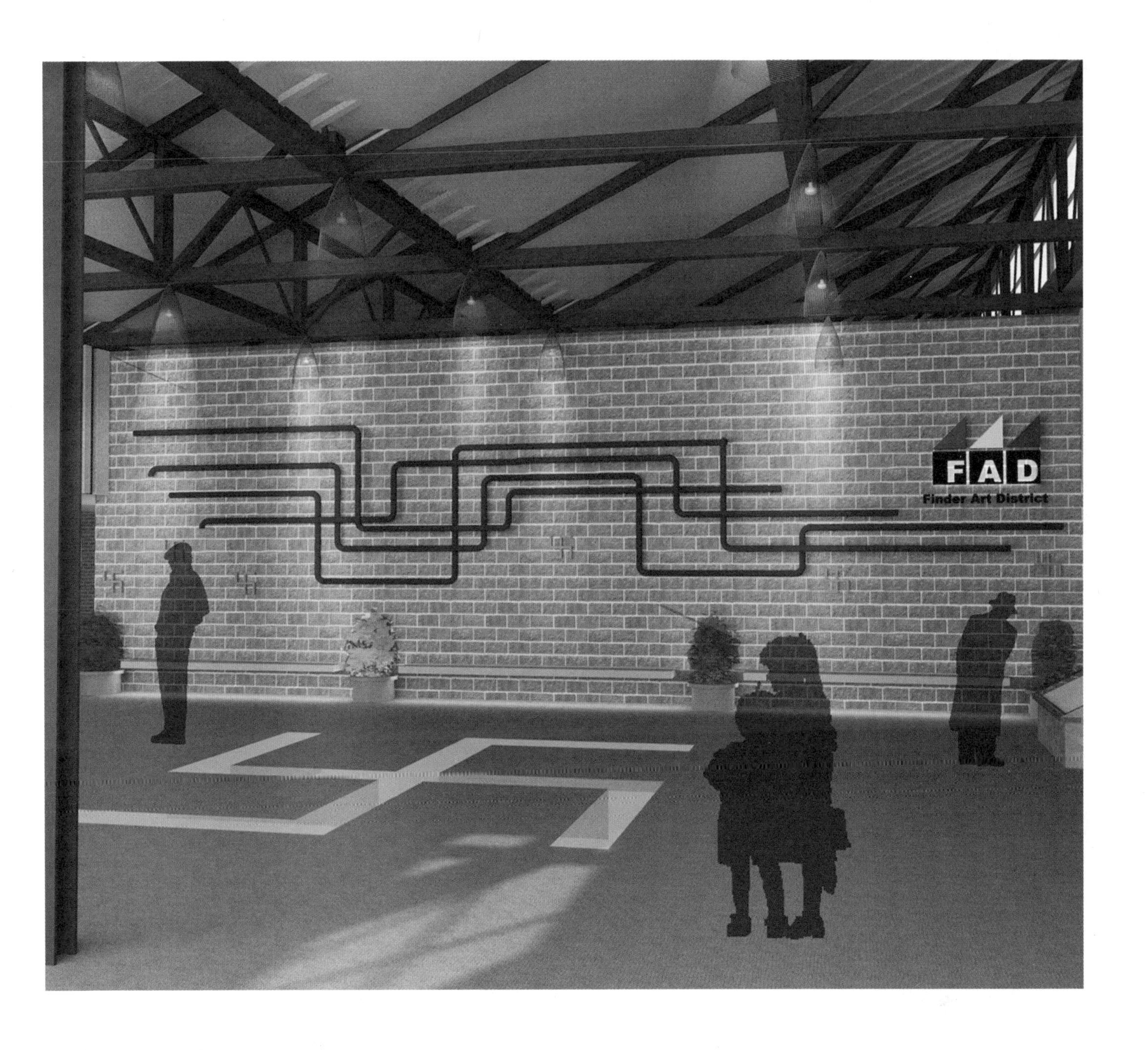

## 基地分析

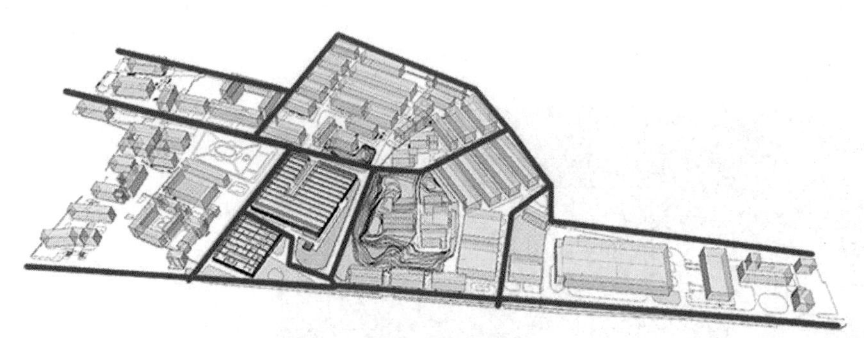

车行流线混乱，与人行流线混合。

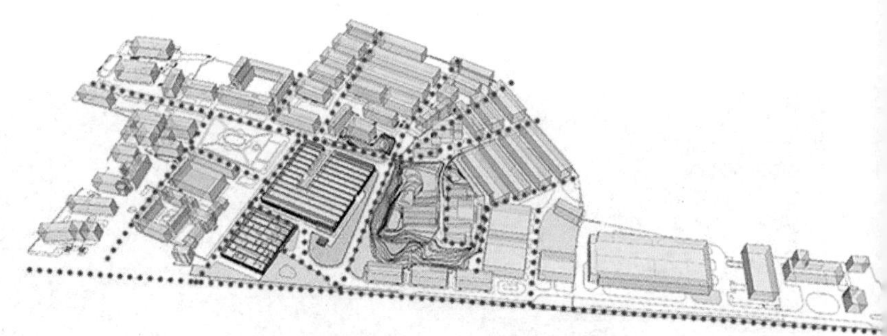

人行流线复杂，几乎随处可去

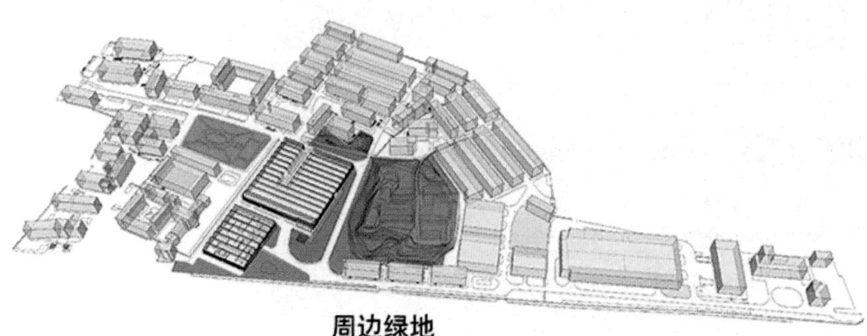

周边绿地

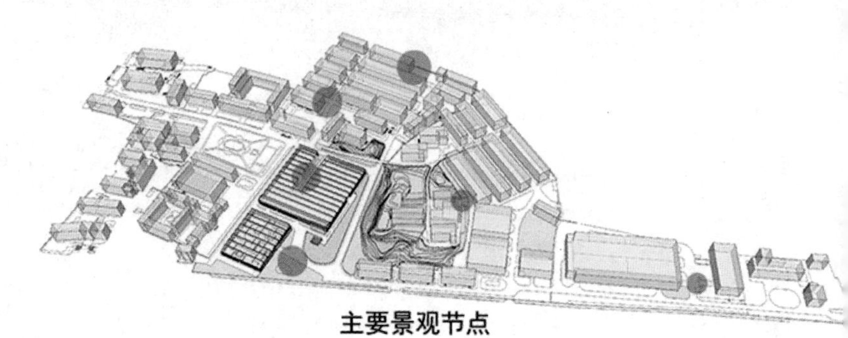

主要景观节点

## 场地调研

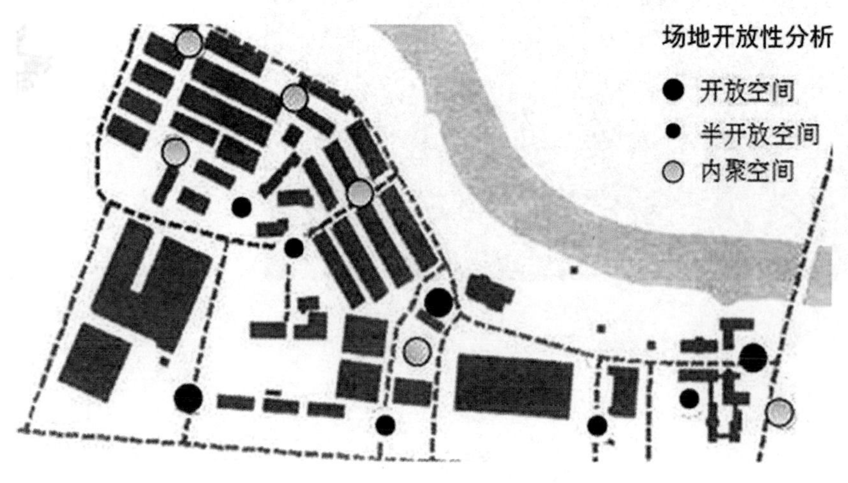


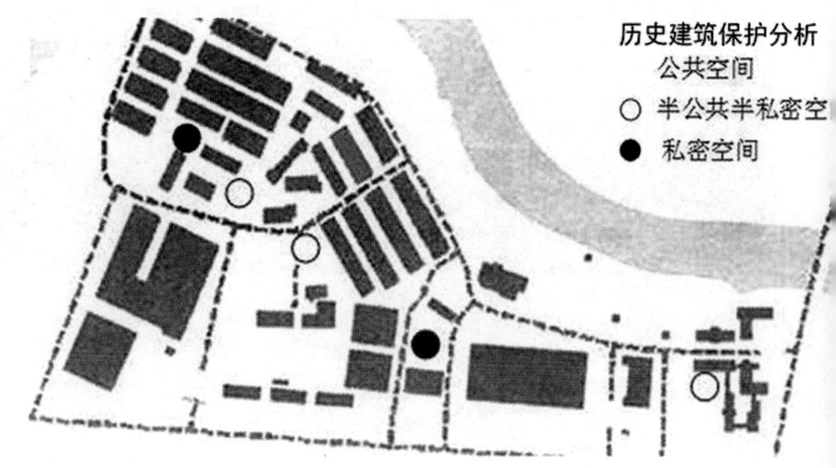

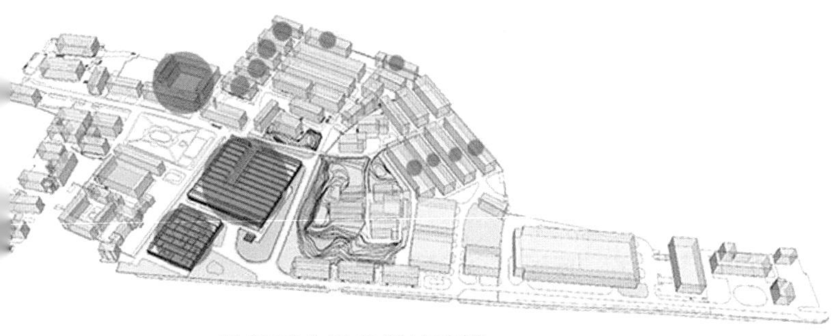

推荐历史风貌保护建筑

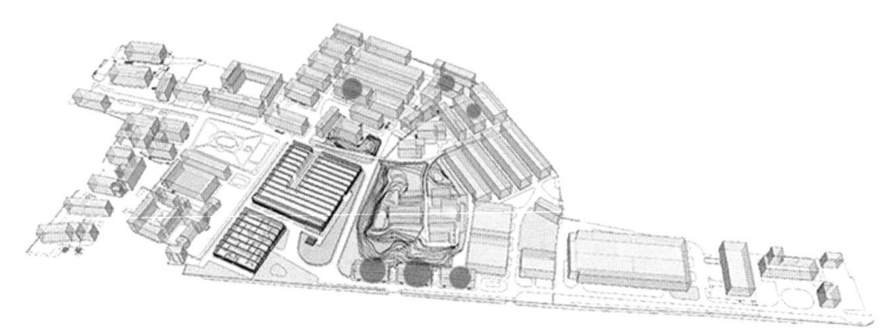

文保单位建筑

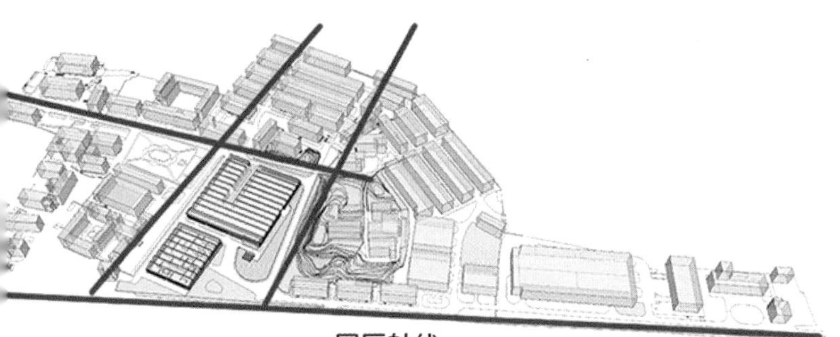

园区轴线

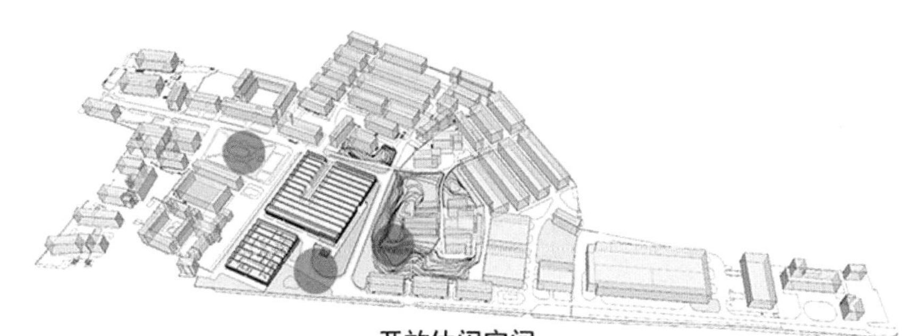

开放休闲空间

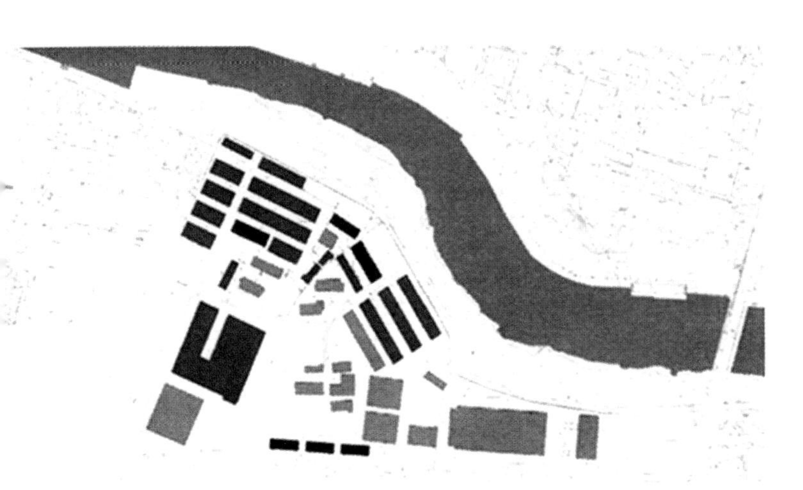

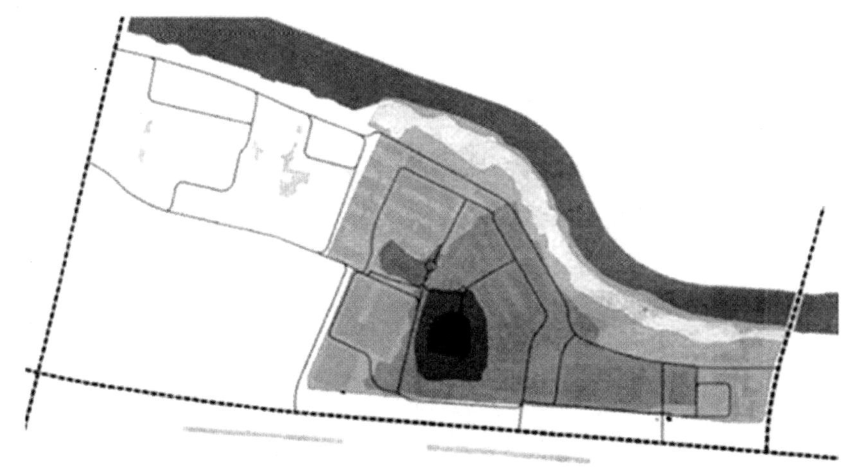

## 平面图1：300

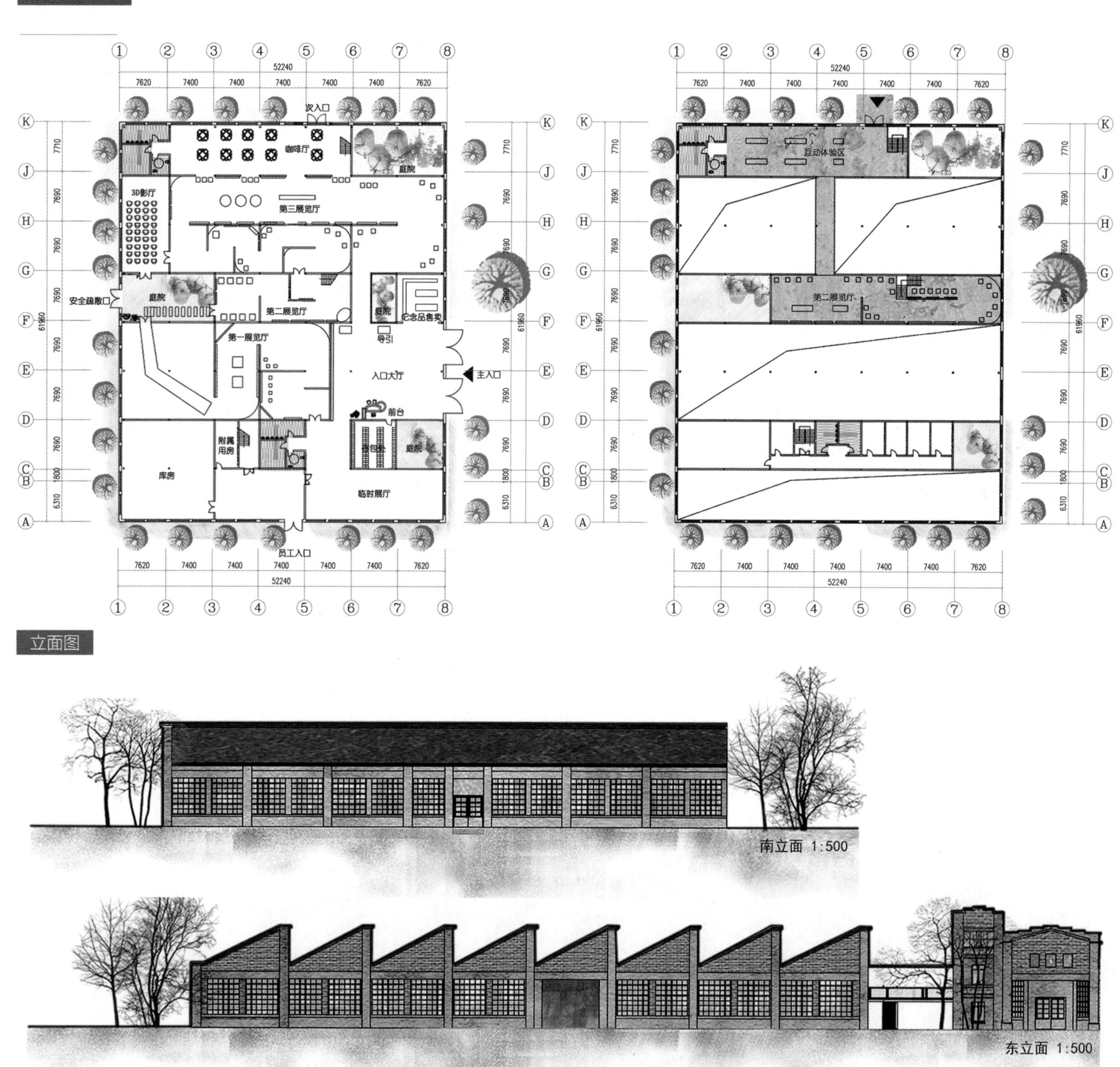
次入口
咖啡厅
庭院
3D影厅
第三展览厅
安全疏散口
第二展览厅
纪念品售卖
导引
第一展览厅
入口大厅
主入口
前台
附属用房
存包处
库房
临时展厅
员工入口
互动体验区
52240
61960
南立面 1:500
东立面 1:500

## 立面图

## 平面图

交通流线

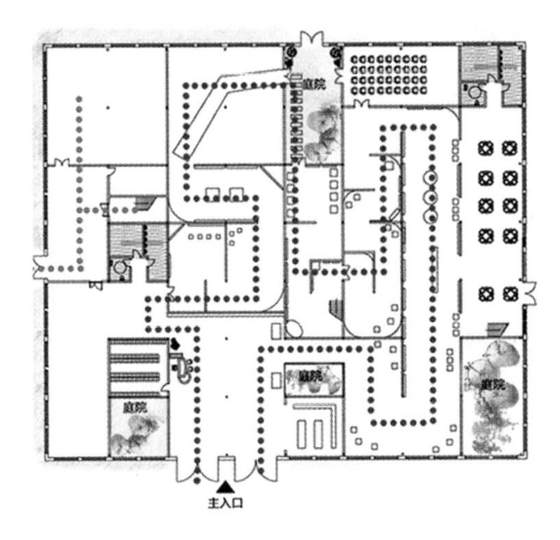


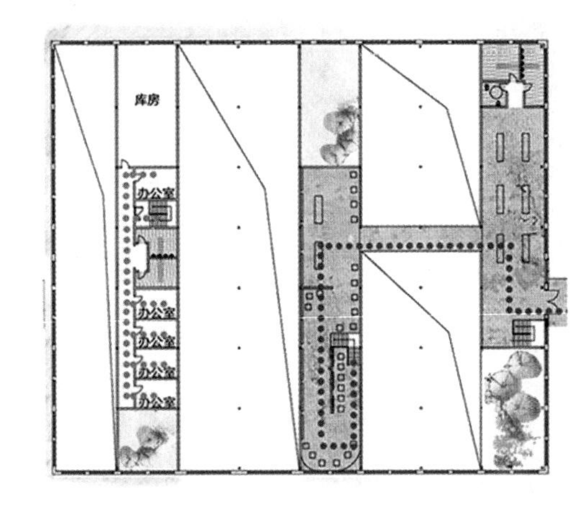


安全出口辐射区

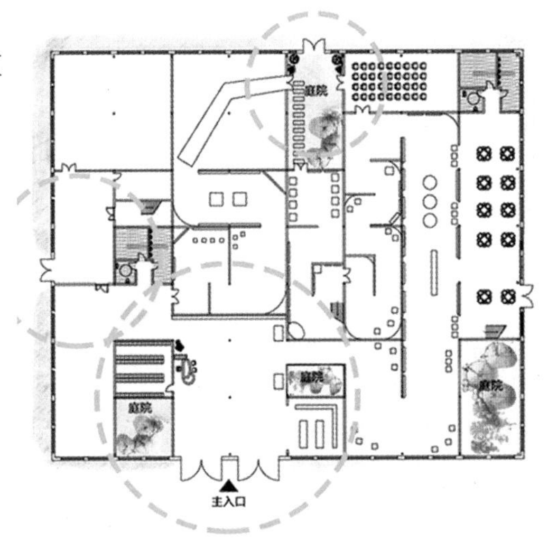


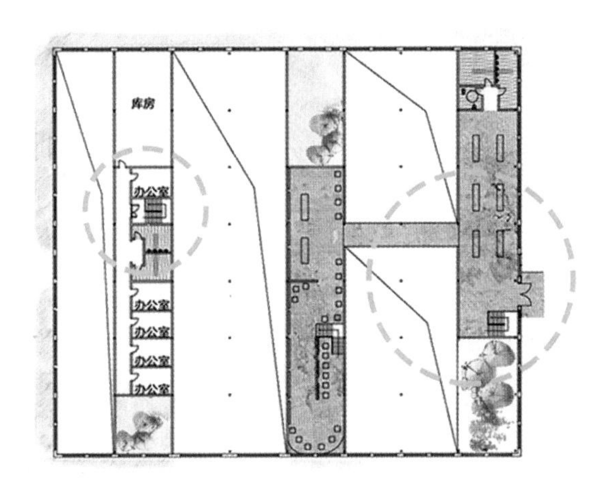


景观分析

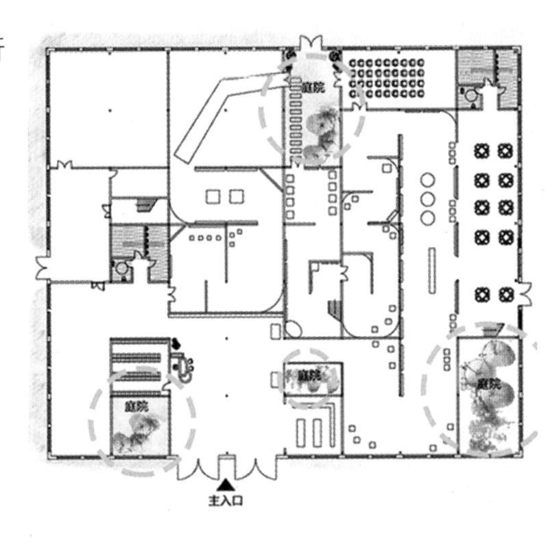


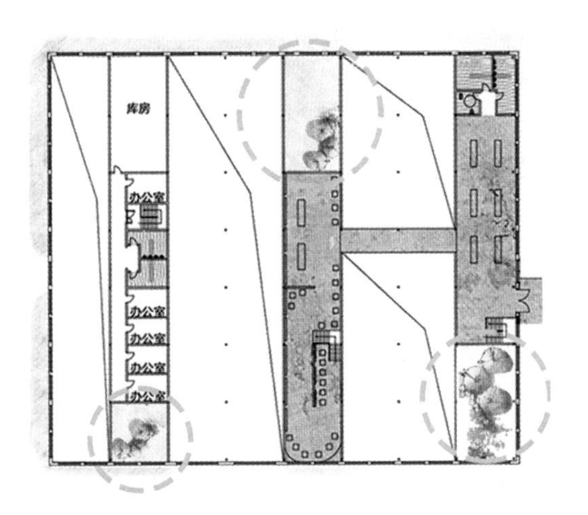

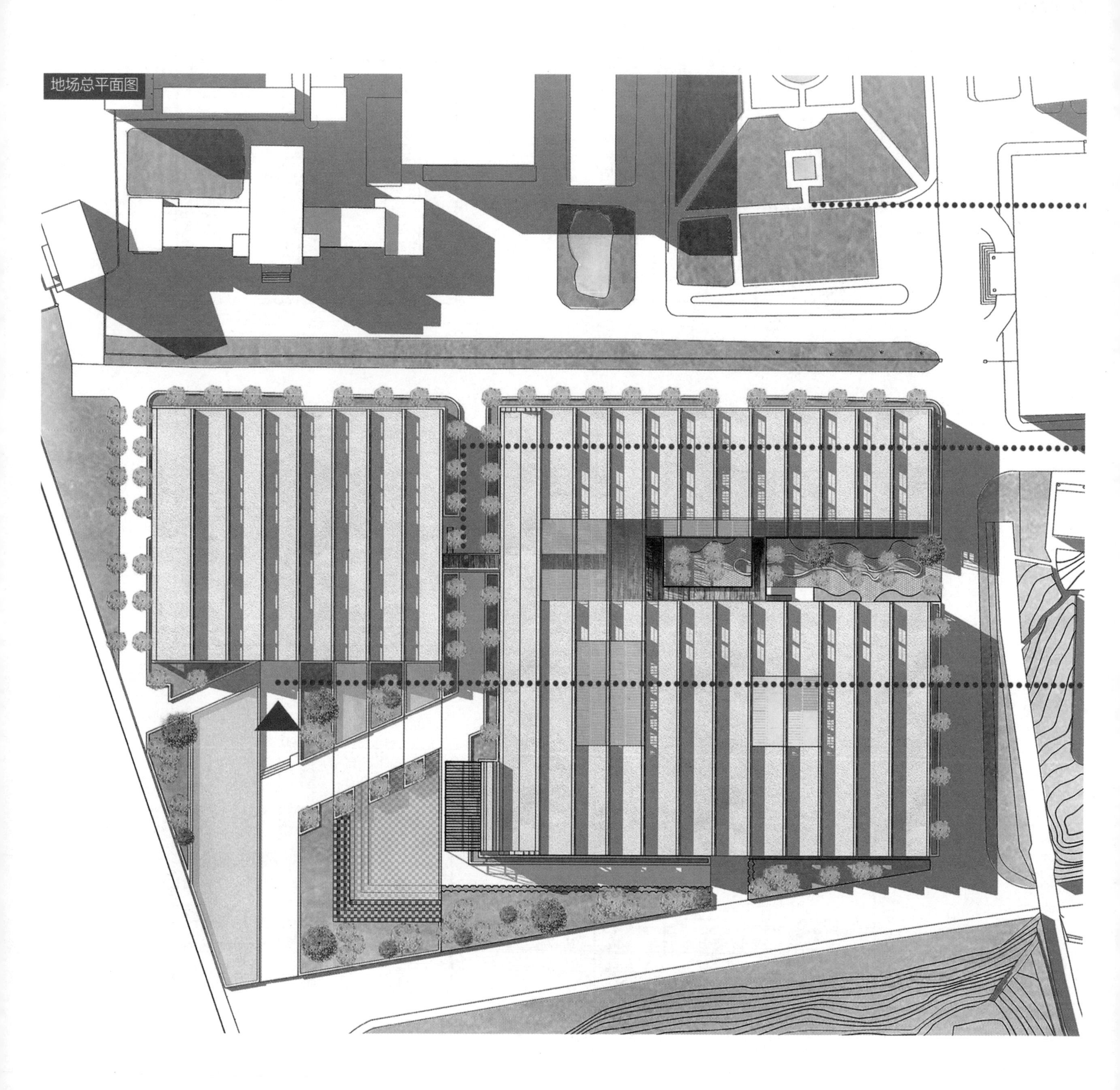
地场总平面图

# 木释畲族魂

院　校　广州美术学院
作　者　谢晓寒
指导教师　陈少明

室内

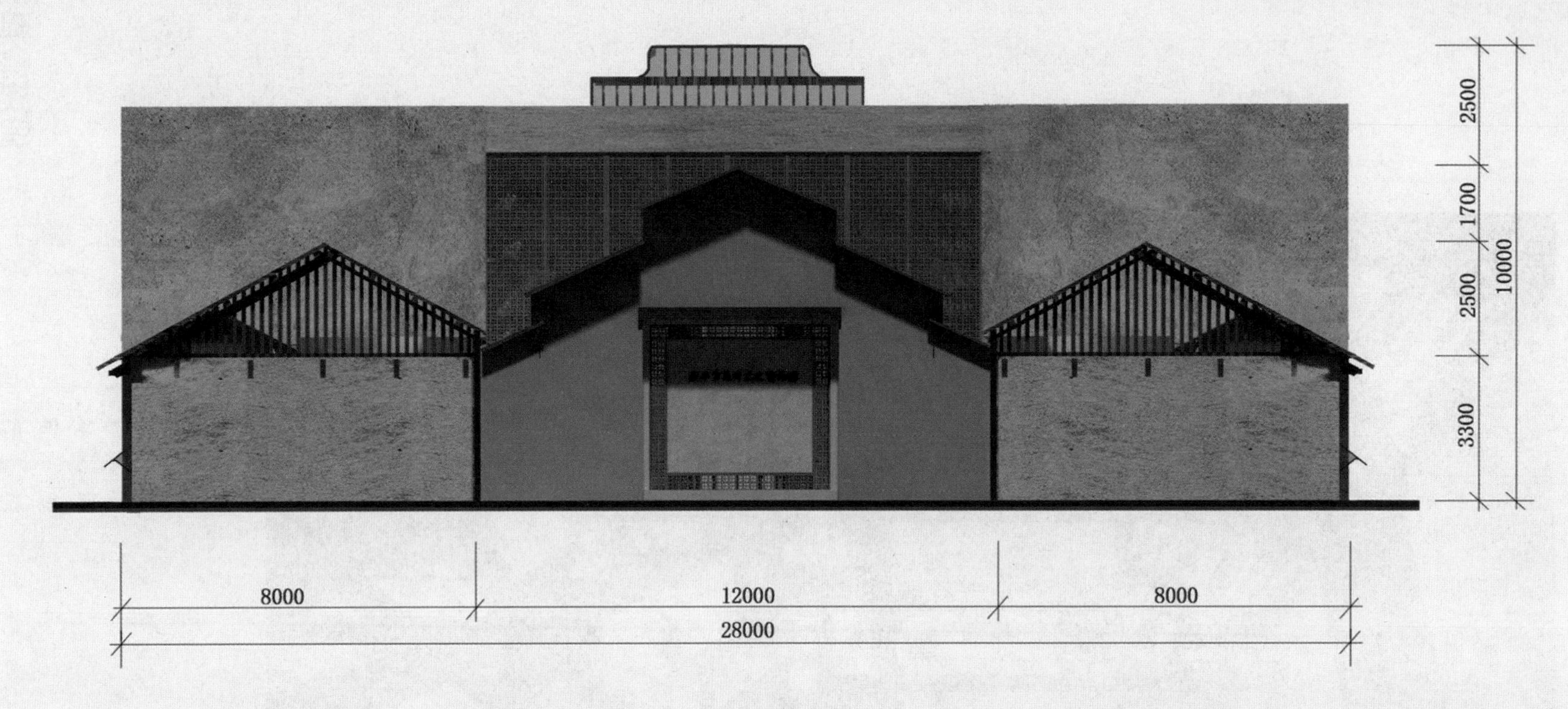
2500
1700
2500
3300
10000
8000
12000
8000
28000
立面图

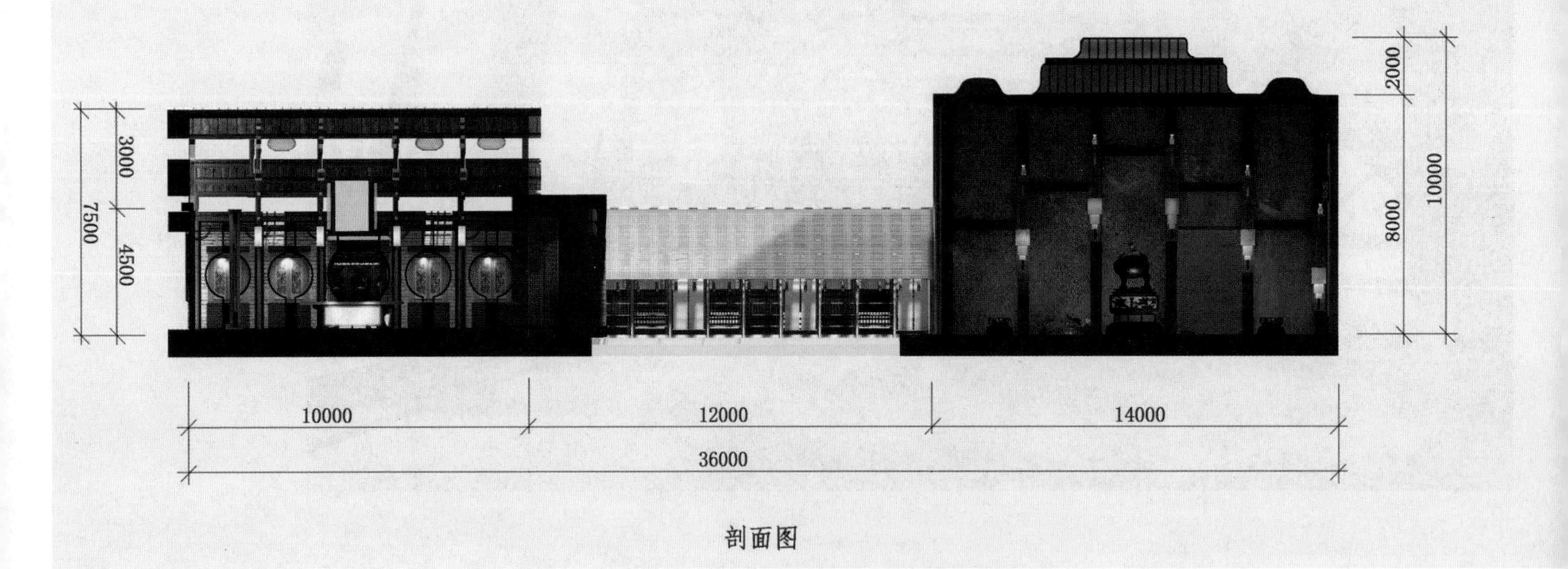
3000
4500
7500
2000
8000
10000
10000
12000
14000
36000
剖面图

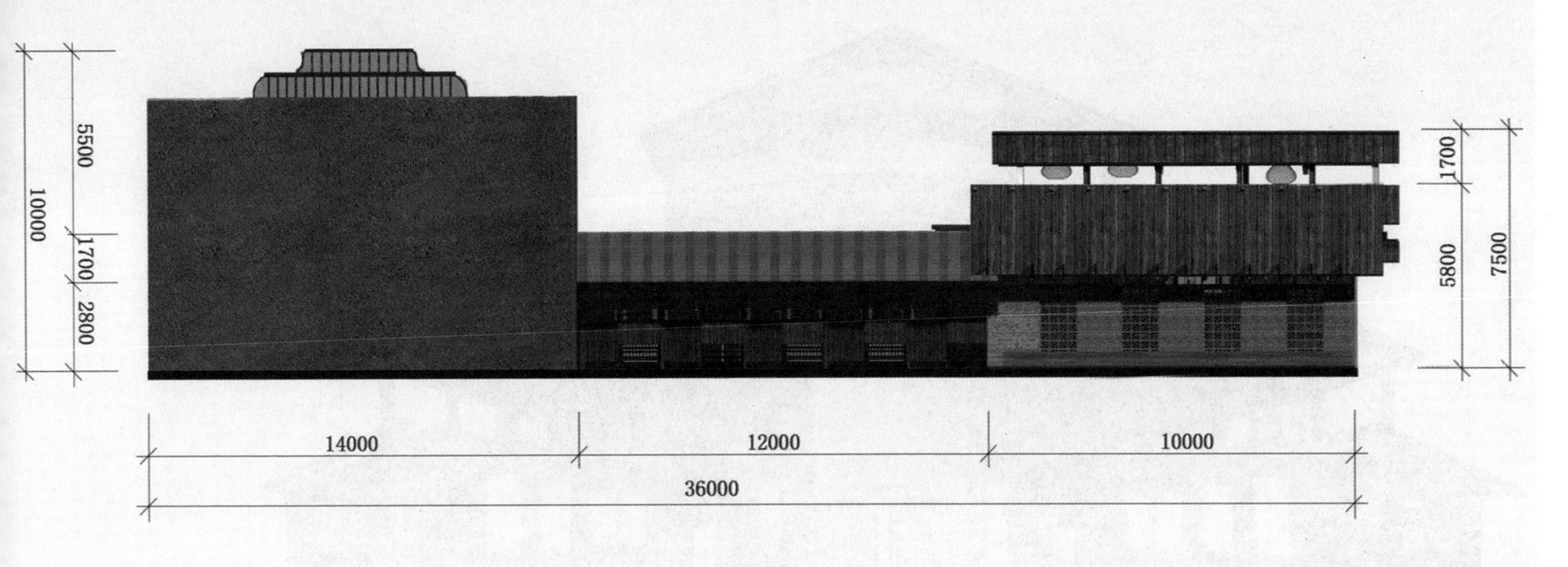
5500
10000
1700
2800
1700
5800
7500
14000
12000
10000
36000

剖面图

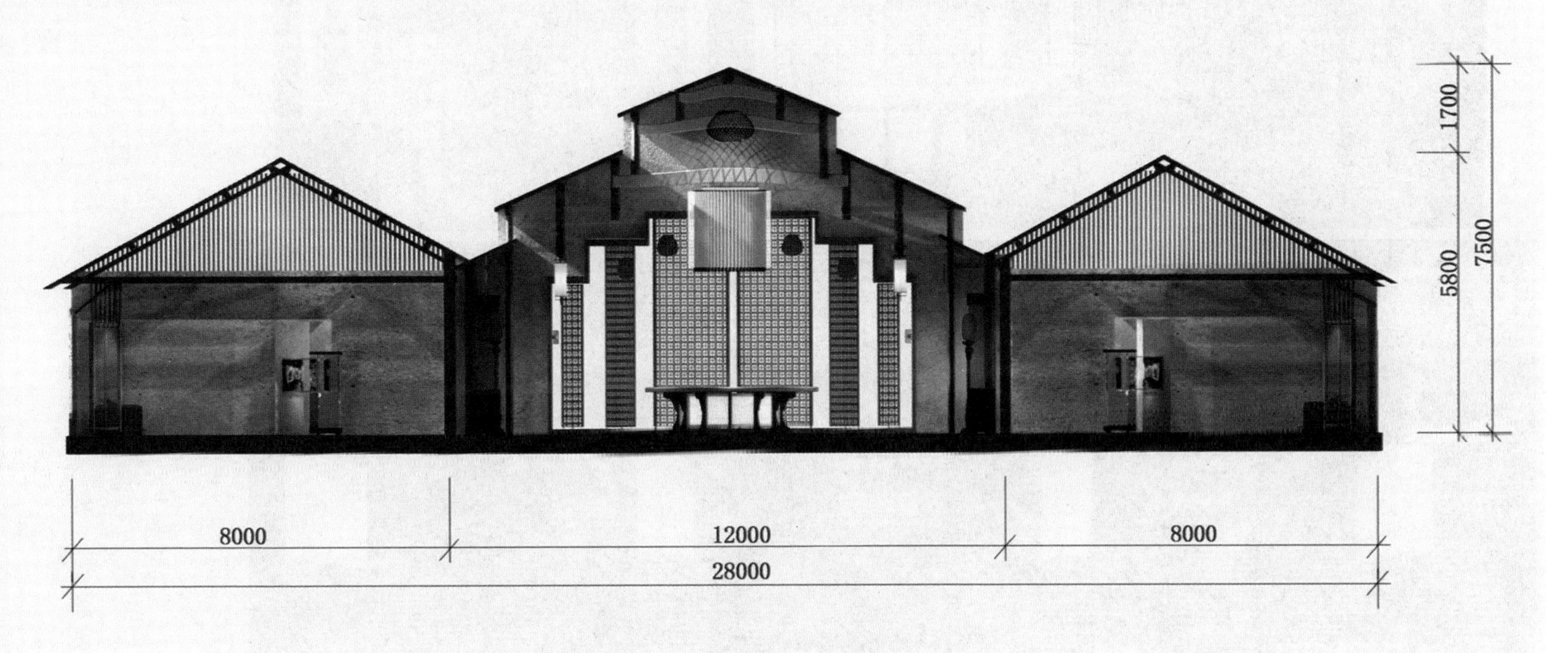
1700
5800
7500
8000
12000
8000
28000

剖面图

大神

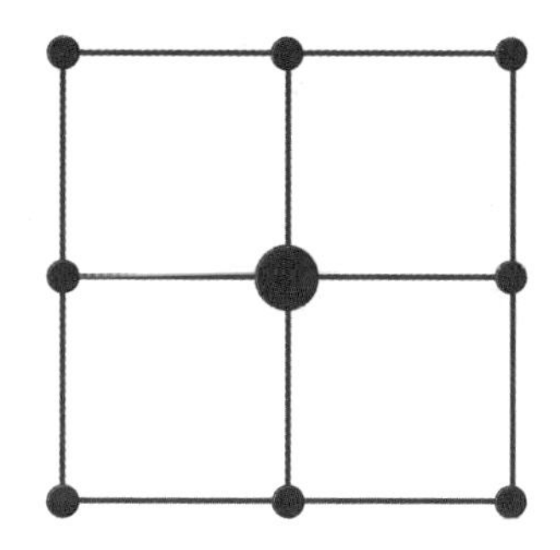

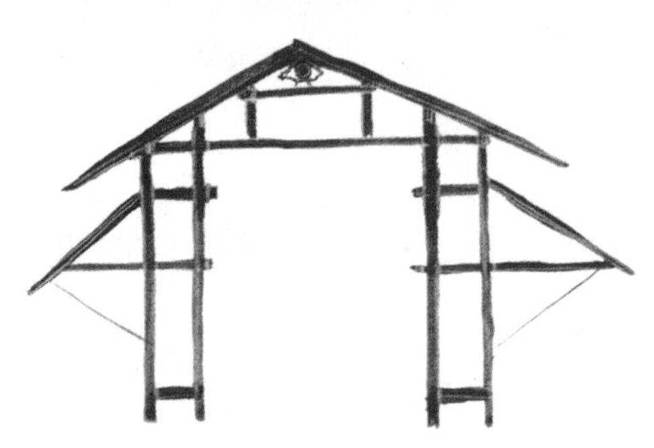

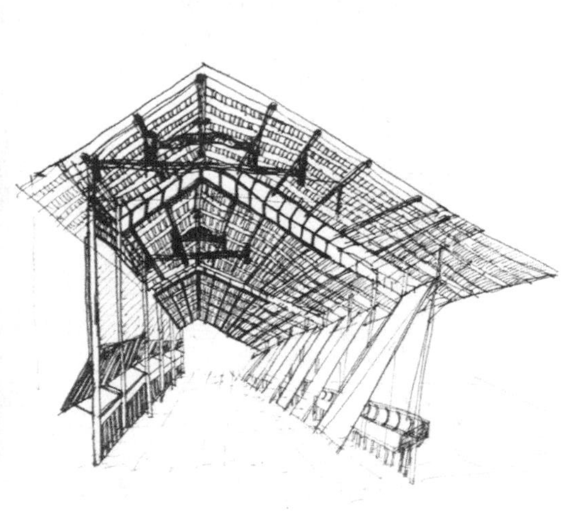

# 壹树居·人居空间设计

院　校　东北师范大学美术学院
作　者　姜山　裴志超
指导教师　王铁军

室内

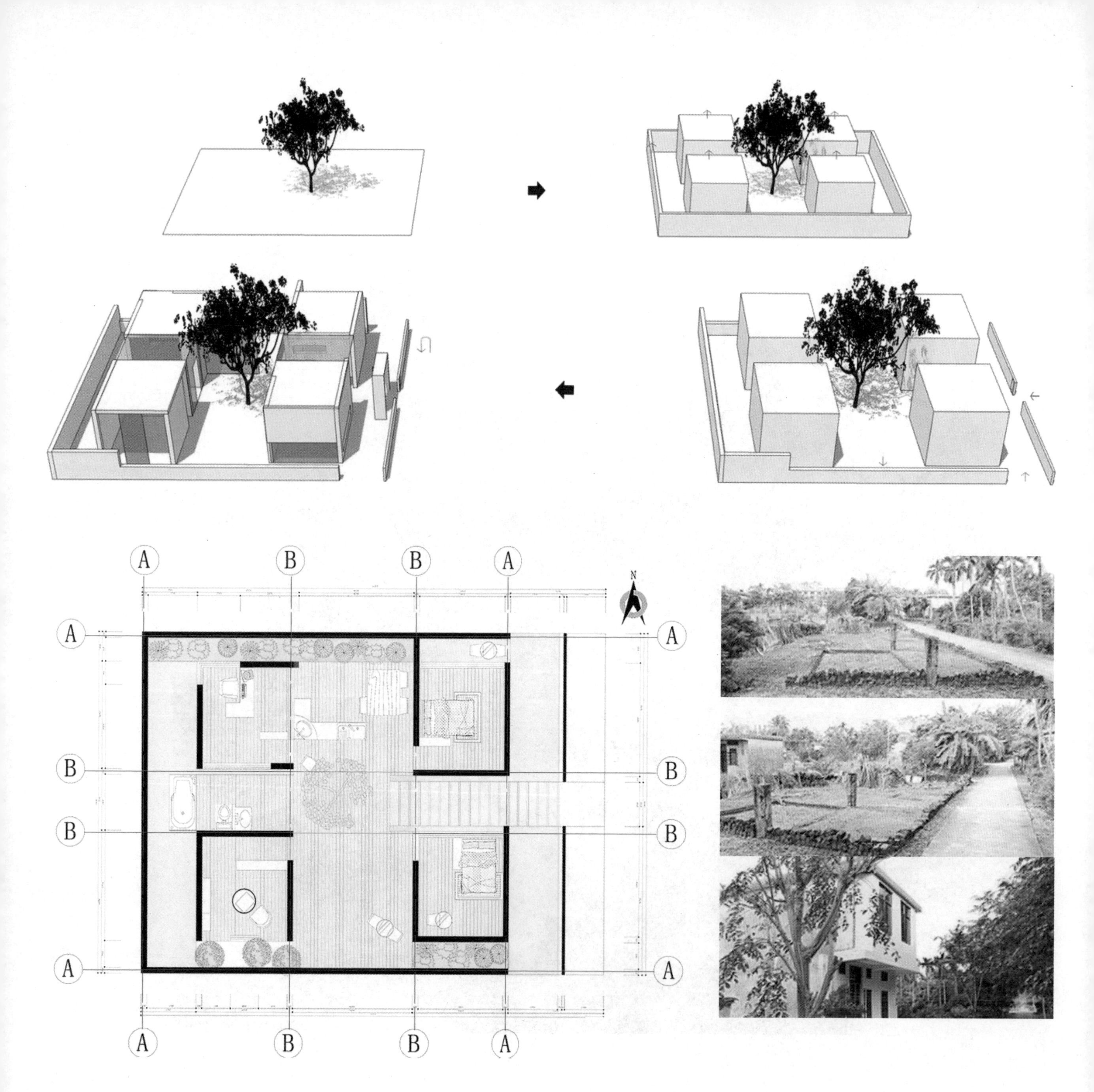
A
B
B
A
N

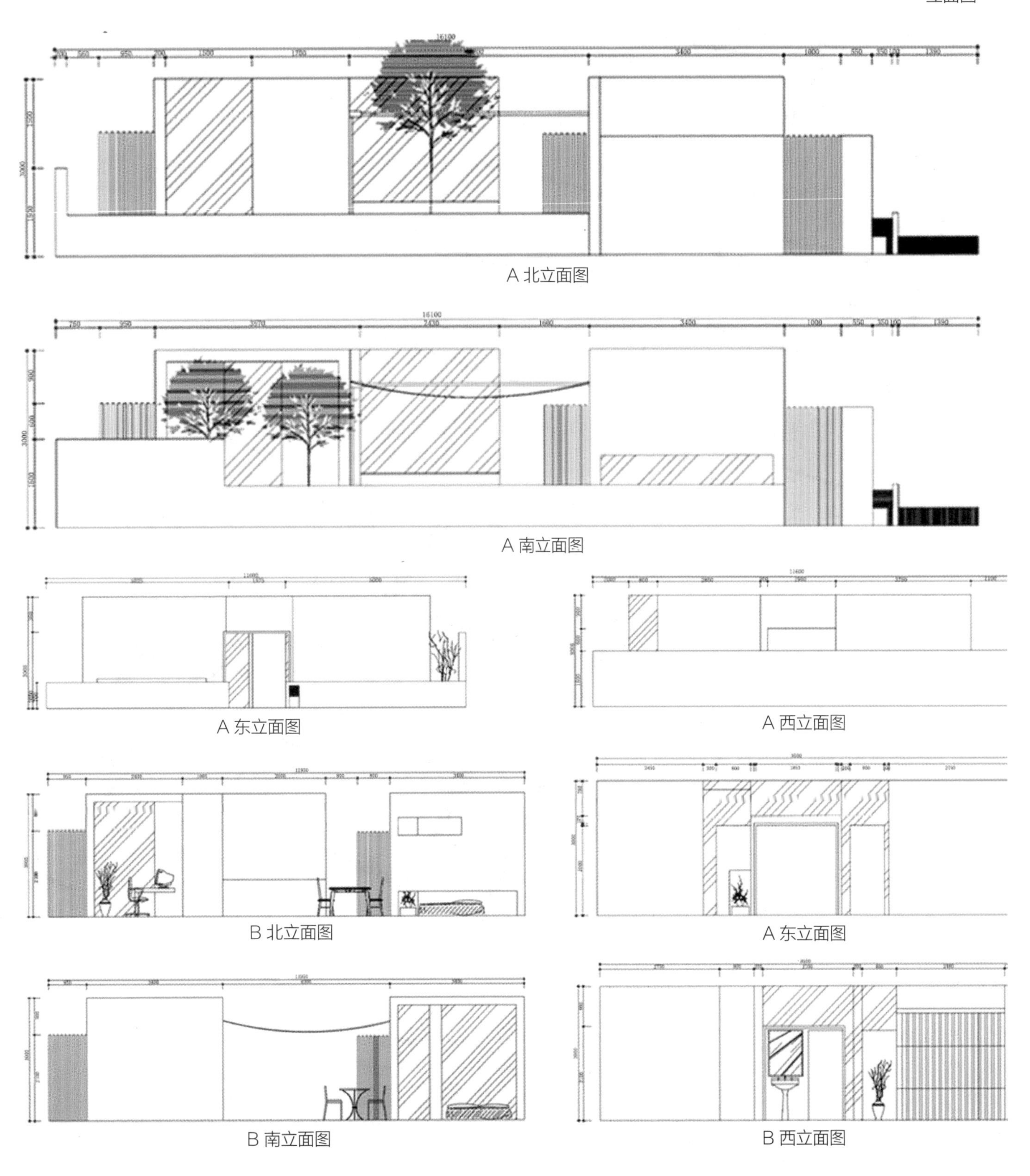

A 北立面图

A 南立面图

A 东立面图

A 西立面图

B 北立面图

A 东立面图

B 南立面图

B 西立面图

功能与流线

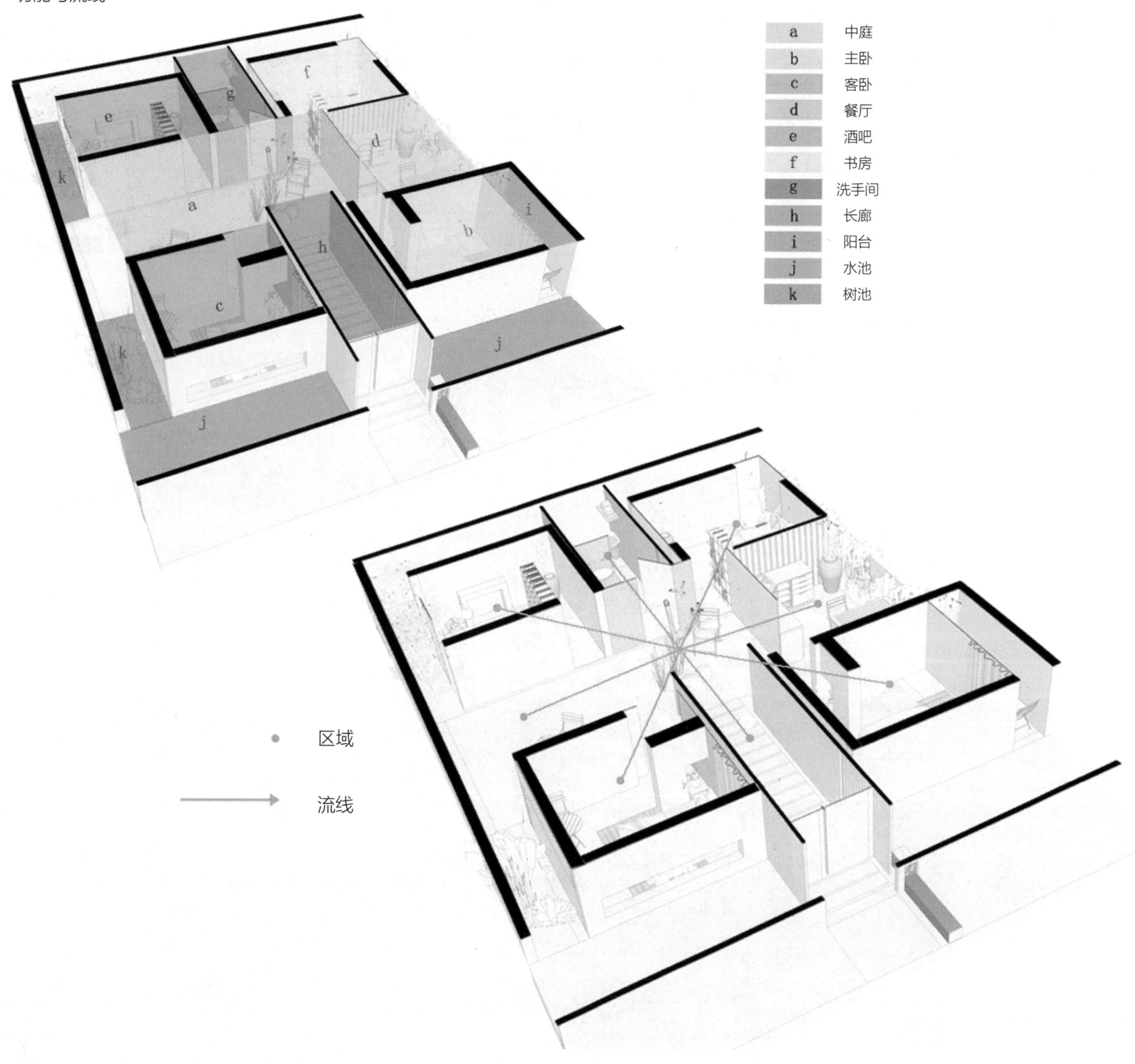
a 中庭
b 主卧
c 客卧
d 餐厅
e 酒吧
f 书房
g 洗手间
h 长廊
i 阳台
j 水池
k 树池
区域
流线

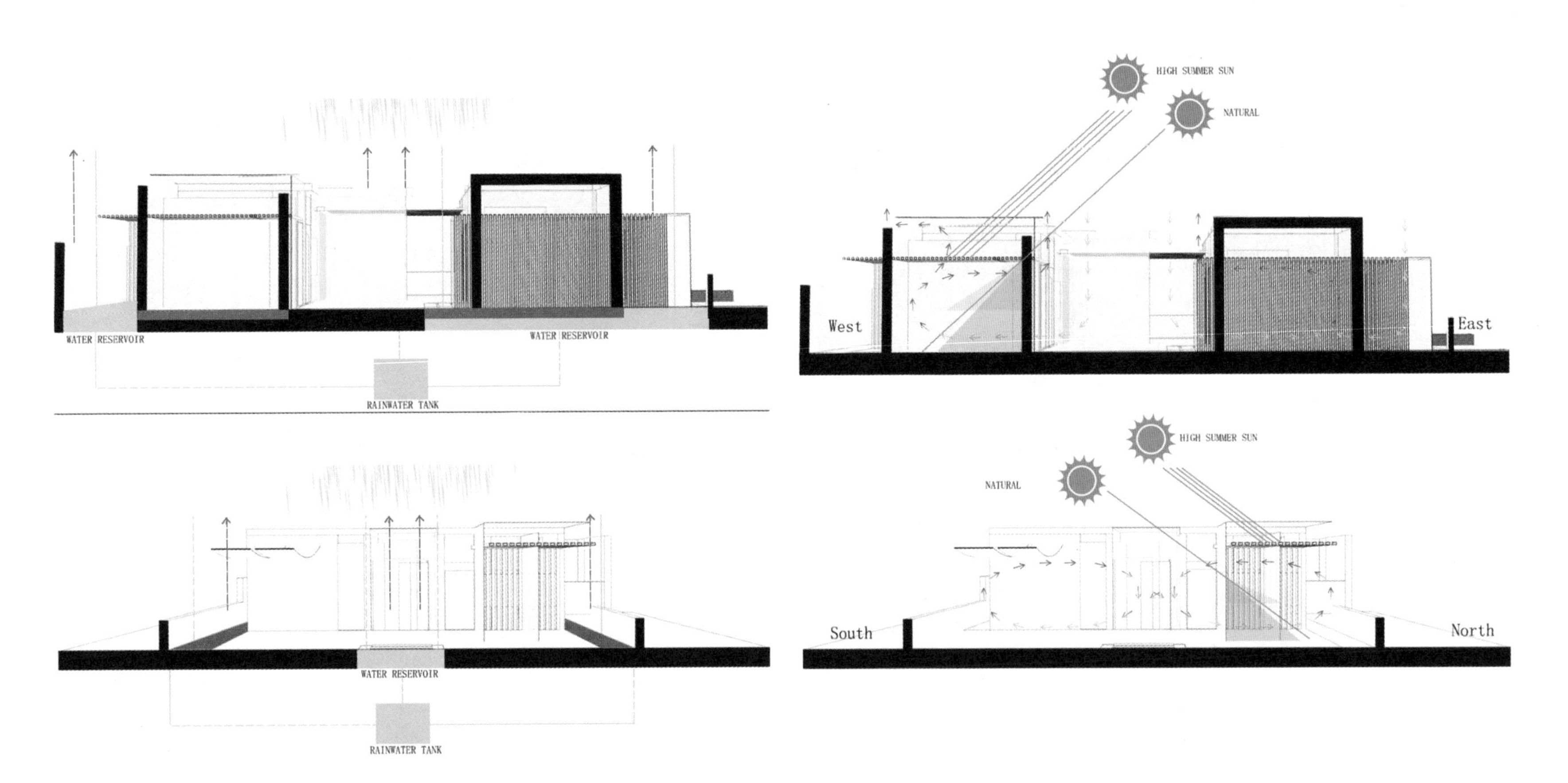
WATER RESERVOIR
WATER RESERVOIR
RAINWATER TANK
HIGH SUMMER SUN
NATURAL
West
East
WATER RESERVOIR
RAINWATER TANK
HIGH SUMMER SUN
NATURAL
South
North

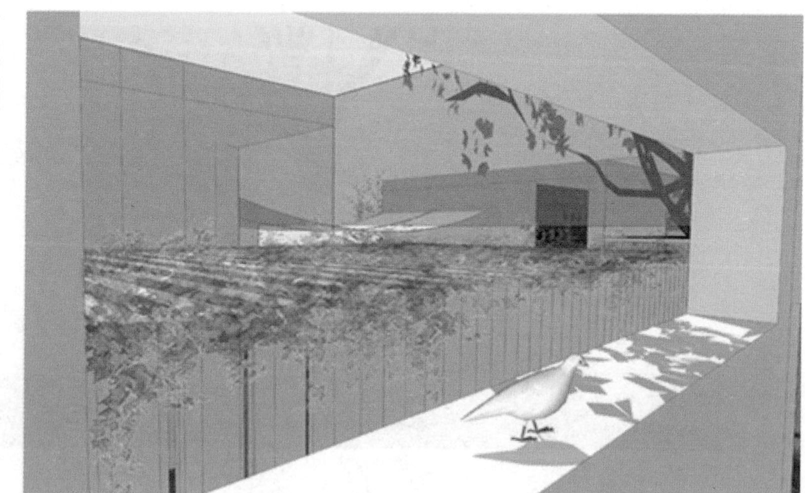

# 铜奖

173~237

# 祠堂街老建筑再利用改造

院校 成都理工大学
作者 戴典 张杰宸 刘洋 丁雪杨 石肸晨
指导教师 焦颖慧 李欢

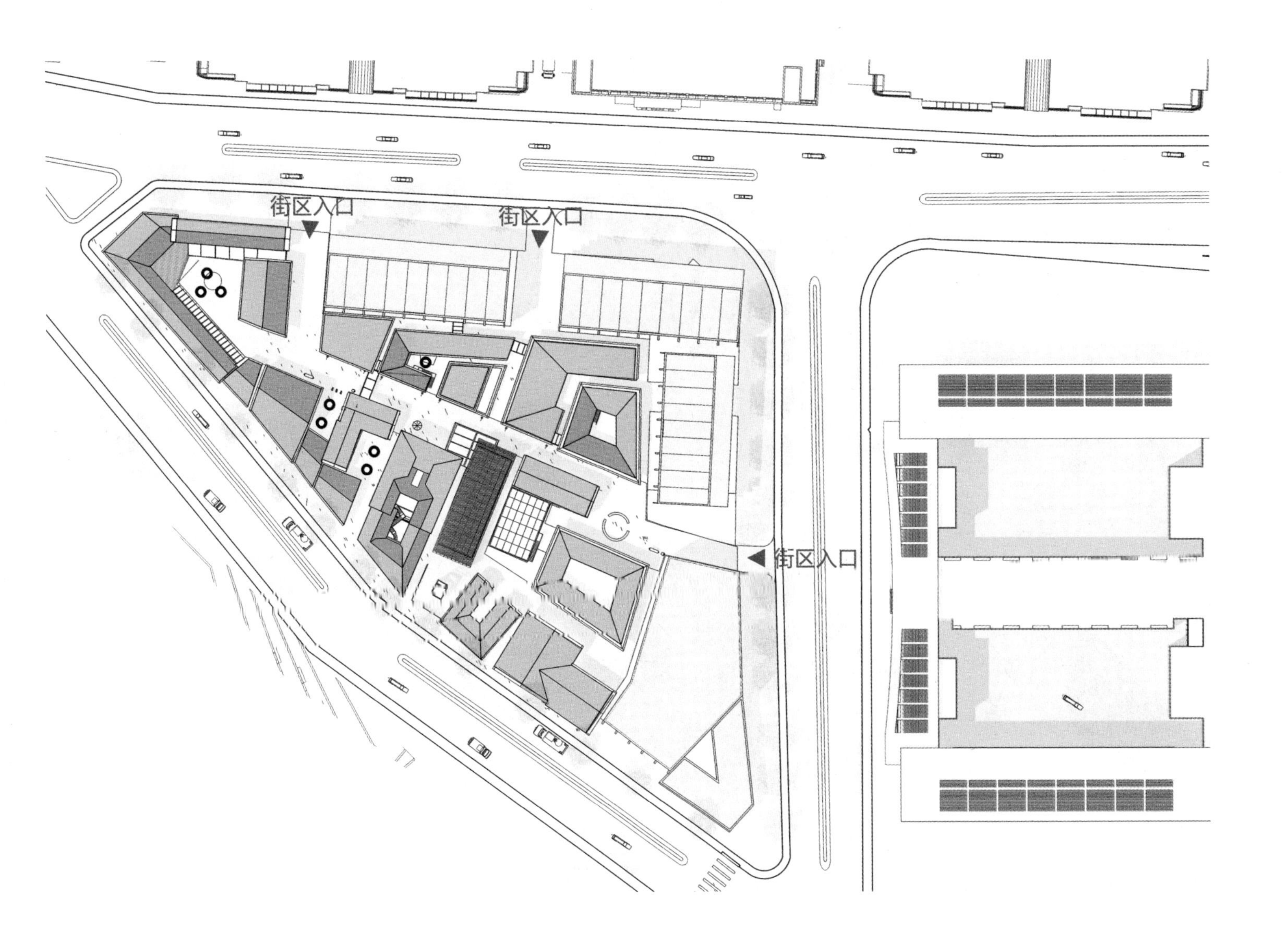

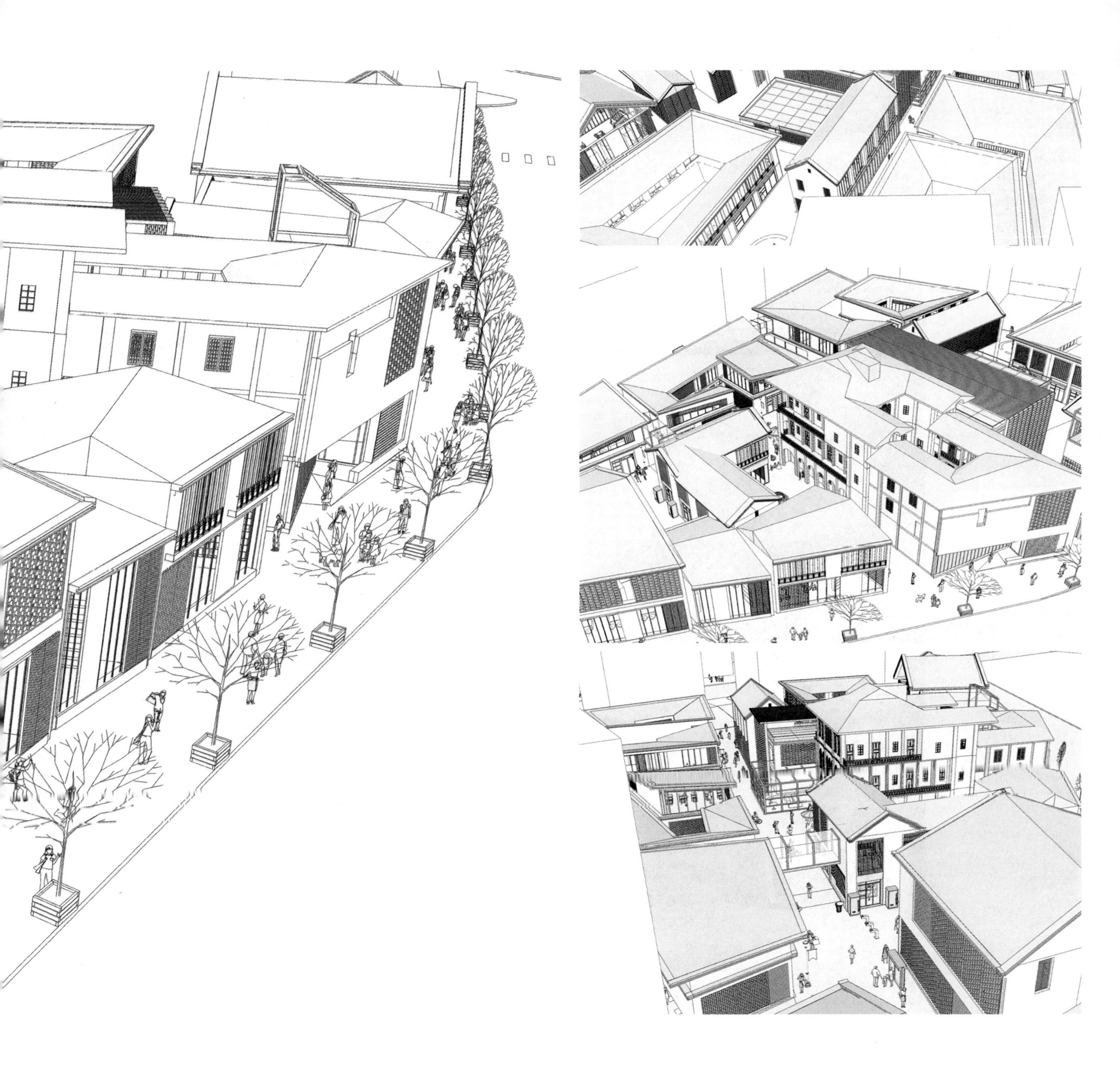

# 三元并立，和而不同——天津市近现代历史博物馆及其周边景观规划设计

院校 吉林建筑大学

作者 曾浩恒 张瑞

指导教师 齐伟民 马辉 高月秋

# 云南大理古城东北片区城市设计——居住于边缘


**院　校**　重庆大学

**作　者**　高长军　宋璐　游航

**指导教师**　龙灏

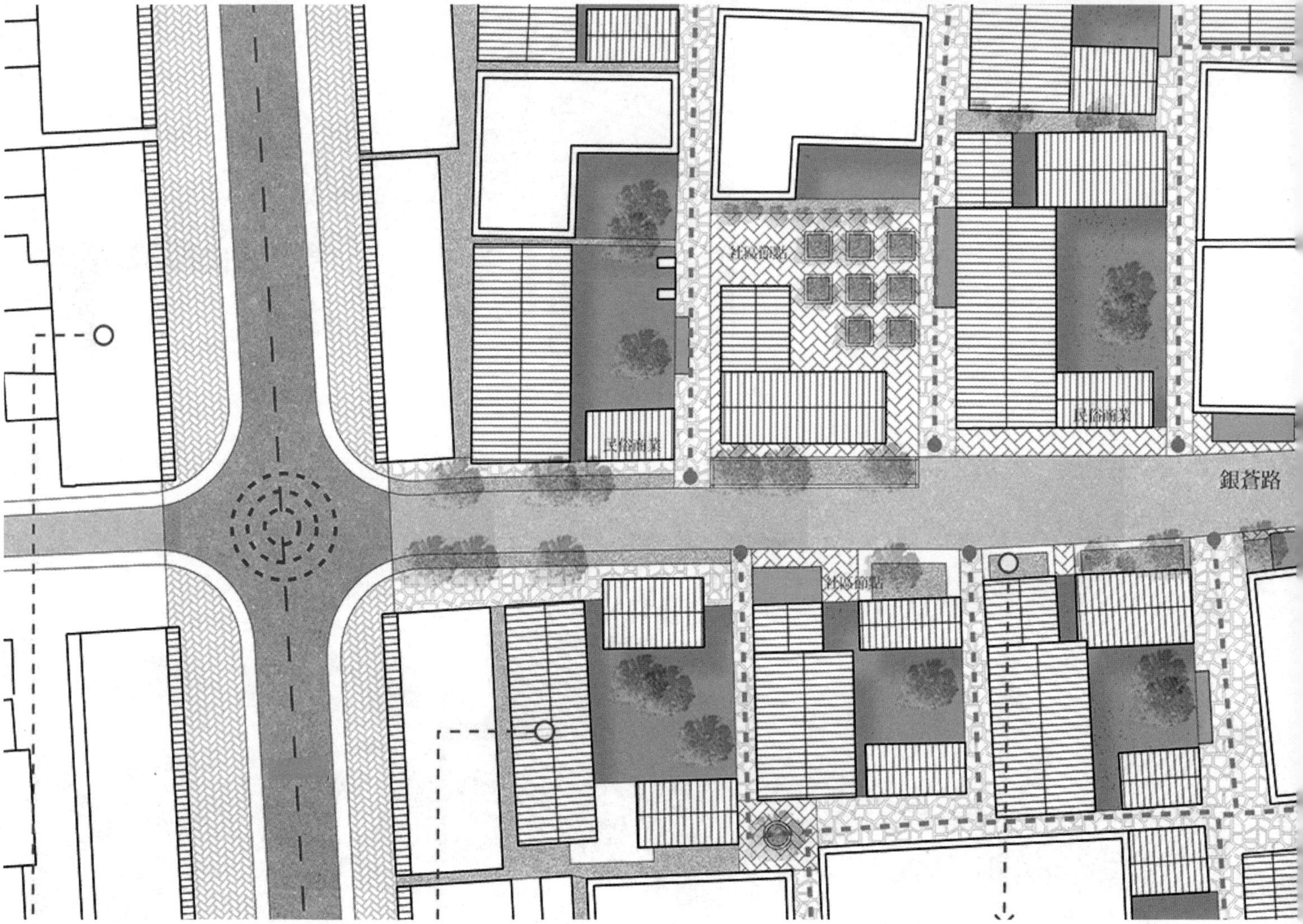

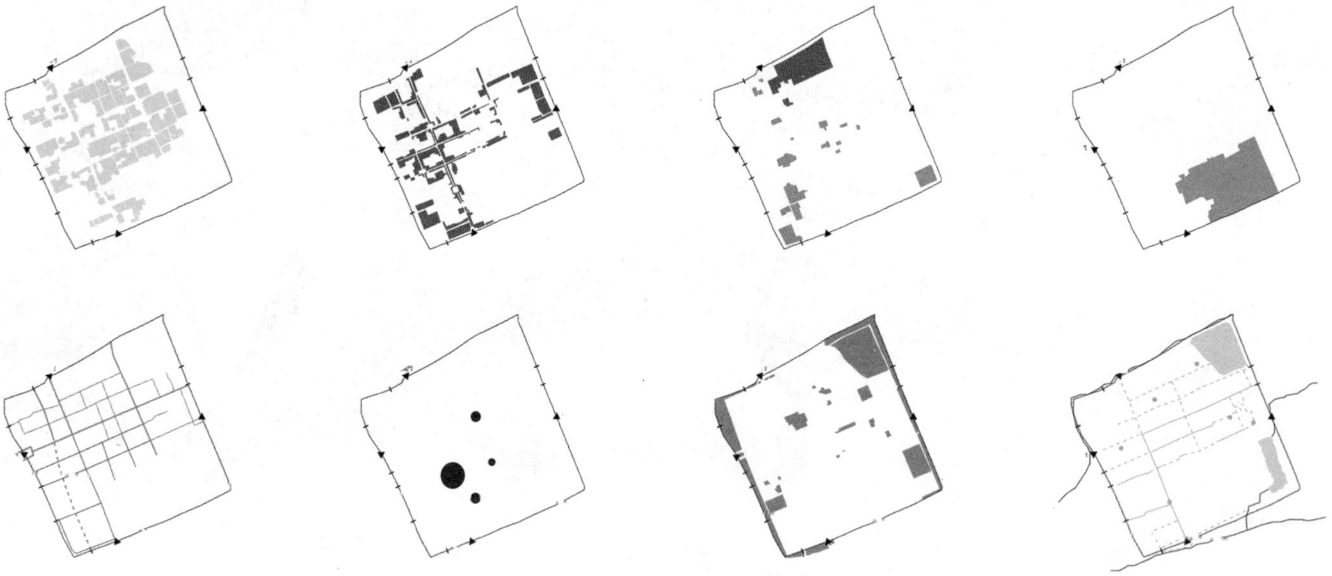

城市

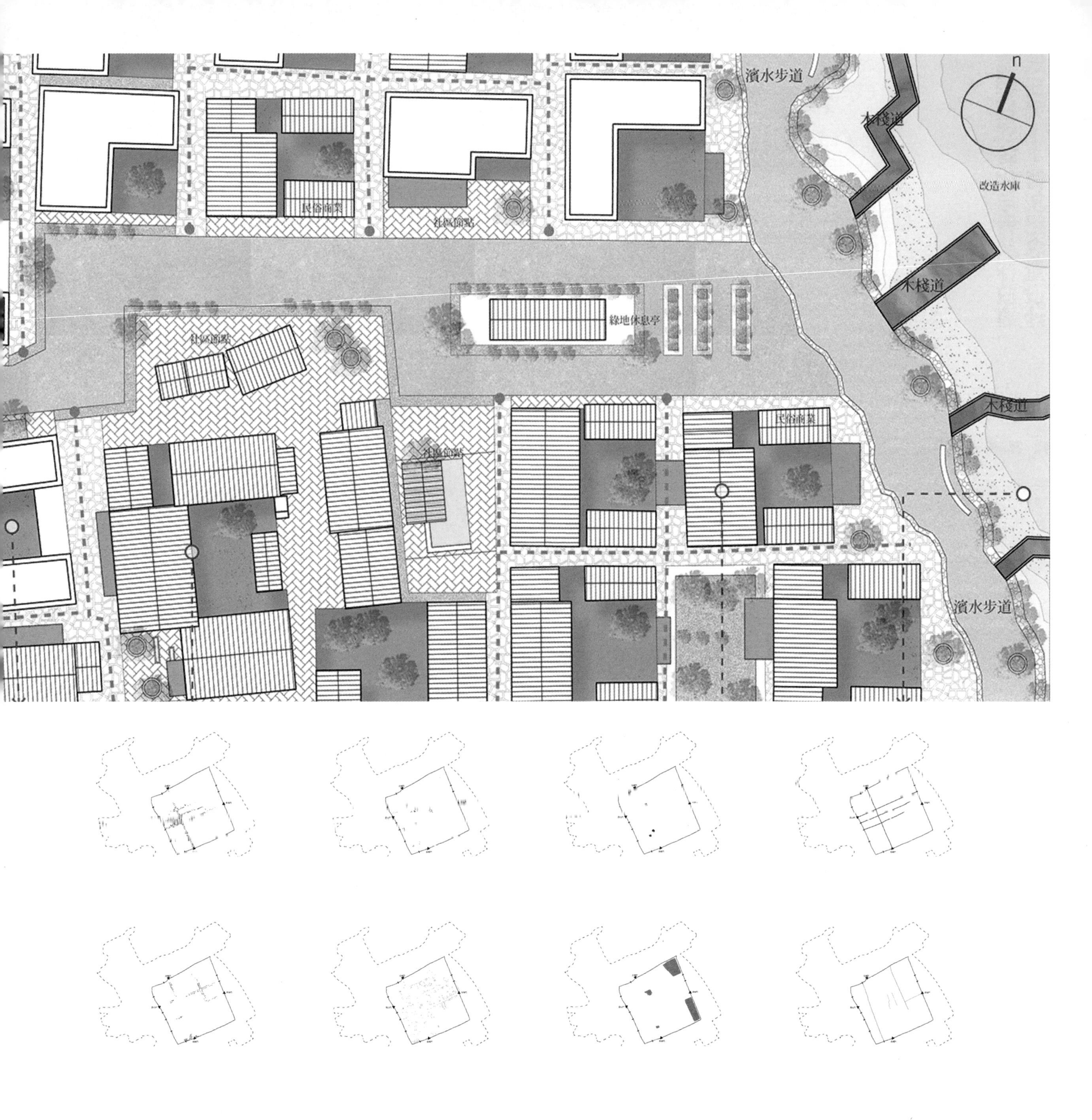

濱水步道
木棧道
改造水庫
n
民俗商業
社區節點
綠地休息亭
社區節點
木棧道
木棧道
社區節點
民俗商業
濱水步道

# 墓葬模式转化与骨灰存放建筑研究——骨灰纪念堂设计


**院　校**　东南大学

**作　者**　顾兰雨

**指导教师**　李麟学

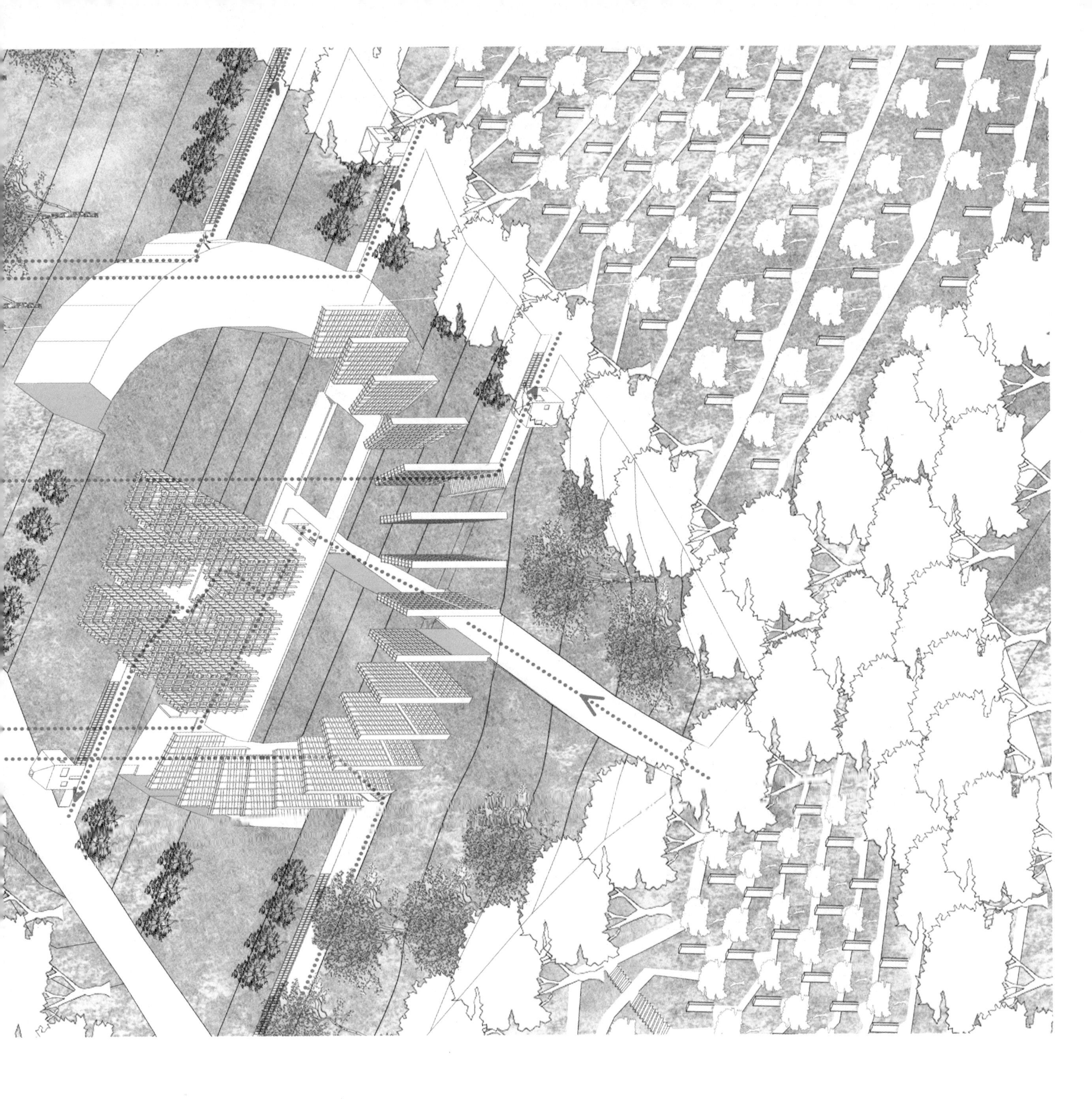

# 派潭大埔村灾后重建项目——
# 农意浓情 实业初心


院 校 华南理工大学

作 者 麦家杰

指导教师 夏兵


建筑

# 感官体验与空间设计——丽江古城客栈改造设计

院　校　清华大学美术学院
作　者　罗震云
指导教师　龙灏

建筑

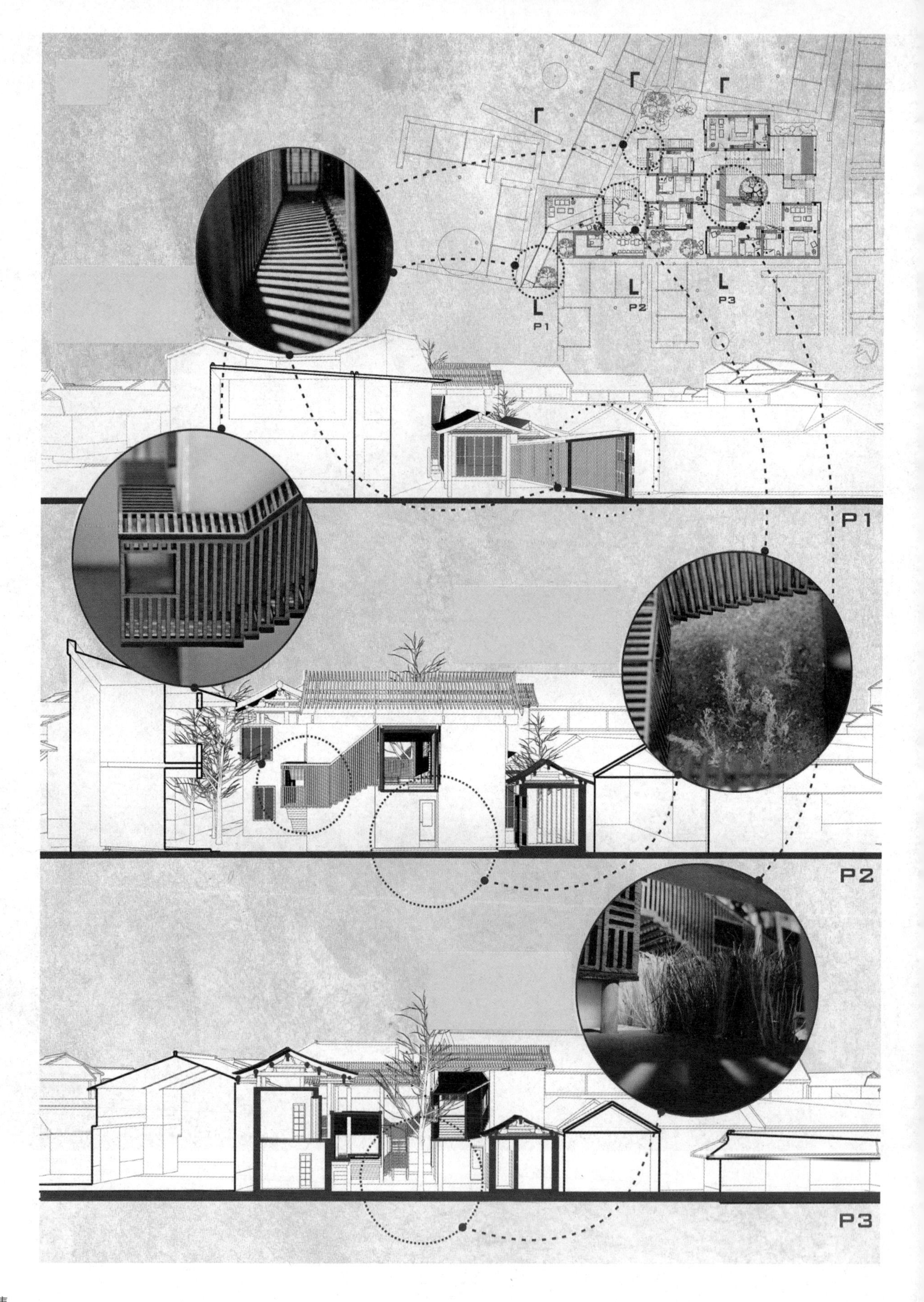

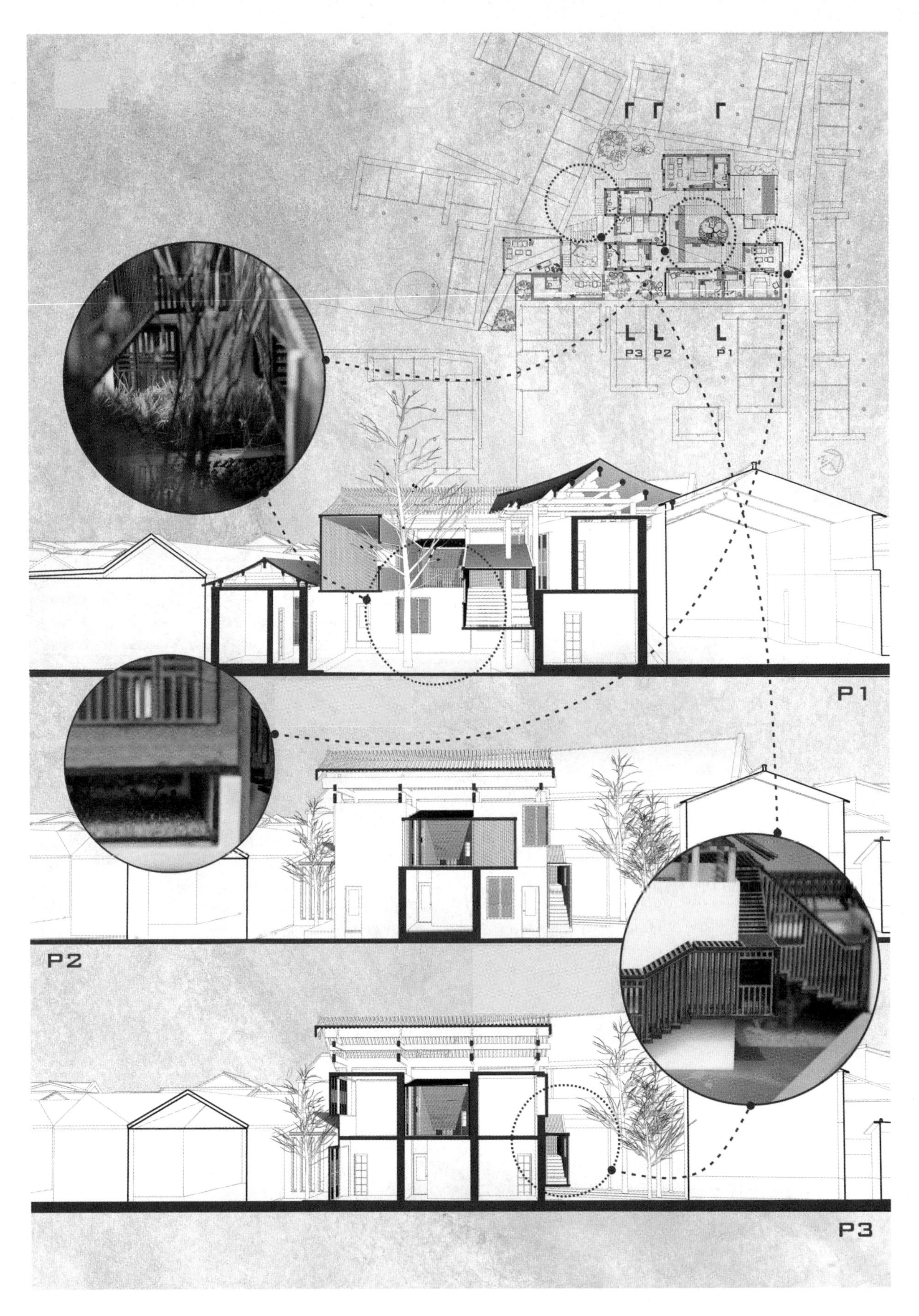

P3 P2 P1
P1
P2
P3

# Flow city —热力学城市模型

**院　校** 同济大学

**作　者** 夏孔深

**指导教师** 严建伟　边小庆　陈书砚　卢紫荫

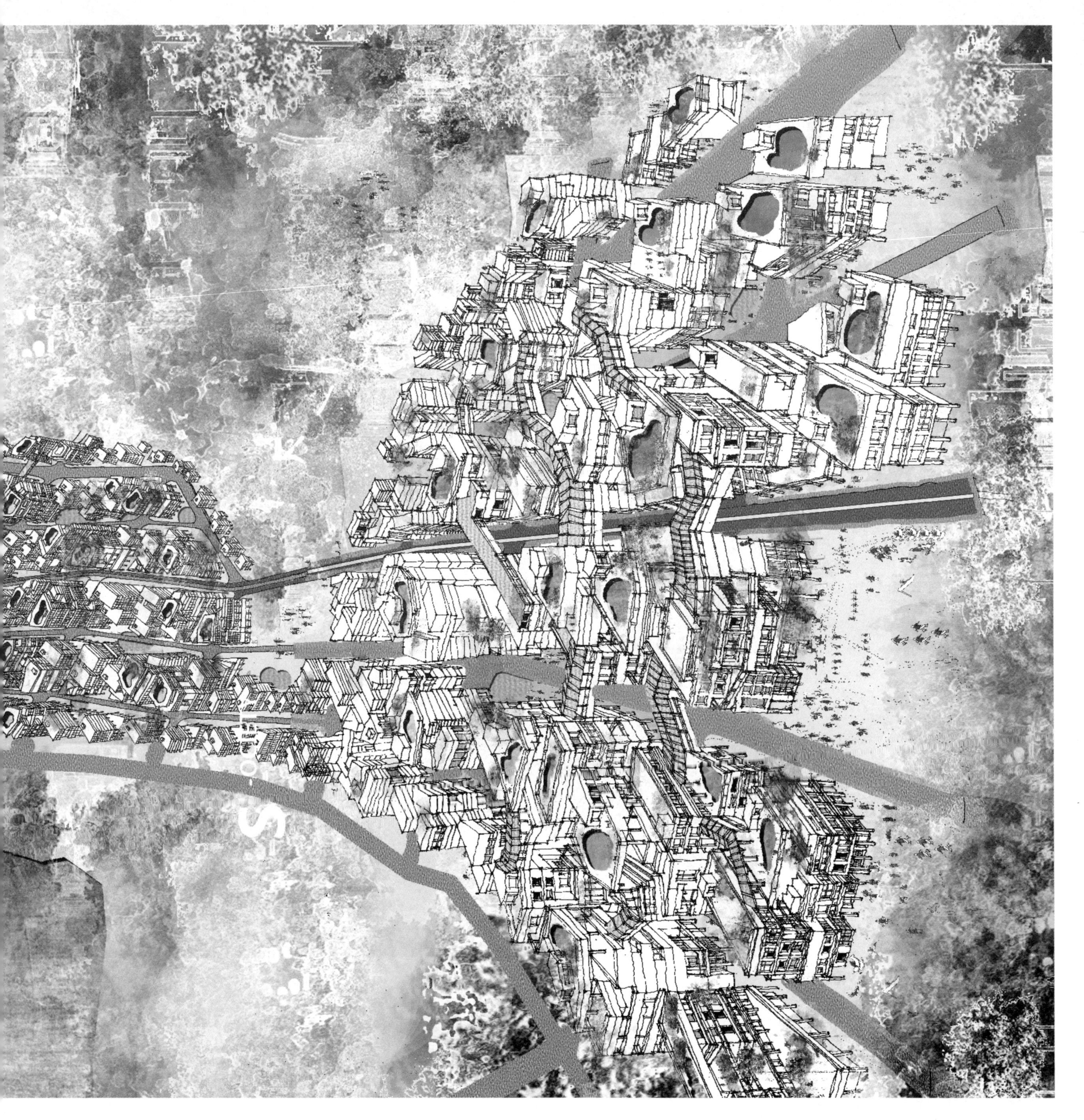

# 城与屋·共生·院——祠堂街历史街区更新及重点建筑改造

院校　成都理工大学

作者　魏莱　吴丰余　王小漩　姜力

指导教师　马英　晁军

建筑

# 山涧书屋——景洪留守儿童小学设计

**院　校**　江南大学设计学院

**作　者**　袁绘然

**指导教师**　杨一丁　何志森

建筑

# 沼泽上的村落——琴江村景观再生设计

**院　校**　南京艺术学院
**作　者**　陈婷　李莹　张喆
**指导教师**　刘芳芳

# 再生水之脉络——南京易淹区域水存储景观设计

院校 南京艺术学院
作者 柳灵倩 张文洁
指导教师 郝卫国



种植

上元门废弃地水存储景观水流分析图

翻转后折板

翻转折板

地表径流
地下管道
地下管道
地下管道
地表径流
地下管道
地下径流

# 融合

院　校　哈尔滨工业大学建筑学院
作　者　贾思修
指导教师　金晶

景观

# 水文化

**院　校** 深圳大学

**作　者** 赖婉仪

**指导教师** 刘谯

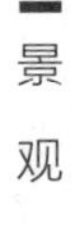

景观

# 昆山老城区街道景观空间序列优化与更新设计

院　校　东南大学
作　者　丁宇飞
指导教师　黄红春

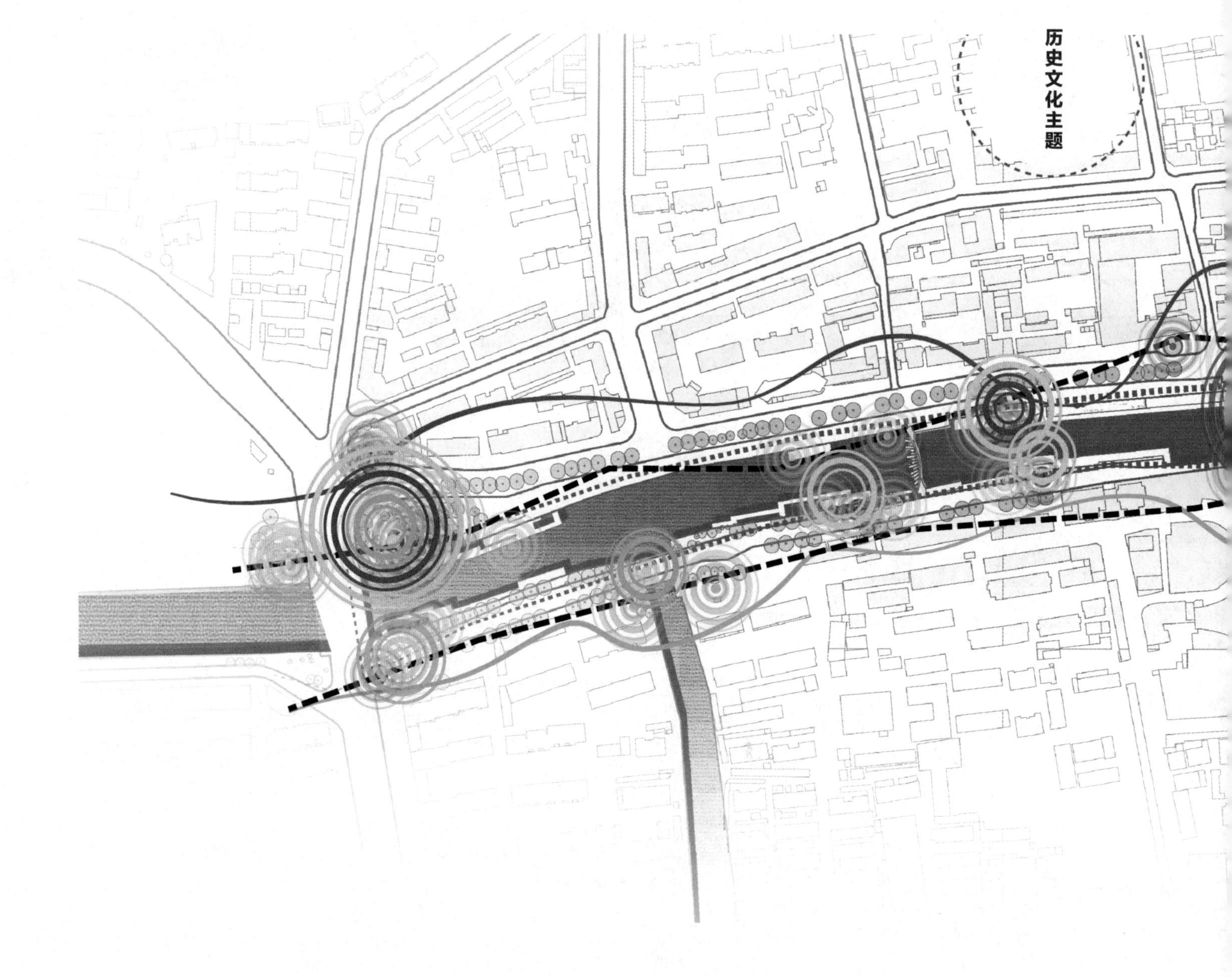

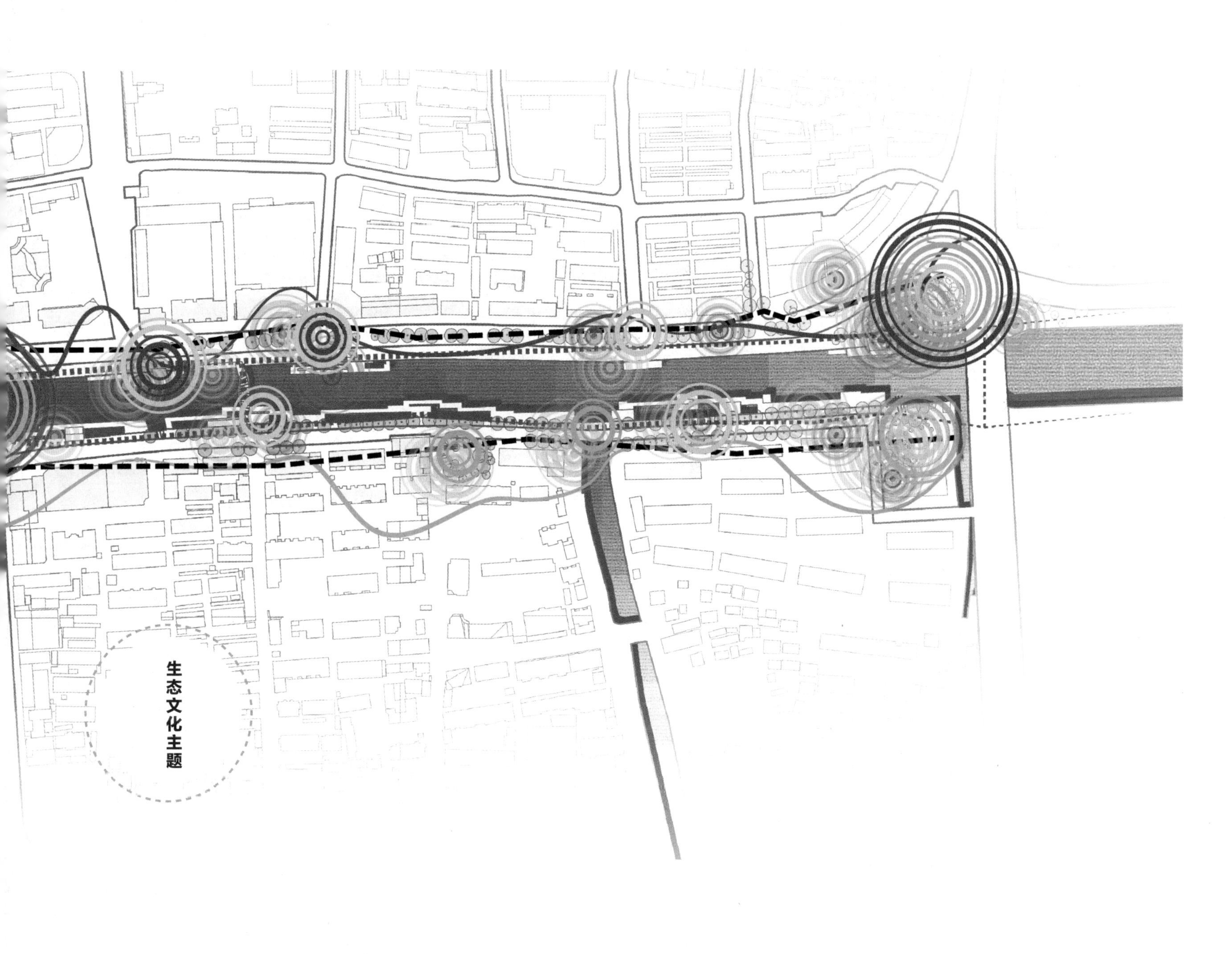
生态文化主题

# 见『缝』插『绿』——论武汉市雨水收集与利用


**院　校**　西安建筑科技大学

**作　者**　张灿　罗斐文　曾诗情

**指导教师**　李雩　周聪惠


景观

# Freebox—郑州德化步行街景观提升方案设计

院校 郑州轻工业学院

作者 席希阳 刘佳木子 冯敏 曹玮

指导教师 金晶

a.YiLian

# 可持续屋顶环境设计

院校 哈尔滨工业大学建筑学院
作者 梁萧
指导教师 王葆华

景观

# 迹忆空间：定兴古城环城景观带规划及一期概念设计

院　校　北京林业大学
作　者　陈康琳
指导教师　马辉　刘杰

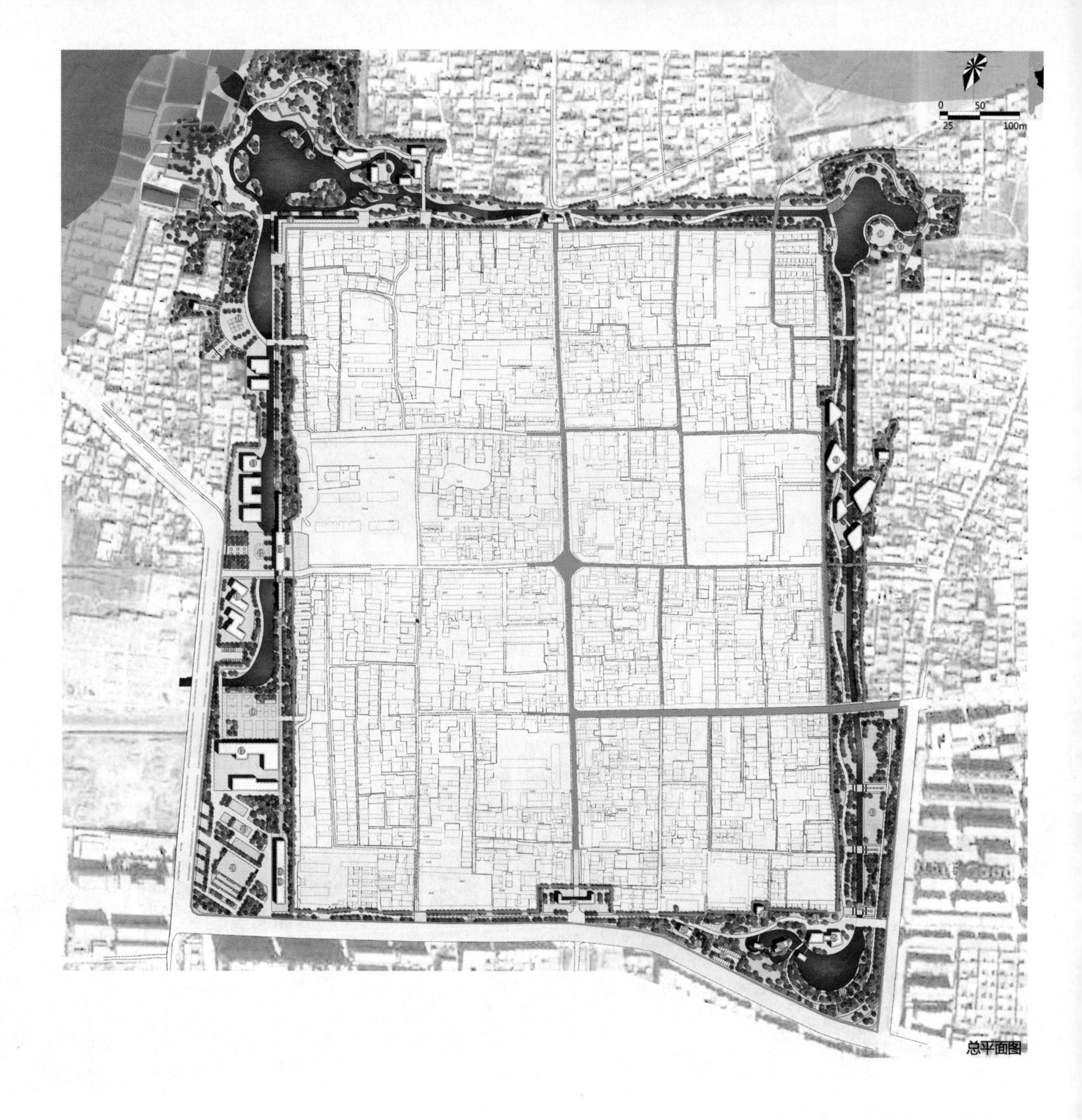

总平面图

总体鸟瞰图

中央草坪区

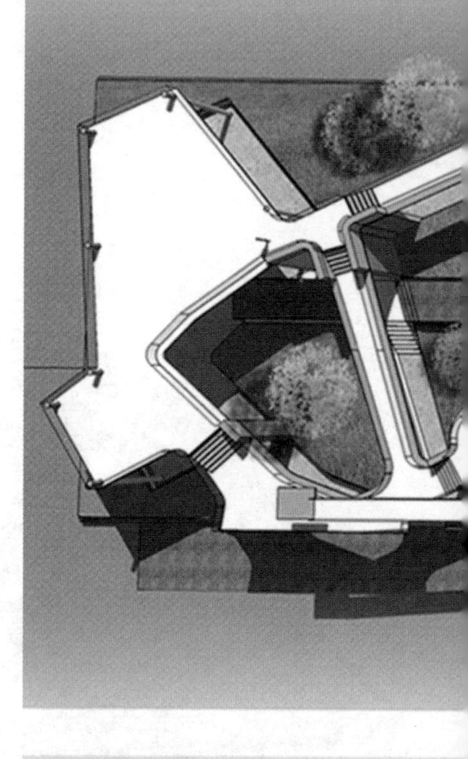

鸟瞰图

30年后

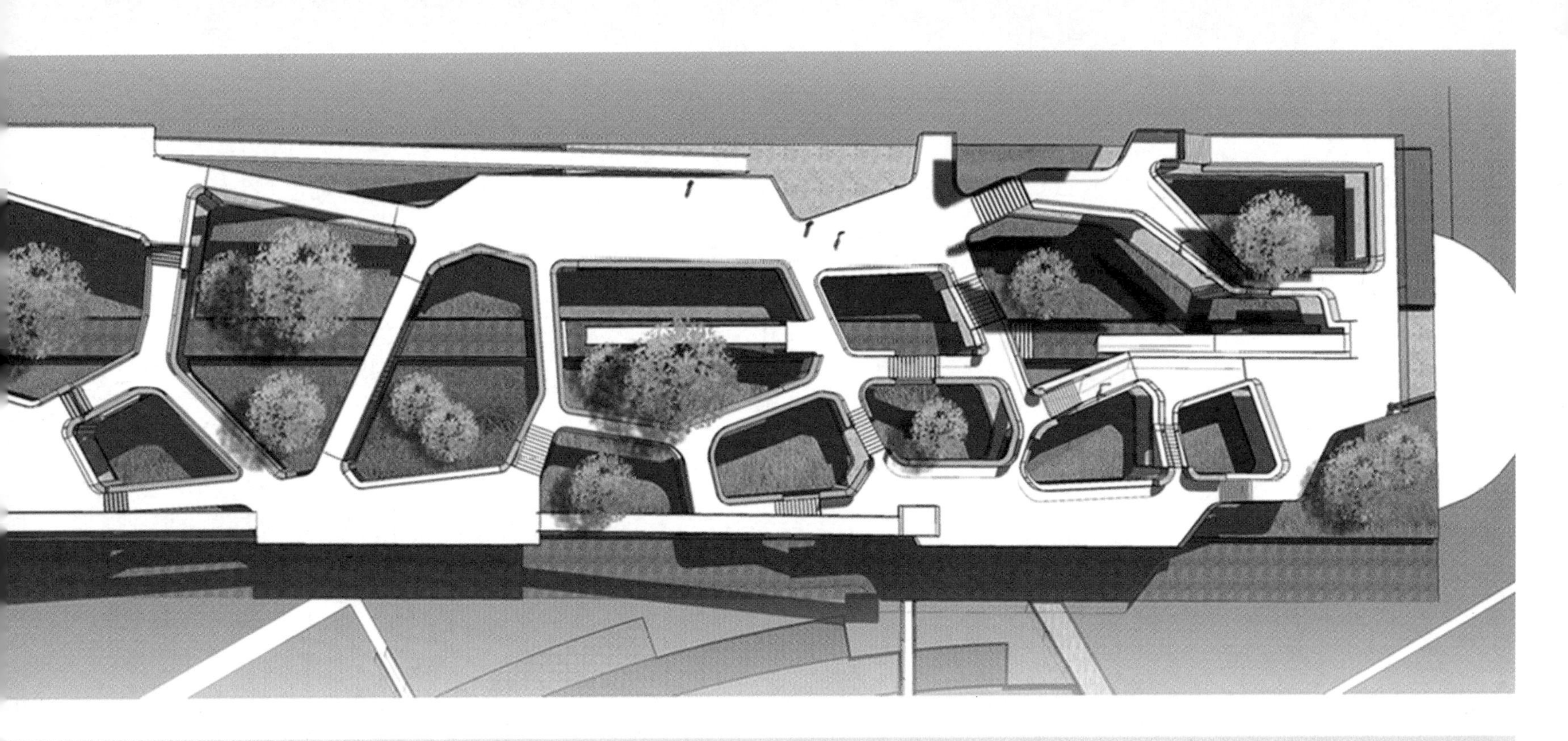

平面图

# Dusk to Dawn


**院校** 哈尔滨工业大学建筑学院

**作者** 韩思宇

**指导教师** 马辉 刘杰


室内

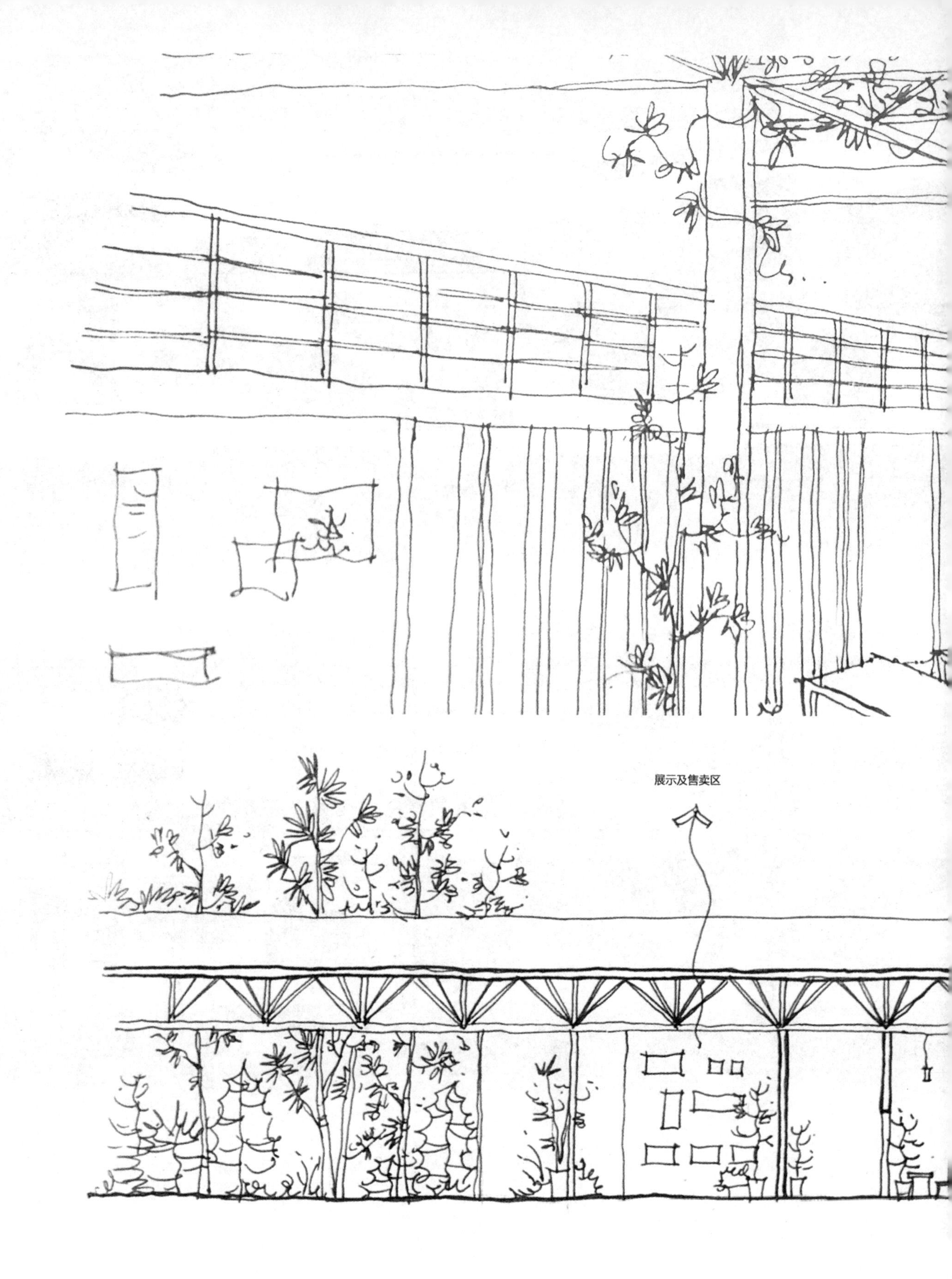

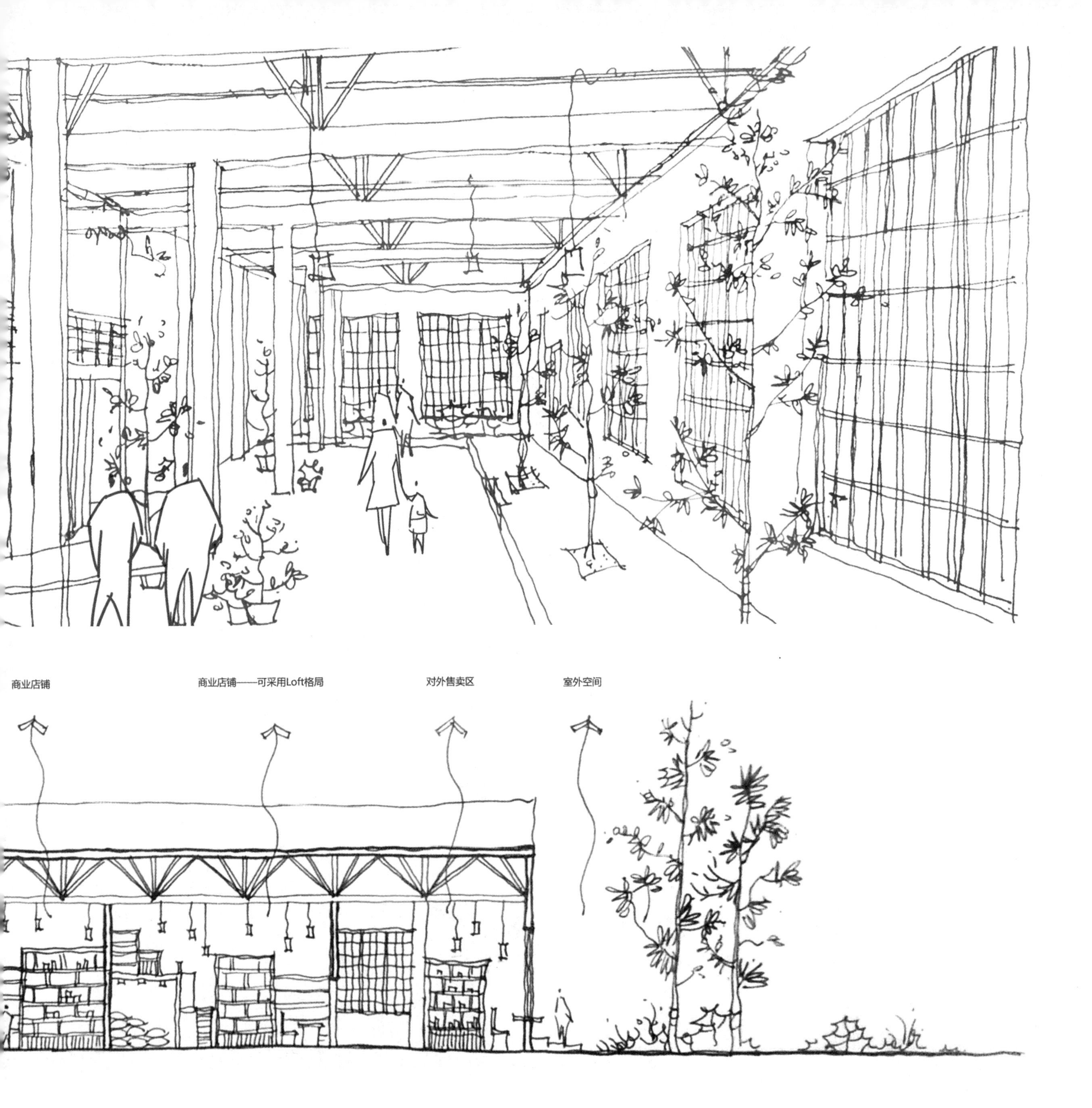
商业店铺
商业店铺——可采用Loft格局
对外售卖区
室外空间

# 古意·新风——基于中华文化场所营造感孔子学院环境设计

**院　校**　浙江工业大学艺术学院

**作　者**　马滕腾

**指导教师**　吕勤智　黄焱

# 澡雪书屋——751储气罐设计改造

院校 北京工商大学

作者 尹倩

指导教师 陈晓环

室内

# 集装箱再利用——青年『互动式』空间设计

院校　四川美术学院
作者　张懿
指导教师　张倩

HANJIN
01 01
HANJIN
HANJIN

HANJIN
HANJIN
HANJIN
HANJIN

# 三代人共同的家

**院校** 东北师范大学美术学院

**作者** 石砚侨 关诗翔 那航硕 卢影

**指导教师** 刘艾鑫

# 万能抽屉盒

**院校** 广州美术学院城市学院

**作者** 胡伟

**指导教师** 潘力 张心

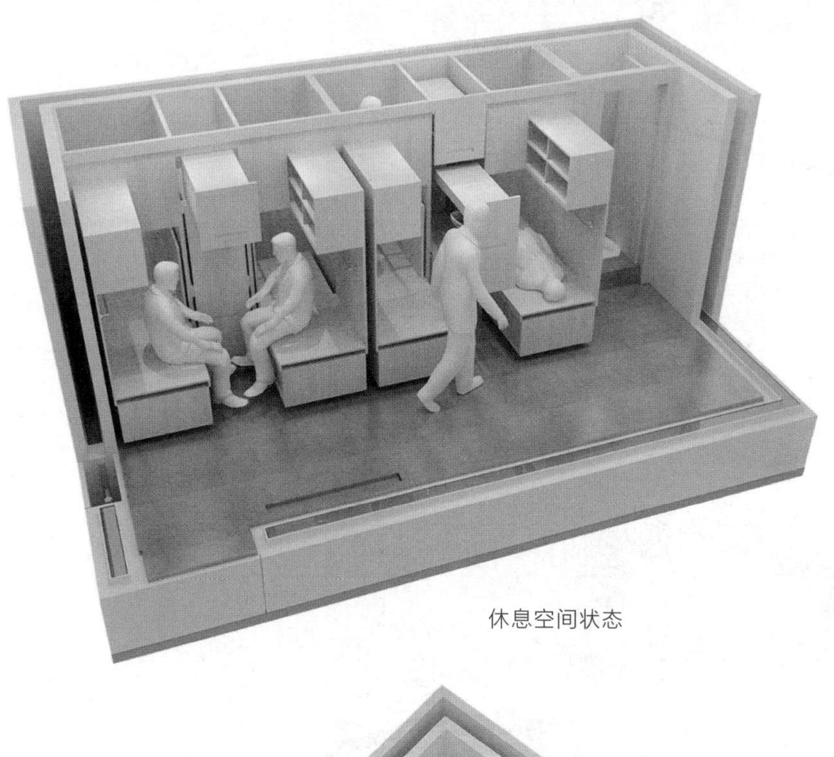

休息空间状态

交流状态

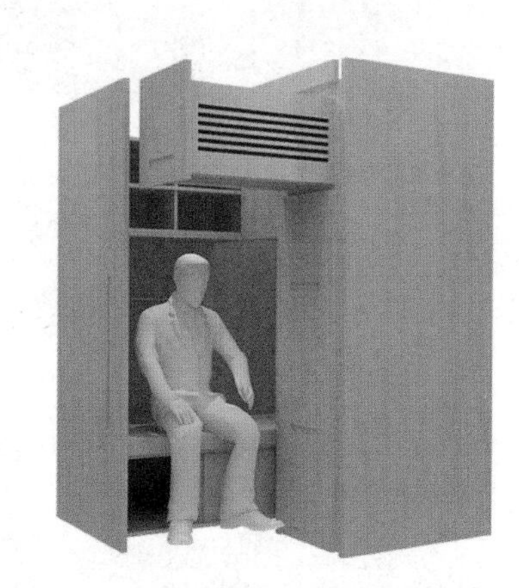

空调状态

各种状态集合

风扇状态

# 翰墨

**院　校**　江南大学设计学院

**作　者**　刘洁蓉

**指导教师**　杨茂川

室内

# 高校教学空间中的『交互』设计

**院　校**　昆明理工大学

**作　者**　周冉　王梓颖　范平

**指导教师**　杨茂川

室内

# 寻忆·生土精神——喀什博物馆展示设计

**院　校**　南京艺术学院
**作　者**　李烨敏　武栓栓
**指导教师**　卫东风　施煜庭

—室内

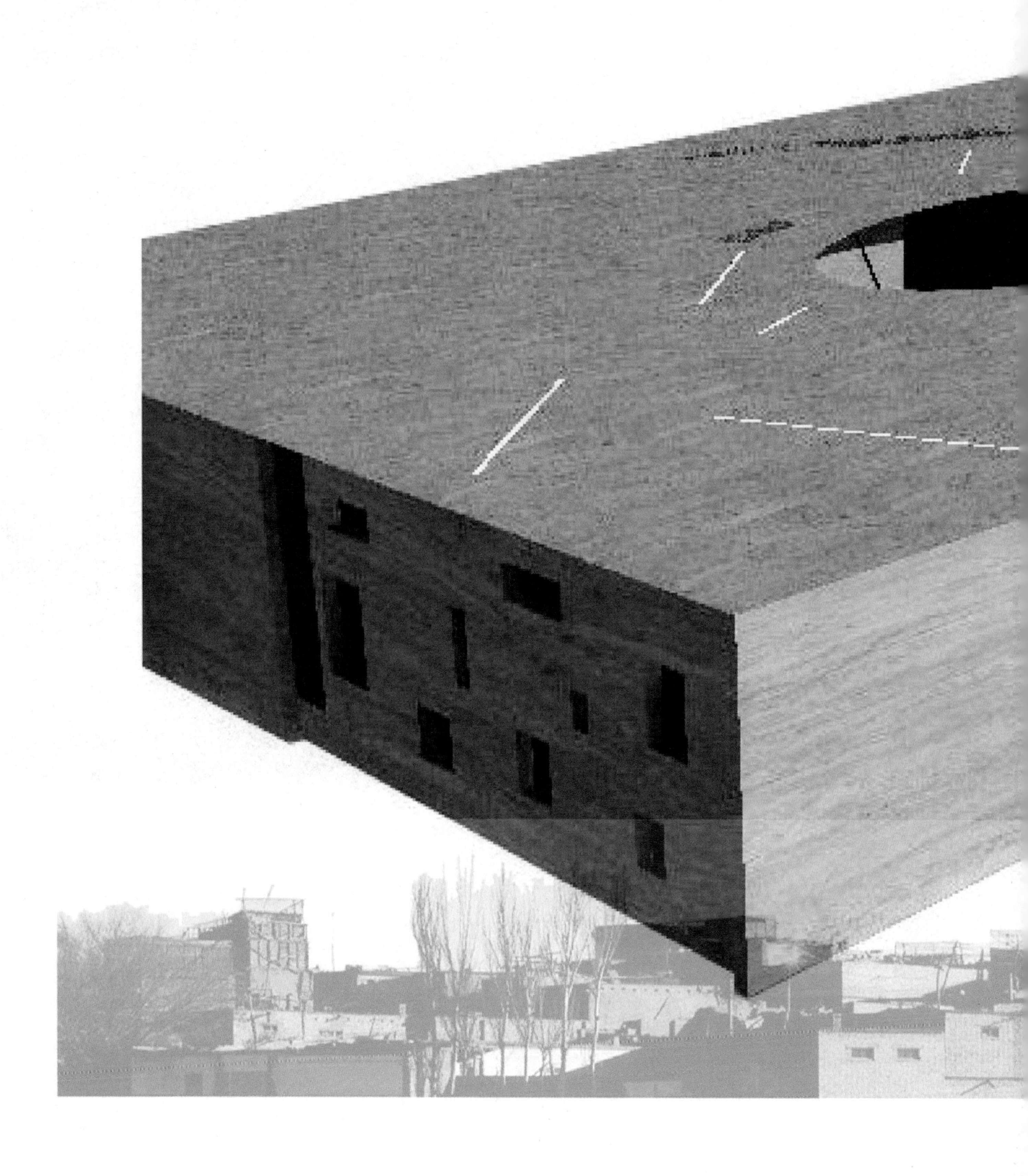

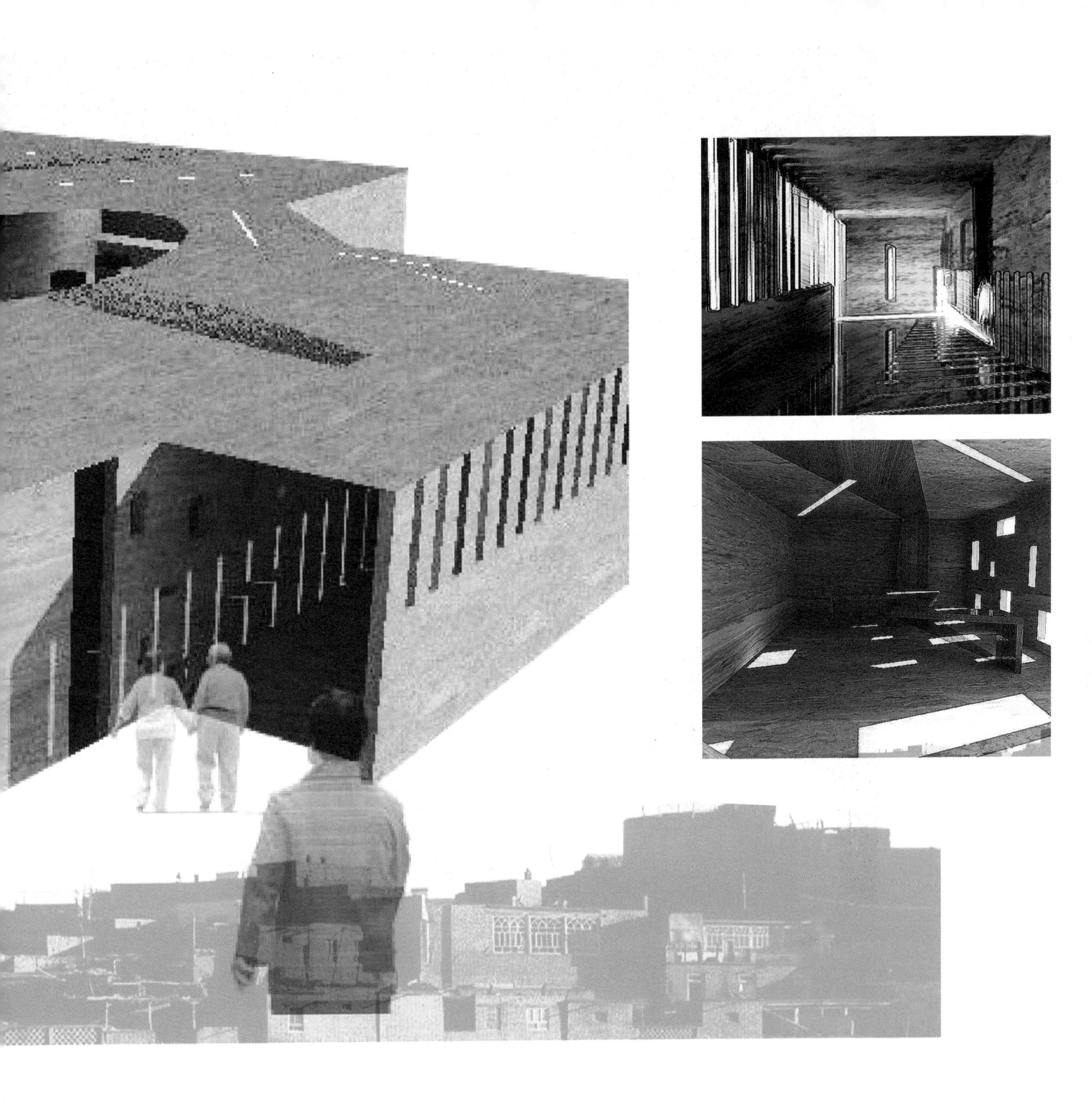

# 太古仓艺术图书馆

**院　校**　仲恺农业工程学院
**作　者**　李炯连
**指导教师**　袁铭栏

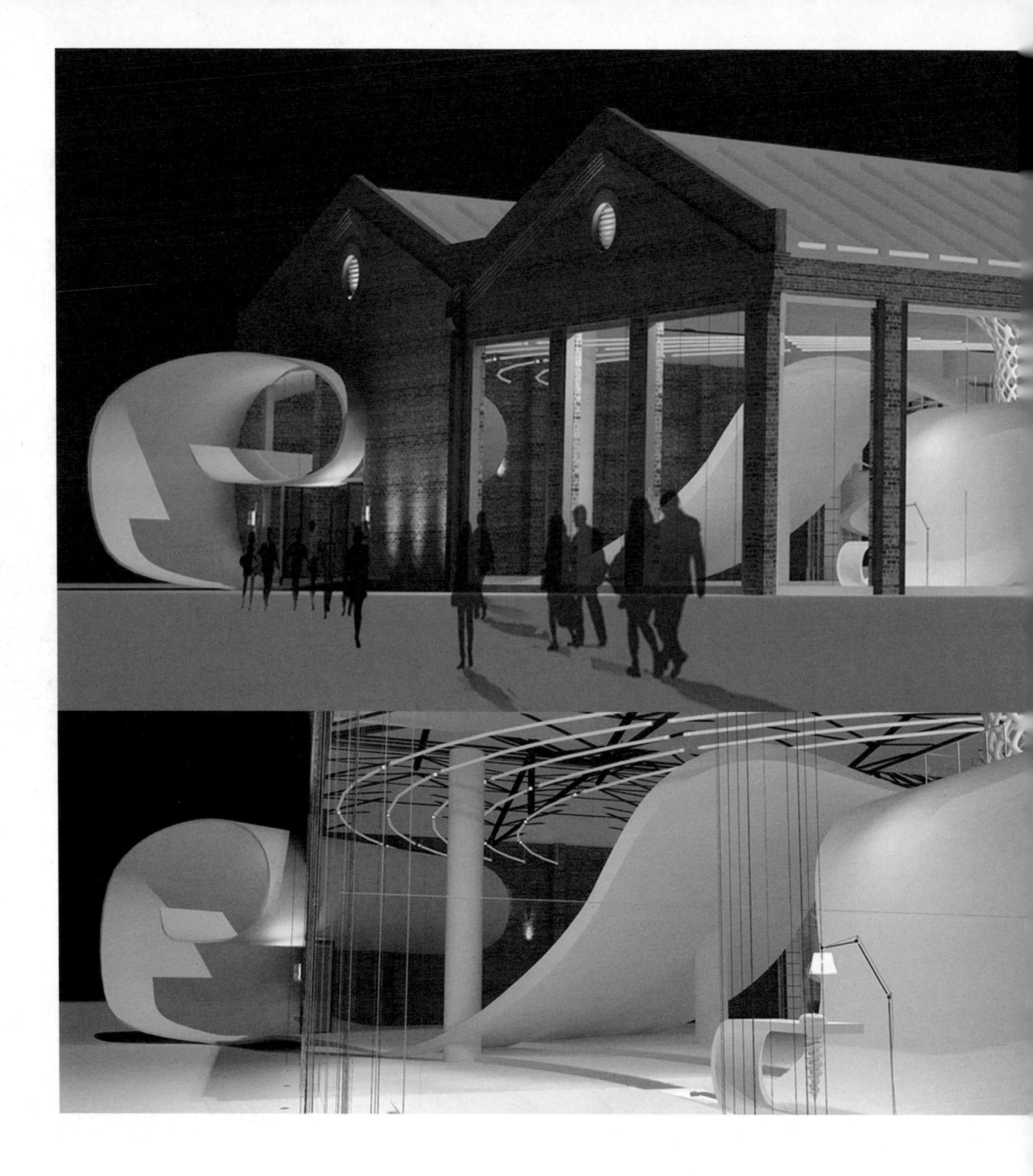

室内

# 陇南民俗博物馆方案设计

院　校　昆明理工大学
作　者　王梓颖　沈静密　周冉
指导教师　胡维平

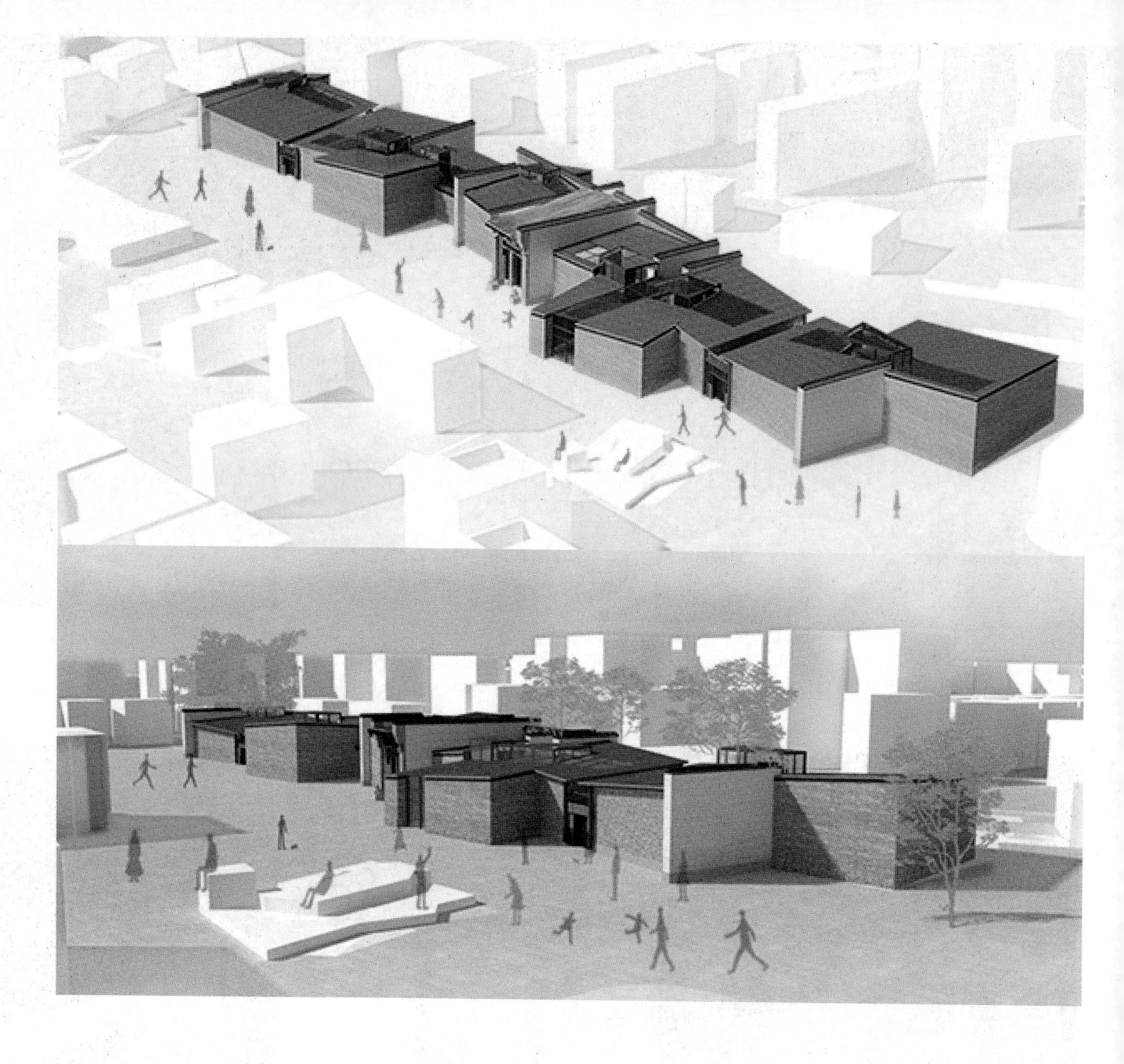

# 长影旧址博物馆——当代艺术馆室内设计

**院　校** 吉林建筑大学

**作　者** 姚国佩　李硕　朱陶佳　刘硕

**指导教师** 齐伟民　马辉

室内

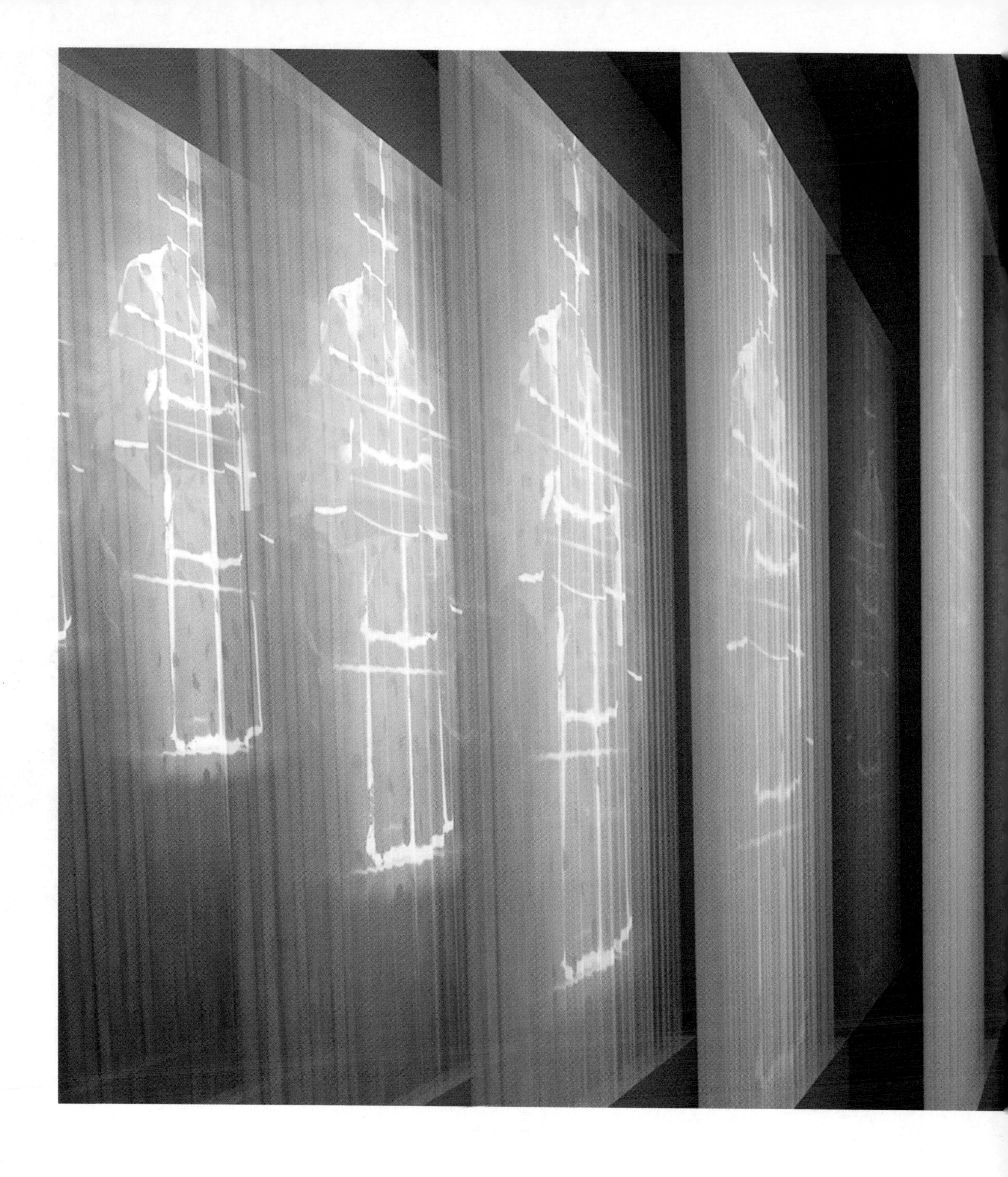